JN256769

オペレーティングシステムの基礎

—ネットワークと融合する現代OS—

電子情報通信学会◉編
吉澤康文◉著

はじめに

スマートフォン，デジタルテレビなどわれわれは毎日情報活動の手段としてコンピュータとネットワークを利用する時代に生きている．本書はこれらのソフトの中核に位置するオペレーティングシステム（以降OSと略す）の教科書である．OSはコンピュータサイエンス（CS）分野ならびに関連するコースの基礎科目であり本書はその教材として利用されることを意図している．従来のOS解説書ではネットワークに関する断面的な説明が多いが今日のOSはネットワークを一つの入出力機器として統一的に扱っている．この観点からOSがネットワークと融合している姿を体系的に解説した．

OSは実践的な学問分野である．コンピュータを管理する考え方，ハードの論理化によるプログラマへの利便性の提供，信頼性と性能の保証をシステム管理者に提供する機能などできるだけ詳細かつ具体的に説明するよう心がけた．各章の構成は，最初にOSに共通する一般的な概念，思想を解説し，理解を深めるために具体的な例示を行うために利用可能なUNIX系OSを取り上げている．また各章の最後には演習問題を用意した．実践的なスキルを身につけるために章によってはプログラミングの課題もある．いずれもOSの基本的機能を使用するのでプログラミングを試みていただきたい．これらはスキルアップに欠かせない実学である．参考のために付録もしくは解答例をWebにて参照できるようにした．

理工系の大学・大学院生にとって問題解決能力を身に付けておくことは極めて重要である．上記のように本書は知識だけではなく実践的なスキルを身に付けてもらうことに主眼を置いている．情報系の仕事は多岐にわたるがエンジニアとしてスペシャリストの入口に立つとき，必要最低限の問題解決能力の有無は筆者の経験からも将来の成長に大きな意味をもつと信じている．演習問題を通してファイル，プロセス，ネットワークなどのプログラミングが実践できる．スキルアップにはプログラムを作成し，それを動かし，動作確認するのが一番の近道であり決して王道はない．付録や解答例にあるプログラムをそのまま入力して動かすだけでもよい．やらないよりはましである．向上心・好奇心のある読者ならば，必ず何らかの拡張，創意工夫などからそのプログラムを発展させるはずだ．

人類最大の発明物であるコンピュータならびにその利用法はおそらくこれからも発展が続くであろう．情報分野には，新しい問題発見とその解決法を生み出して価値を創造しようとするエンジニアに多くのドリームが残されている．運がよければビッグビジネスのチャンスも生まれよう．情報・通信分野にはドリームを達成し世の中を変えてきた先人の業績は周知の事実である．OSだけでなくCSのほかの基礎領域を会得したならばこれらのチャンスを掴むのにほかに遅れを取ることはないだろう．

各章の事例はUNIX系OSのシステムコール仕様をC言語で示している．このことからプログラミング言語Cの知識を前提としている．演習問題や付録では実践的なプログラミングができるように配慮したつもりである．これらのプログラムはLinux系Ubuntu，（Macintosh OS X）BSD，Windows 7ではFreewareのCygwinなどにより動作確認をしたがdistributionやversionによっては問題があるかもしれない．その場合は各自で対応していただきたい．なおOSの発展を付録に付けた．コンピュータの黎明期から今日までエポックとなる技術的な要点を解説している．本書に流れるOSの背景を理解する一助となれば幸いである．

本書は電子情報通信学会のホームページで知識ベース「知識の森」として公開されていた内容を基に，教科書として再構成，再編集しているものである．同サイトからは専門書単行本シリーズとして，9書目が既に出版されているが，本書は既刊書と比較して，より教科書・参考書的な位置づけが的確であると判断し，このシリーズとは別枠組の書籍として発行するものである．

最後に，本書の出版に繋った電子情報通信学会 知識ベース「知識の森」への掲載の機会を与え頂いた慶應義塾大学 岡田謙一教授ならびに「知識の森」企画代表であられる原島博 氏および古屋一仁 氏をはじめとする電子情報通信学会HB/KB委員会の幹事の皆様と関係各位に，また出版の専門家として全体の構成，内容などに適切な助言をして下さったオーム社書籍編集局の方々に深く感謝します．

2015年10月

前 東京農工大学教授

吉澤　康文

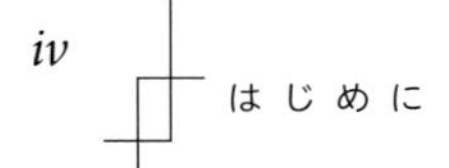

目　　次

8章　OSの構成法と仮想計算機

9章　TCP/IPの通信処理

10章　ネットワークプログラミング

1章 序 論

オペレーティングシステム（以降OSと略す）はコンピュータに不可欠なソフトウェアである．ハードウェアを論理化したマシンとし多様なアプリケーションの開発を容易にする機能をプログラマに提供するとともにコンピュータシステムを運用管理する基本機能を備えている．これらの機能によりコンピュータの詳細な知識がないユーザが容易にコンピュータを使いこなせるようにするのが究極の目的である． 本章では工業製品の共通的な使命という観点からOSの果たす役割として，使いやすさ，信頼性そして性能について各々の概要を説明する．次にソフトウェア設計・開発者とコンピュータ管理者に提供される機能マシンならびに資源管理機能について説明する．

1-1 オペレーティングシステムの役割

オペレーティングシステム（以下OSと略す場合もある）の役割はコンピュータを使いやすくすることである．「使いやすくする」ということは難しい問題であり永遠のテーマであろうが，ここではOSが存在することでプログラマの生産性が向上すること，信頼性と性能保証をどのような考えで行っているかについて説明する．図**1·1**はこの三つのOSの役割を概念的に示した．

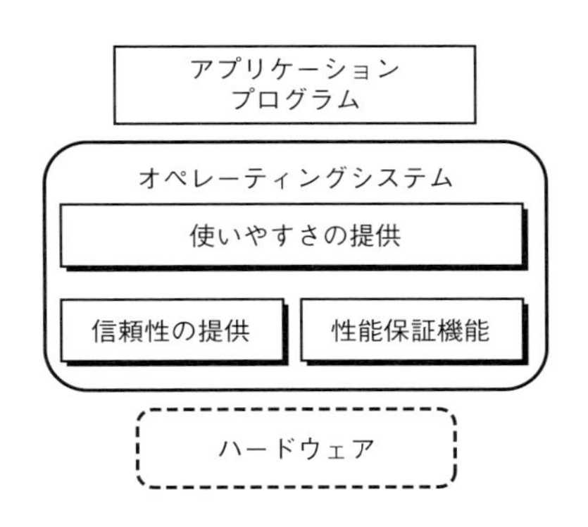

図1・1　オペレーティングシステムの三つの役割

1-1-1 ◎ 使いやすさの提供

コンピュータに電源を入れると最初に起動されるソフトウェアがOSである．電源を入れてOSが主記憶に読み込まれる動作をブートストラップ（Bootstrap）と呼んでおりOSの一部の機能でもある．

ブートストラップが完了すると，利用者（ユーザと呼ぶ）はキーボードから文字列を入れてOSに指示を与える方法がある．この方法は文字列をコマンド（command）として入力するためCUI（Character based User Interface）という．OSへの指示を与えることによりアプリケーションプログラムを実行し，書類などのファイル作成ができる．

個人利用のパーソナルコンピュータも，企業で使用する大規模なデータ処理用の大型コンピュータ（サーバとも呼ぶ）も基本的な動作は同じである．OSはユーザが容易にコンピュータを操作できる機能を備えることが第1の役割である．上記に示したようなキーボードからの文字列入力や，ディスプレイへの文字出力だけでなく，もっと簡単にコンピュータを利用できるように工夫されたインタフェースが一般的になっている．例えば，マウスのようなポインティング装置（pointing device）を使ってディスプレイ上のアイコン（icon）をクリック（click）するようなインタフェースをグラフィカルユーザインタフェース（GUI：Graphical User Interface）という．クリックやタッチパネルの操作は決まった文字列のコマンドを入れるのと同等であり操作を簡単にしている．

ソフトウェア開発を容易にするのもOSの重要な役割である．初期のOS開発の目的はプログラマの生産性向上にあった．OSのないコンピュータの下でプログラム開発をする状況を想像すると，最初にコンピュータにプログラムやデータを読み込ませ，実行結果をプリンタなどに出力するなどの入出力プログラムを作らなければならない．このようなすべてのプログラマに共通的に必要となる機能はコンピュータとともに提供された方が便利である．

そこでOSは入出力を容易に実行できるプログラムとしてハードウェアとともに提供されていた．しかしコンピュータを多様に，かつ高度に利用するには単なる入出力機能だけでは不十分であり，後の章で述べるプロセス管理，ファイル管理，メモリ管理，通信処理などの機能が必要とされてきたのである．

1-1-2 ◎ 信頼性

コンピュータは電気，ガス，水道のように現代生活では常時利用できることが要求されている．このように社会のインフラストラクチャ（infrastructure）として組み込まれたコンピュータシステムはシステムの全面停止を避けなければならない．

OSはハードウェアとアプリケーションプログラムとの中間に位置するソフトウェアである．このため両者の障害を監視できる位置にあり，障害を検知したなら部分的な切り離しを行い，その記録を取り，必要に応じてユーザや管理者に知らせなくてはならない．機能の一部を切り離してシステムの全面停止を避けることをフォールトトレランス（fault tolerance）と呼ぶがOSはフォールトトレランスを実現する基本機能をシステムプログラマに提供している．このためアプリケーションプログラムに障害が発生しても，障害を処置するプログラムを実行させ一部のプログラムを中断しシステムの全面停止を避ける処置が可能となる．

OS自身にもバグ[*1]が潜在している可能性がある．つまりOSといえどもバグは付き物でありバグを避けて通れないのである．潜在していたバグが露呈するとOSの一般的な処置としては，バグの原因を追及できるようにメモリダンプ[*2]などを取得してシステムダウンを極力避け処理を続行する．つまりフォールトトレランスな構造としておかねばならない．

上記に述べたように，OSの第2の役割は信頼性の確保である．OSはハードウェアやソフトウェアに障害が起きてもシステムダウンにならないように故障や障害の診断，再試行，機能回復などのフェールソフト（fail soft）を自ら実現し，なおかつフェールソフトなシステム設計をプログラマができる機能でなければならない．

1-1-3 ◎ 性能保証

ハードウェアは年々高性能・大容量化が進んでいる．これらの進歩を直接エンドユーザに享受してもらう必要がある．またコンピュータに新しいハードウェア

*1　バグ（bug）：プログラムの誤りをバグ（虫）と習慣的に呼ぶ．

*2　メモリダンプ（memory dump）：プログラム実行時のメモリ内容を部分的に2次記憶に退避し，後でデバッグ（debug：バグを解決する）に利用する情報

が増強された場合には投資に見合った性能の強化がなされねばならない.

OSはハードウェアの進歩や装置の増強の効果をそのままエンドユーザに提供する義務がある. この場合重要な点はアプリケーションプログラムを全く変更しないで済むようにすることである.

また大規模サーバやオンラインバンキングシステムのようなOLTP（On Line Transaction Processing）やWWW（World Wide Web）サーバでは同時に複数のクライアント[*1]がサービスを要求してくる. この種のサーバマシンでは, それら個々の要求に対し限られた資源をスケジューリングし各々の処理性能を保証する必要がある. この機能は一般的にエンドユーザには見えないところで働いているOSの資源管理機能でありOS設計者にとって腕の見せ所でもある. このように外部に見せていない機能を非機能要件ということもある.

コンピュータは高速・大容量化している. しかし使いやすさや信頼性の向上に伴う機能強化からソフトウェアが肥大化し従来以上にコンピュータ資源を多用するようになった. このためハードウェアの性能向上に比例した効果を期待できないという問題が起きている. このため性能保証はソフトウェア開発の重要な課題である. 新しい機能の開発だけでなく, 既存機能への改良などは特に性能を意識した設計が重要になる. このような状況から性能評価という技術分野が生まれた. OSにはシステム管理者のための性能評価を行う基本的な機能が組み込まれているが公開されるか否かはOSに依存する.

OSはコンピュータ内で起こるすべての事象を把握している. このためどのような順序で何が実行され装置がどのぐらい利用されているかを測定できる. これらの情報を収集することで性能分析の要求に応えることができる. 組み込まれた機能により情報を収集することで新規システムやシステムの拡張時には性能改善や性能限界を見極めることが可能となりコンピュータシステムのライフサイクルを予測することが可能になる. このような作業をキャパシティプランニング（capacity planning）と呼び情報システムの設計時に重要な課題となる.

以上のようにOSはハードウェアの性能を引き出し, エンドユーザに対しては性能保証を行う義務を有している. 不特定多数からの要求を処理するサーバは限

---

*1　クライアント（client）：処理を要求する側. 逆に処理を実行する側をサーバと呼ぶ.

られたコンピュータ資源を性能要求に応じて割り振り，性能を監視しなくてはならない．またOSはシステム開発者や運用者に対して性能情報を提供する機能を必要とする．これらの情報は性能改善やハードウェアの増強などに有効な情報となり，経営資源として情報システムの投資計画を立てることができるのである．

1-2 プログラムはどのようにして動くのか

1-2-1 コンピュータ利用の手順

初期のコンピュータは科学技術計算を目的に開発されたが，今日では主にデータ処理に利用されている．つまりコンピュータに蓄積された情報へアクセスをする利用が主になっている．コンピュータの利用はネットワークなどを通してサーバにアクセスするが，このとき重要な情報へのアクセスはその権利の有無を確認する必要がある．現在，個人利用のコンピュータであってもセキュリティ（security）の問題は必須機能となっている．

そこで，コンピュータを利用するときは，まず正当なコンピュータ利用者であることを認識させる必要がある．利用者の識別（ID：Identification）とパスワードなどを入力する方法が一般的である．1970年代に出現したタイムシェアリングシステム（TSS：Time Sharing System，4章4-3-1を参照）では端末からこれらの情報を入力するが，これをログイン（login procedure）と呼ぶ．

1-2-2 プログラムの実行手順

利用者はログインにより認識され，コンピュータを利用できるようになる．多くのコンピュータは対話形式で利用するが，出力はディスプレイそして入力はキーボードやマウス，タッチパネルなどが一般的である．

ディスプレイによる対話形式では，コンピュータへの指示を促す（プロンプト：prompt）メッセージが出力されるのでコマンド（command）入力によりプログラムの起動を指示し仕事を進める．処理目的に応じて各種のコマンドが用意されている．例えばメールソフト，ワードプロセッサ（テキスト編集），WWWブラウザなどのプログラムを実行させ，通信，書類やプログラムの作成，情報収集や発信などができる.

決まりきった作業でなく非定型な仕事をこなすには対話形式でコンピュータを利用するのがよい.はじめは非定型であっても定型的な仕事として確立してしまうと決まったコマンドを毎回入力するのは面倒だ.この場合,実行手順が定まった一連のコマンド列をファイルに書き込み,いっぺんに実行させる方法がある.このようなコマンド列を記述したファイルをコマンドプロセジャ(command procedure)やシェルスクリプト(shell script)と呼ぶことがある.

上記はUNIXやLinuxなどのコンソール画面での実行手順であるがGUIによるアイコン操作ではプログラムの起動がマウスもしくはタッチパネルの操作で容易になっている.プログラムの起動はプログラムを示すアイコンを操作するだけで済むのである.また書類の編集なども書類をクリックするだけでプログラム起動が自動的に行われるようになっている.このようなユーザインタフェースはウィンドウ管理プログラムが指定されたアイコンを判定しコンソールへのコマンド入力と同じ操作を内部的に実現している.

1-2-3 ◎ セッション管理

OSはログインによりユーザを認識しているため処理過程でのファイルアクセス権のチェックが可能となる.またユーザが一連の処理過程で引き起こす操作の誤りやプログラム実行中に起こす論理的な不良に対してシステムをダウンさせることなく継続して運転できる能力も提供する.

OSはディスプレイにプロンプトを出力しユーザからの入力を読み取り,コマンドを解釈実行する.指定されたコマンド実行のプログラムは,OSにより主記憶に読み込まれ,制御が渡る.プログラムの読込みをプログラムローディング(program loading)と呼ぶ.

ユーザは一連の仕事を終了するとログアウト(logout)コマンドを入力して仕事の終了をOSに指示しコンピュータから離れることができる.このようなログインからログアウトまでの一連の仕事をジョブ(job)またはセッション(session)と呼ぶ.

1-3 機能マシンとしての資源管理機能

図1・2に示すように，OSは二つの機能をもっている．その一つは機能マシンである．この部分はプログラマとのインタフェースである．もう一つの機能は資源管理機能でありコンピュータの運用者にとって重要な機能となる．以下この二つの概要を説明する．

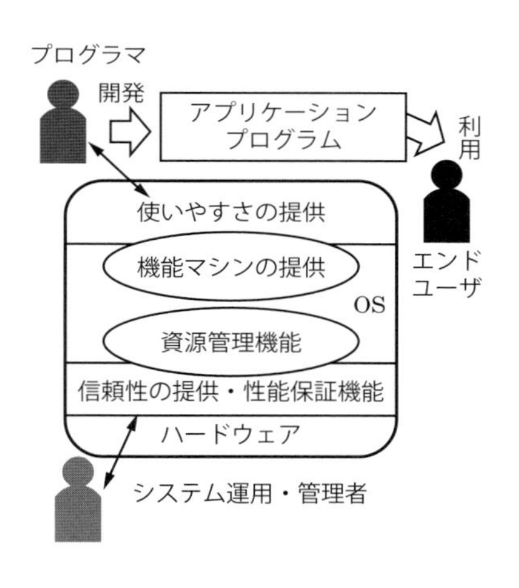

図1・2　オペレーティングシステムの二つの主機能

1-3-1 機能マシンの考え方

(1) 入出力処理の汎用化

OSのない状態（つまり裸のコンピュータ）でコンピュータを使用する状況を想像するとプログラマは大変な労力が必要となる．例えば，すべてのプログラマがキーボードやディスプレイ，そして磁気ディスクなどの知識を身につけてからプログラミングしなければならない．これらの入出力のプログラミングはプログラマの本来抱える問題解決とは直接関係がない．

このような理由からプログラマに共通の入出力プログラムを提供するプログラムとしてOSが開発された．つまりOSのユーザはアプリケーションを開発するプログラマである．OSの機能を使えばプログラマは入出力装置の詳細な仕様を知ることなくハードウェアを自在に使用できるようになる．また既に開発したプログラムは新しいハードウェアが出現してもアプリケーションプログラムを変更することなく利用できる．ハードウェアの変更点はすべてOSが吸収する．

（2）ファイルの論理化

入出力と密接な関係があるファイルの格納方式は汎用的に適用できるように考えられた．ファイルシステムをハードウェアに依存しないインタフェースにしておけばプログラマはファイルを論理的な対象物として操作できる．つまりOSはプログラマに対して「ハードウェアを物理的な対象ではなく論理的な対象物」としてのインタフェース（接点）を提供する．ファイルシステムはOSの機能を最も良く象徴する産物である．

煩雑な入出力処理から解放され，論理的な対象物としてファイルシステムが扱えるならプログラマは自分の問題解決に専念できる．少し具体的に述べるとプログラマがファイルを読み込むには，プログラムの中でファイルを開くOPENなる命令を記述する．次にREADなる命令によってファイルの内容を読み込むことができる．この場合 READ のパラメータには読み込む情報の領域，その長さを指定するだけでよい．読込みが完了し必要な情報を得たら必要に応じて変更を行いWRITE命令で書き戻し，処理が完了したらCLOSE命令でファイルを閉じる．このように，プログラマは論理的な接点でファイルを扱うことができるようになる．

（3）機能マシンとしてのOS

ファイルをアクセスするにはOPEN，READ，WRITE, CLOSE などのOSに対する命令を使用することでプログラミングが容易になる．つまりOSはマクロな機能[*1]をプログラマに提供し裸のコンピュータが提供しているミクロな操作はすべてOSが吸収している．この意味で「OSは機能マシンをプログラマに提供する」といえる．

機能マシンはOSがユーザに提供するインタフェースであり，プログラマに公開することになる．ソフトウェアを開発するプログラマはこの意味で機能マシンの内容を理解するだけでよい．特に特別なハードウェアに関連したプログラム開

*1　マクロな機能：ひとかたまりの機械語命令群からなる機能をあたかも一つの命令形式で利用させること

発やオンラインシステム，データベースやコンパイラのようなシステムプログラムの開発者はこれらの機能マシンインタフェースを十分に理解する必要がある．

1-3-2 ◎ 資源管理機能の概要

一般的にコンピュータの仕事では以下の3資源を必要とする．

(a) 演算装置（CPU：Central Processing Unit ということもある）

(b) 主記憶装置

(c) ファイル（外部入出力装置）

演算装置はプログラムを実行し，主記憶装置にはプログラムやデータが格納される．プログラムやデータは一般的に外部のファイルに格納されている．このため三つの資源は仕事の単位であるジョブを実行するために不可欠となる．

OSはこれらのコンピュータ資源を管理する使命がある．「管理」という言葉をOSでは使うが，この意味は「資源の利用状況を把握し，場合によっては将来の使用を予測し，複数のジョブからの資源要求に対する割付け順序を決める（スケジュール：schedule）ことでコンピュータの生産性を最大にしようとする」ことである．

図1･3はある瞬間の3資源の使用状況を示した．この図のように主メモリ内に複数のプログラムを入れてあたかも同時にプログラムを実行する方法を多重プログラミングというが，OSの資源管理機能はそれぞれのプログラムに現在割り当てている資源を把握している．

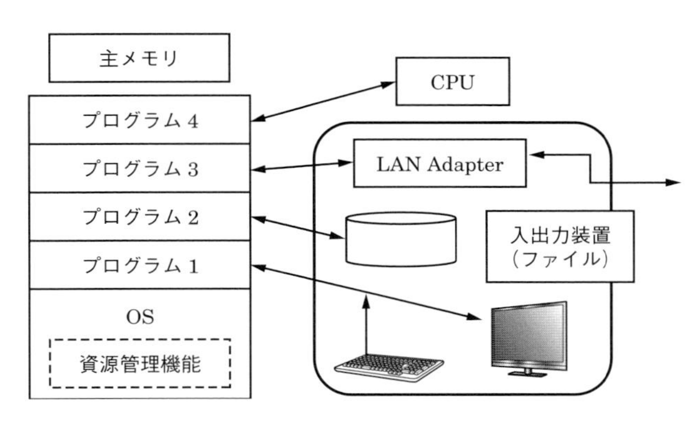

図1・3　ある瞬間の資源使用状態と資源管理機能

上記の3資源のうち，CPUの管理はプロセス管理（process management）あるいはタスク管理（task management）と呼ばれる．この本ではプロセスとタスクを同一の意味[*1]で使う．主記憶の管理はメモリ管理の一部である．メモリ管理では仮想記憶方式が現在一般的である（第6, 7章）．ファイルシステムはOSごとに異なる設計思想で作られている．この本では，共通する基本概念と実用化されているOSの例をファイル管理の章で説明する．これら三つの管理機能はそれぞれが独立しているのではなく有機的に結びあって3資源を有効に利用し性能と信頼性向上を目指している．

OSの資源管理機能は多くの場合プログラマとのインタフェースは少ない．しかし運用管理者（system administrator）やコンピュータの導入を企画・計画するシステムエンジニア（SE：System Engineer）には重要な意味がある（図1·2参照）．これらの仕事に従事する人々がOSの第2のユーザである．OSは第1のユーザであるプログラマに対して「陽の機能」としての「機能マシン」を提供し，一方運用管理者には「陰の機能」である「資源管理」を提供している．「機能マシン」については標準化や仕様が公開されるが「陰の機能」である「資源管理」は非機能要件の部類に入り公開されない部分もあるがOS設計者の技量として評価されることが多い．

パソコン（PC）でメール，インターネット，ワープロ，表計算ソフトなどを使うユーザはOSのユーザではない．これらのユーザはエンドユーザ（end user）と呼ばれ，アプリケーションプログラムを利用する使用者（図1·2参照）でありOSを直接使用しない．アプリケーションプログラムとのインタフェースを使い，本章1-1-1でのGUI，1-2-2でのシェルなどの利用者である．近年はGUIを用いたシェル（入出力インタフェース）をウィンドウと呼び，PC利用を容易にするアプリケーションプログラムとなっている．

*1　プロセスとタスク：用語はOSによって使い方が異なるので注意されたい（4章4-1-3参照）．

1-4 演習問題

(1) オペレーティングシステムの役割と二つの機能との関係を明らかにせよ.

(2) PCとサーバマシンとのオペレーティングシステムに求められる機能の相違点を論ぜよ. OSの主機能との関係において説明せよ.

(3) PCで多重プログラミングが利用できないときの不都合は何か.

(4) PCでマルチプロセッシング（デュオやクワッドなど）を使う具体的な利点は何か.

★ 演習問題の略解はオーム社Webページに掲載されているので参考にされたい.

2章　ハードウェアとの接点

OSの接点はハードウェア，プログラマ，コンピュータ管理者との間にある．この章ではハードウェアと協調して柔軟な機能をプログラマに提供する機構を説明する．まずハードウェアの割込みを整理して説明する．次にOSがコンピュータの3資源であるCPU，主メモリ，入出力装置とどのような接点をもつかについて説明する．

OSのハードウェアとの接点として重要なのは割込みである．主メモリは情報管理の基本となるメモリ保護をセキュリティの観点から説明する．最後に多種多様な入出力装置の概要を説明する．各装置はそれぞれ異なる機能を備えているので仮にプログラマが各装置の制御プログラムを作成をするならプログラマが本来解決すべき仕事以上の労力を強いられる．このためOSは全プログラマに共通な装置に対する制御プログラムを提供することでプログラマの生産性を飛躍的に向上させる目的があることを説明する．

2-1　割込みとOS

2-1-1　OSと割込みの接点

OSはコンピュータの割込みと密接なインタフェースをもつため必要な部分を整理して説明する．割込みは外部の機器からの信号をCPUに伝える動作である．典型的な信号の発生は磁気ディスクからのデータ転送完了やタイマ切れなどの事象発生信号である．通常これらの事象（event）が発生するとCPUはプログラムの命令実行を中断し，あらかじめ決められたOSの処理プログラムに制御が渡る．このような外部からの事象による割込み（trap/interruption）を外部割込みと呼ぶ．

外部割込みに対して内部割込み（exception/fault）がある．内部割込みはプログラム内の命令実行により引き起こされる． Intel社のCPUにはINT（Call to Interrupt Procedure）命令がある．この命令実行によってアプリケーションプログラムはOSを呼び出すことができる．OSは各種の機能をプログラマに提供しているため，各機能を特定する番号をパラメータとして命令コードの中もしくは特定のレジスタ内にセットしておく．これらの方法はコンピュータやOSごとに約束がある．

図**2·1**は上記に説明した割込みの動きを示している．図の①はアプリケーションプログラムからINTのような命令によりOSの機能呼出し（ファイルを読むなど）が行われていることを示している．OSに制御が渡り②OSがハードウェア（磁気ディスクなど）を起動する命令を実行する．この結果ハードウェアが動作してその後アプリケーションの要求（ファイル読込みなど）を完了すると③外部割込みとしてその完了通知をCPUに行う．OSはハードウェアの動作が正常に終了したことを確認し，④アプリケーションプログラムに制御を戻す．この一連の動作によりアプリケーションプログラムはOSの機能呼出しが完了したあとに処理を続行することができる．

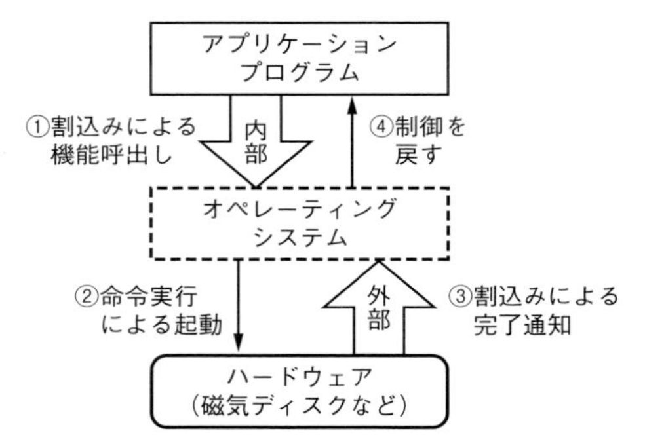

図2・1　コンピュータの割込みとOSの動作

OSは割込みをきっかけに動作するイベントドリブン型のプログラムであり，それ以外には動作しない．割込みは表**2·1**のように分類でき，外部からの割込みと内部からの割込みがある．一般的に外部割込みはCPUの命令実行と独立に起きるので非同期割込みに分類される．一方，内部割込みは命令の実行結果として起きる．ここでは割込みを6種に分類したがどのコンピュータの割込みもこの分類に当てはまるはずである．非同期型割込みは入出力完了，タイマ，外部信号入力，ハードウェアエラーなどである．同期型割込みはシステムコール，ソフトウェアエラー，一部のハードウェアエラーなどである．

割込み制御とは割込みをOSが許可するか抑止するかの方法である．一般的に内部割込みは一部を除いて抑止不能である．例えばプログラムのバグ（誤り）により許可されていない記憶領域へアクセスを試みると記憶保護例外が発生するが，この割込みは抑止不能である．理由は明らかで，この割込みによりプログラムの誤りが検出され実行されることはない．内部割込みで割込みが抑止可能なのはオーバフローなどの誤りを許容するか否かを選択できる場合であるが，この選択はマシンに依存する．

表 2・1　割込みのタイプと分類ならびに具体例

割込みタイプ	割込みの具体例	割込みの分類	割込み制御
外部（非同期）割込み （trap, interruption）	演算実行エラー，メモリアクセス誤り，電源異常，入出力装置誤動作など	入出力完了 タイマー切れ 外部信号入力 ハードウェアエラー	割込みマスク操作で割込み抑止は可能であるが一部は不可能
内部（同期）割込み ＜例外，割出し＞ （exception，fault）	OS 機能呼出し，記憶保護例外，命令例外，特権命令例外，オーバフロー，ページフォールトなど	システムコール ソフトウェアエラー ハードウェアエラー	割込みの抑止は不可能

一方，外部割込みは一部を除いて割込み要因が発生しても割込みを抑止可能である．例えばタイマの割込み要因が発生してもOSが入出力完了処理中などの都合上，タイマ割込みの処理を待たせることも可能である．もし入出力完了処理よりもタイマ割込みの処理がより高い優先度であると設計者が判断するならば入出力完了処理を後回しにすることも可能である．このように，OSは外部割込みについては優先順位をつけた処理が可能であり，そのためにCPUには外部割込みに対する割込みマスクが用意されている．OSの処理中は全部の外部割込みを禁止（disable）する方法もあるが割込みに対するレスポンスは悪くなる．表2・1に示した外部割込みの4種に対してどのような割込み優先度をつけるかはOS設計者の選択である．

2-1-2 ◎ 生産性向上のための割込み

コンピュータの生産性（処理能力）を上げるためにはコンピュータ資源をフルに活用する必要がある．プロセス（4章で説明するが本書ではジョブとプロセスは同じと解釈してもよい）に CPU，主記憶，ファイルの各資源を割り当て各々のプロセスがコンピュータシステム内の各資源を円滑に利用することが重要である．このためOSはプロセスへの資源要求と割り当てを常に監視し管理する必要がある．

プロセスがプログラム実行過程においてほかのプロセスの記憶領域に書込みを行うとか，定義されていない命令コードを実行しようとするのはプログラムにバグがあることを意味している．このような場合OSはプロセスの異常処理を行い，特別な対応がOSに通知されていない限りプロセスを中断し保有している資源を取り上げそれらの資源をほかのプロセスに割り当て有効活用を図る(5章5-4参照)．

このようなプログラムの誤動作を検出するのがハードウェアの割込み機構である．プログラムの誤動作をハードウェアが検出し，割込みの結果OSに制御が渡るのでOSはプロセスを中断しほかの実行可能なプロセスを起動（スケジュール）する．こうしてコンピュータ資源を休みなく使うことができる．結果として計算機の生産性が向上することになる．

2-1-3 ● 割込み種別とOSの処理概要

割込みを6種類に分類し（表2･1）OSが行う処理の概要を説明する．

（1）ソフトウェアエラー（program check）検出

上記のとおりソフトウェアのバグが原因となる割込みが主である．代表的なものは実装されていない記憶領域をアクセスするアドレッシング誤り，割り付けられていない他プロセスのアドレス領域を参照する記憶保護例外である．また演算ではゼロで割算を行う（zero divide）など計算結果を正しく演算レジスタに求められない場合などが代表的である．

プログラムによっては異常処理ルーチンをあらかじめプログラマが準備することで異常発生時に制御を受け取ることをOSに宣言することもできる（5章5-4参照）．UNIX系OSのシグナルがその機能である．この場合OSはプロセスの指定したアドレスに制御を渡す．フェールセーフなシステム構築をする場合は異常状態が発生することを前提にした設計が必要である．しかし事前にOSに対してこれらの宣言がなされていない場合はプロセスは異常終了となる．

ソフトウェアのバグではないが仮想記憶におけるページフォールトはここに分

類されているコンピュータもある.

(2) ハードウェアの誤り検出

命令のフェッチ（fetch）やデータ参照などでメモリアクセス時にパリティエラーが生じる場合に通知される割込みや瞬時の電源異常，入出力装置の異常などを通知する割込みである．これらはコンピュータの保守情報源となるためOSは記録をログとして特定のファイルに残す.

(3) 入出力装置の完了

プロセスがファイルへの入出力を行っている間，CPUを独占するとCPUを有効利用できない．そこで入出力装置をCPUと独立に動作させ入出力が完了した時点で，入出力装置からCPUに完了割込みとして通知する機構が有効である．この詳細は本章2-1-5で述べる.

(4) タイマ

時刻の設定や時間指定が必要な処理がある．例えば端末からの入力が2分以内に完了しないときは処理を打ち切るような処理である．このような監視時計（watch dog timer）は対話処理や機器の監視，通信処理ではパケットの受領確認までの待ち時間などに利用される．この場合タイマをセットし，指定時刻に達すると割込みが発生する．OSはその時点でタイマを設定したプロセスに制御を渡す.

(5) システムコール

OSの機能をプログラムの中から呼び出す特定の命令（システムコール）がコンピュータには用意されている．詳しくは本章2-1-6で述べる．この命令が実行されると割込みが生じてCPUのモードが切り換わりOSに制御が渡る．OSは権限の強い特権モードで命令実行ができる．システムコールには複数の機能が用意されているため機能コードをパラメータとして指定するのが一般的である.

(6) 外部信号入力

コンピュータは外部の測定機，操作ボタンなどと組み合わせることで自動制御を可能とし，人間との交信ができる．このような外界からのイベント情報を割込みとして受け取って制御がOSに渡る．OSは外部のイベント情報を収集し該当のプロセスに制御を渡す.

2-1-4 ◎ OSの制御機構

OSに制御が渡るのは割込みの結果である．図**2･2**のように，割込み種別に応じて「割込み処理アドレスベクタテーブルへのポインタ」を示す制御レジスタがある．このようなコンピュータでは，通常OSの初期設定で割込み処理の各モジュールアドレスが設定されているため，初期設定完了後は割込み発生時に自動的にハードウェアが該当するOSのモジュールに制御を渡す．

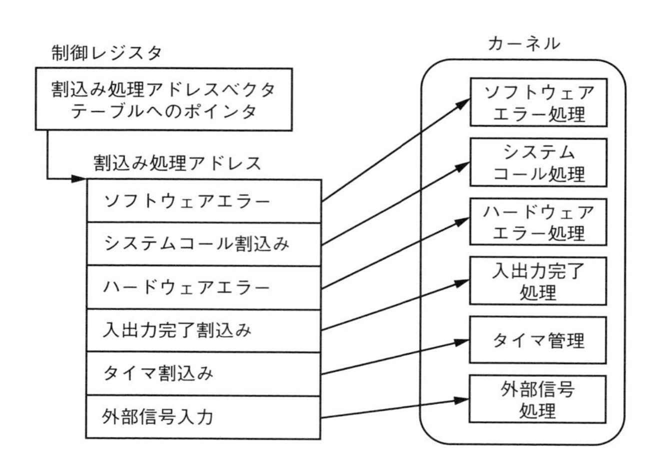

図2・2　割込み発生により動作するカーネルの仕組み

2-1-5 ◎ 多重プログラミングを容易にする割込み機構

プログラムの実行にはファイル入出力を伴うのが一般的である．データの入出力は機械的な動作を含むことがあるため図**2･3**に示すような逐次的な処理ではCPUが遊び無駄が生じる．

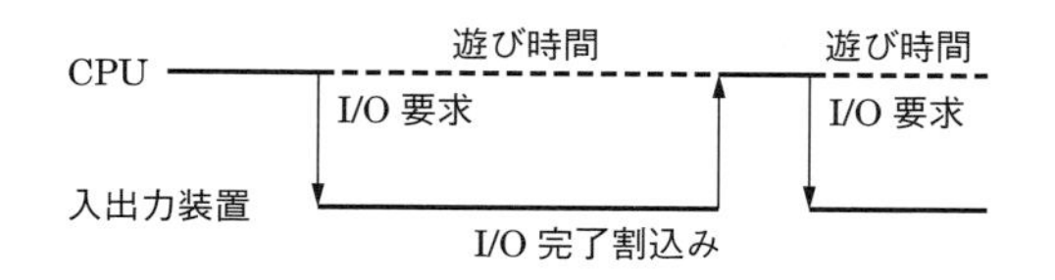

図2・3　入出力を伴うプログラムの実行過程

そこで入出力実行開始時にプロセスを一時的に中断し，その間はCPU を必要とするほかのプロセスを実行させることが望ましい．そして入出力完了の時点で中断させたプロセスを再開させることにより複数のプロセスを同時実行可能となる．

このように1台のコンピュータに複数のプロセスを同時に実行させる機能を多重プログラミング（multiprogramming）と呼ぶ．コンピュータシステムが複数の入出力装置からなり各プロセスが別々の装置を使用するならば，CPUの利用効率が上がる．図**2·4**は二つのプロセスが二つの別々の装置を使用しCPUの遊び時間を削減している例である．

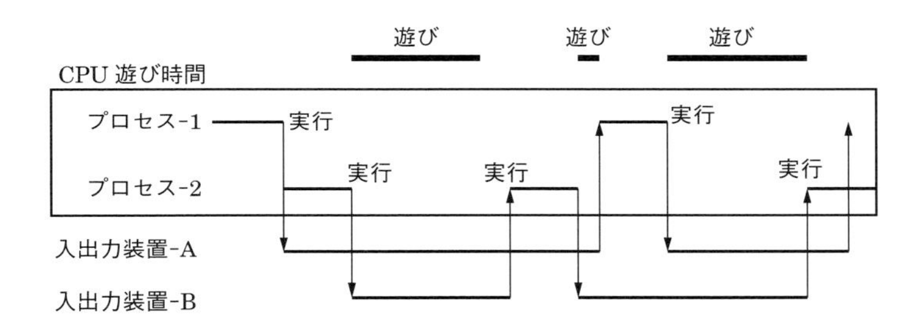

図 2・4　多重プログラミングによる CPU 利用率の向上

2-1-6 ◎ OSの機能呼出し

OSの存在しないコンピュータでソフトウェアを開発する場面を想定してみると，プログラマの作業は入出力用のプログラム作りが中心になるであろう．キーボード，ディスプレイだけではなく磁気ディスクもあり，それらを動かすプログラムが必要である．もちろんブートストラップのプログラムも必要となる．このためプログラマはハードウェアの多くの知識を必要とされる．

先に述べたようにファイル入出力はすべてのプログラマに共通の機能である．そこで一つ最良のプログラムを開発しプログラマが共通して利用できればプログラムの生産性向上となる．この考えから発展したソフトウェアがOSである．

入出力装置，タイマ，メモリなどは複数のプロセスから共通に利用されるシステム資源である．しかしこれらのシステムワイドな資源にすべてのプロセスが独立に操作すると混乱が生じる．例えば時計の値を各プロセスが変更したときの混乱は容易に想像できるはずだ．そのためにシステムワイドな資源に対する操作は

CPUの特権状態（privileged state）でしか実行できない仕組みにした方がよい．

その答えはシステムワイドな資源操作を特権状態で動作するOSに任せる方法である．これによりアプリケーションを開発するプログラマはわずらわしい入出力などのプログラム作りから解放され本来の問題解決に専念できる．

図2·5 にはプロセスよりファイル読込み要求の例を示す．プロセスはファイル読込みをシステムコールとしてOSに依頼する．システムコールの割込みにより特権状態でOSは命令を実行する．システムコール命令はコンピュータによってはスーパバイザコール命令，ゲートウェイ命令と呼ばれており，割込み（割出し：exception と呼ぶ場合もある）となる．

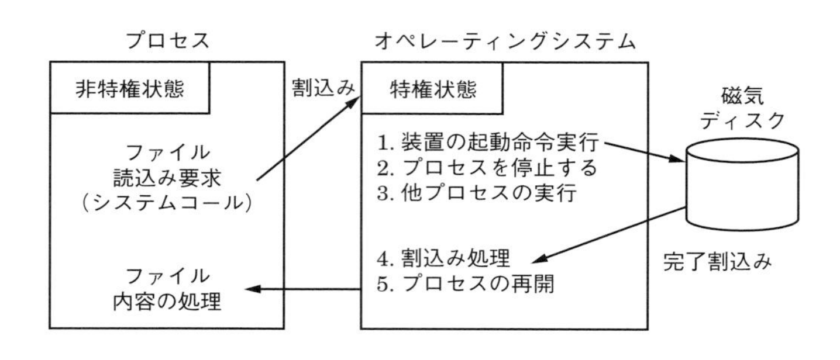

図 2・5　システムワイドな資源操作を行う OS の機能呼出し

2-2 主記憶装置

2-2-1 利用可能となった大容量記憶

初期のコンピュータは主記憶容量が小さくユーザはプログラミングに制約があった．OSの課題は限られたメモリを有効に利用して多重プログラミングの多重度向上を図る点にあった（詳しくは6章で述べる）．しかし半導体記憶の出現により事情は一変し，むしろあり余るメモリを使用してコンピュータの性能を向上させる技術が求められるようになった．1980年代には大容量メモリを用いた性能向上技術の開発が進んだ．

その代表的な例がRAM（Random Access Memory）ディスクである．頻繁にアクセスされる磁気ディスク内の一部をRAMに格納しアクセス時間を短縮する方法である．このような技術を一般的にキャッシング（caching）と呼びOSにより入出力のシミュレーションが行われている．1980年代にはキャッシング技術が広く利用されるようになった．つまり外部記憶における機械的な動作の遅延を電気的な操作で代替えし高速化する技法である．

2-2-2 ◎ 仮想記憶の出現

プログラマにとって「メモリ容量の制限から開放されたい」という願望はとても強かった．この要求に応えたのがページ化された主記憶の発明である．メモリ管理の技術ならびにノウハウ（know how）はシステムプログラムのほかの分野にも広く流用された．

2-2-3 ◎ 記憶保護とその機構

コンピュータの機密保持は極めて重要な課題である．ハードウェアに備わった機密保持の基本機能はOSによって利用しやすい機能として提供されている．

記憶保護の基本機能は多重プログラミングにおけるプロセス間のメモリ保護であり，ほかのプロセスからの不当なアクセスを防ぐことにある．図**2･6**にはプロセス間の不当なメモリアクセスの例を示した．

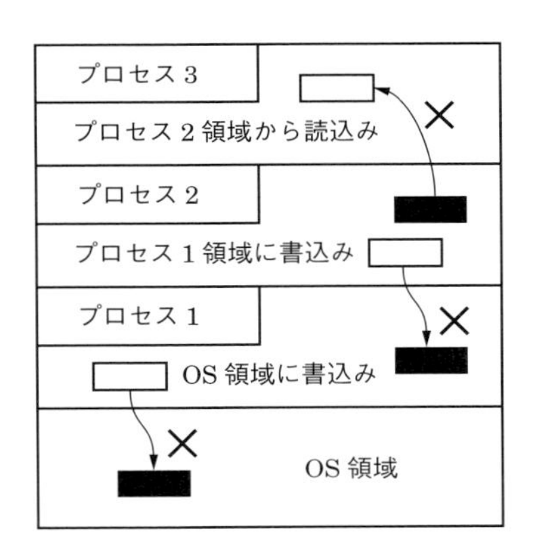

図2・6　多重プログラミング環境の不当メモリアクセス

図にはプロセス2がプロセス1の領域に書込みを，一方プロセス3はプロセス2の領域から読込みをする様子を示している．この両者のプログラム実行は抑止する必要がある．不当に書込みを行えば書き込まれたプロセスは正常に処理できないかもしれないし，誤って書込みを行ったプログラムは正しい処理にならないはずである．

メモリを一定のサイズに区切ったページ（例えば4KB）は仮想記憶に使われる（6章参照）．この場合ページ単位でメモリ保護を行う．図**2·7**に示すようにすべてのページに鍵（ロック：lock）をかけておき，CPUが命令実行時にアクセスするページの鍵とCPUのもつ鍵（キー：key）が照合される．基本的にはkey = lock でなければならない．例外はマスターキーをもち特権状態で実行できるOSだけである．通常，鍵の値は2あるいは4ビットである．さらにページには読込み，書込み，命令実行などの保護属性をつけることができるようになっているマシンが一般的である．

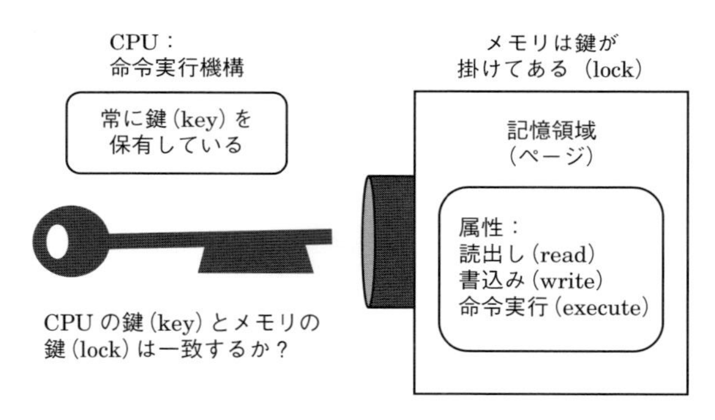

図2・7　キーロックの一致による記憶保護方式

2-3 入出力装置

2-3-1 共通課題の解決

入出力機器は多種多様でありそれらの制御プログラムのサポートはOS開発の大きな課題である．プリンタ，キーボード，ディスプレイ，CD-R/RW，DVD，Ether Adapterなどベンダから多種の製品が提供されている．これらのドライバソフトの開発はハードウェアの詳細な知識が求められ一般的に煩雑で難易度が高い．

2-3-2 ◎ PC利用と進歩する入出力装置のサポート

PCでの文章作成はディスプレイを見ながらキーボード入力し，時折文章ファイルを磁気ディスクにセーブする，の繰り返しである．文書作成のプログラムはキーボード，ディスプレイ，磁気ディスクへの入出力を前提にしている．補助的な入力手段としてマウスの利用も前提にする必要がある．

OSはこれらの入出力機器の操作をファイルという論理的なインタフェースとしてプログラマに提供する．このためプログラマは入出力機器が変わってもファイルに関するプログラムインタフェースを変更しなくて済む．高性能な磁気ディスクを導入してもプログラムを一切変更することなくハードウェアの進歩を享受することができるのである．物理的なインタフェースの変更はOSが担い，同時にOSはハードウェアの能力を最大限引きだす使命もある．

2-3-3 ◎ 入出力の構成例

図**2·8**にパソコンの基本的な入出力接続例を示す．コンピュータの各構成要素は共通のデータバスに接続されている．このとき演算装置と主記憶間のデータバスは頻繁なデータ転送を必要とし演算性能と密接な関係があるため，特別のデータバスを用意している場合が多い．

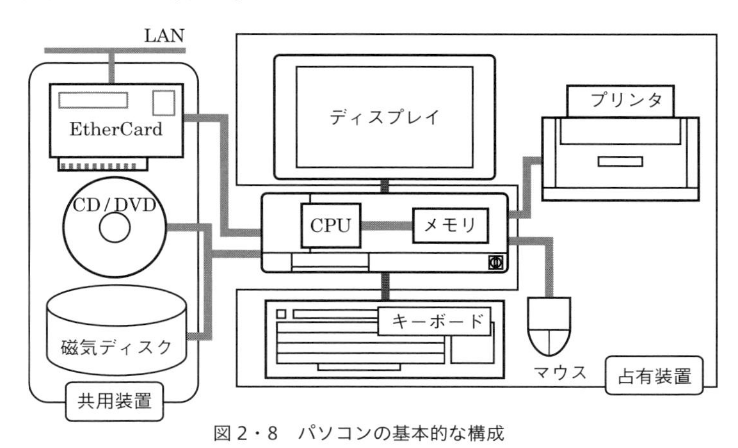

図 2・8　パソコンの基本的な構成

入出力機器は商用的な意味から標準インタフェースを備えているものが多く機器選択の自由度を高めている．OSは入出力機器をプログラマに抽象度の高いファイルとして提供するが，図2･8に示すような各装置の詳細な制御，管理を行う．入出力装置はプロセス間で共用できる装置と占有して使用する装置があり，OSは両者の管理を行う．

2-3-4 ◎ 入出力管理・制御のソフトウェア階層

図**2･9** は入出力ソフトウェアの階層構造を示している．最上位にはユーザプロセスが位置し，ファイルシステムが提供するインタフェース（接点）により入出力要求を行う．ファイルシステムよりも下位に位置するOSの機能は以下のとおりである．

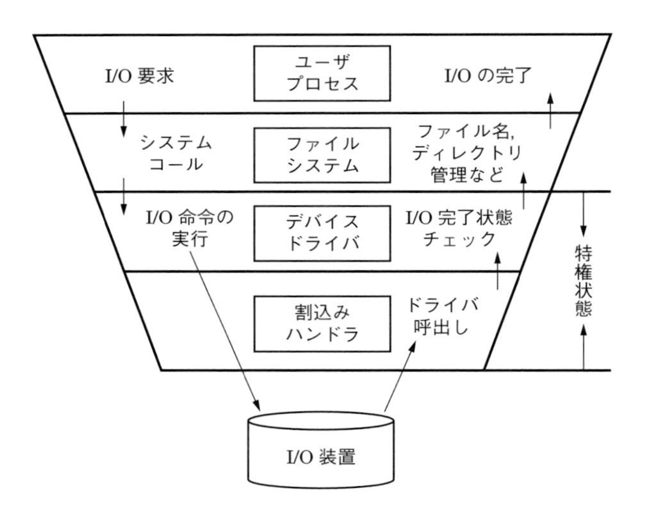

図 2・9　入出力ソフトウェアの階層構造

デバイスドライバ層（device driver）の役割は入出力装置に対する起動ならびに入出力完了時の装置制御である．この層では各装置の状態を常に把握している．例えば装置が既に別のプロセスからの入出力要求をサービスしている場合には，新たな要求は待ち行列に入り待たされる．

入出力装置への起動は本章2-1-6 で説明したとおりCPUの特権状態でしか実

行できない．つまり特権命令（privileged instruction）による実行となる．デバイスドライバはユーザプロセスとは異なるCPU状態で実行されねばならない．図2･9ではファイルシステムの中からシステムコールが実行されて非特権状態から特権状態になる[*1]．

入出力装置はデータ転送の完了を割込みでCPUに通知する．この結果，割込みハンドラが起動し該当するデバイスドライバに制御が渡る．デバイスドライバは入出力操作が正常に行われたか否かに従って処理を行う．入出力が正常動作できない場合はI/O命令を繰り返し実行することがある．これをロールバック（rollback）と呼ぶ．

デバイスドライバは動作が正常であれば当該の装置に対する待ち行列をチェックし，待ち状態のI/Oを実行する．そして完了した入出力要求をファイルシステムに通知する．この段階でファイルシステムは一つの入出力処理が完結するのでユーザプロセスに制御を戻す．

2-3-5 ◎ 入出力待ち行列管理

多重プログラミング環境では複数のプロセスが独立に実行される．磁気ディスクには複数のファイルが格納されているので，プロセスからのI/O要求が特定のディスクに集中する可能性がある．このため，デバイスドライバでは図**2･10**に示すようなI/O要求の待ち行列を作りこれを管理する．

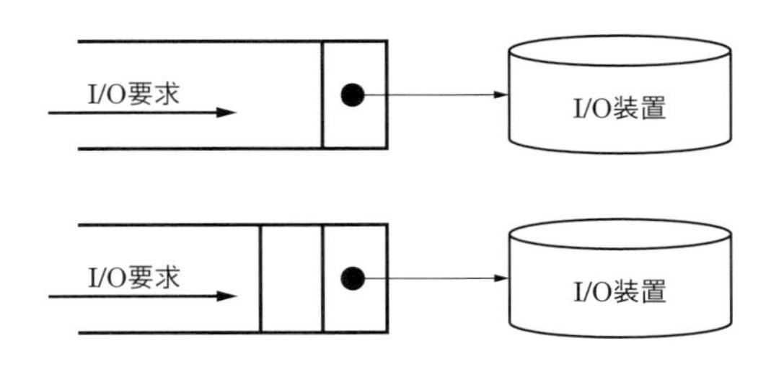

図2・10　入出力装置への要求待ち行列

*1　ファイルシステムのCPU実行状態はOSの構成法に依存する．8章を参照．

待ち行列を設けることにより各装置がビジーか否かを判定できるばかりでなく先頭の要求が完了したなら直ちに当該装置に対する次の入出力要求を実行できる．また優先度の高い要求を先頭の待ち行列に入れるなど入出力のスケジューリングが可能になる．さらに磁気ディスクなどでは磁気ヘッドの位置の移動時間を最小とするなどの工夫により入出力のスループットを高めることも可能になる．

2-3-6 ◎ 磁気ディスクの機構とアクセス

磁気ディスクは金属やガラスの円盤上に磁気膜を塗布し記録する媒体である．3.5，2.5インチ径があり容量が年々増大している．2次記録媒体の主力として利用されているが，半導体の進歩によりSSD（Solid State Drive）がその代替記憶として実用化されているが，ソフトウェアからは磁気ディスクと同じインタフェースを保っている．

図2·11に磁気ディスクの構造を示す．大容量化のために，円盤を数枚重ねる場合がある．同心円上にトラックがありトラックに記録の単位としてのセクタ（sector）が複数ある．セクタは512B（バイト）のように固定長である．

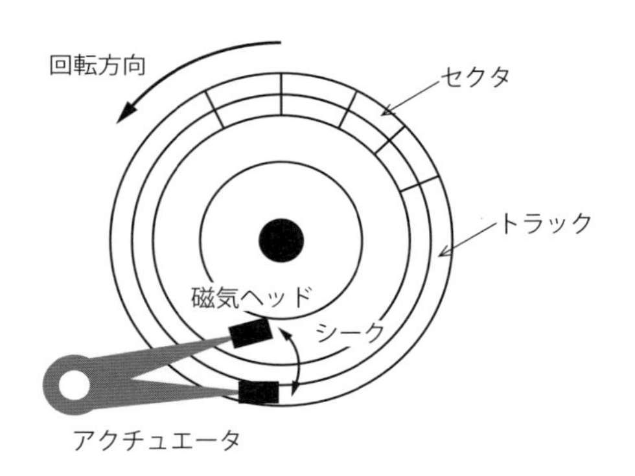

図2・11　磁気ディスクの構造

磁気ディスクに対する読出しや書込みをアクセス（access）という．アクチュエータが機械的に動き目的のトラックまで磁気ヘッドを移動させ，目的のセクタが磁気ヘッドの下を通過するまで待つ．これをもう少し一般的な磁気ディスクについて考察する．

2-3-7 ◎ 磁気ディスクアクセス時間

図2·11の円盤が複数重ねられている場合，ある特定のトラックに注目すると複数のトラックが上下に存在することになる．図**2·12**ではそれらのトラックの集まりをシリンダ(cylinder)と呼ぶ．これが一般的な磁気ディスクの構造である．

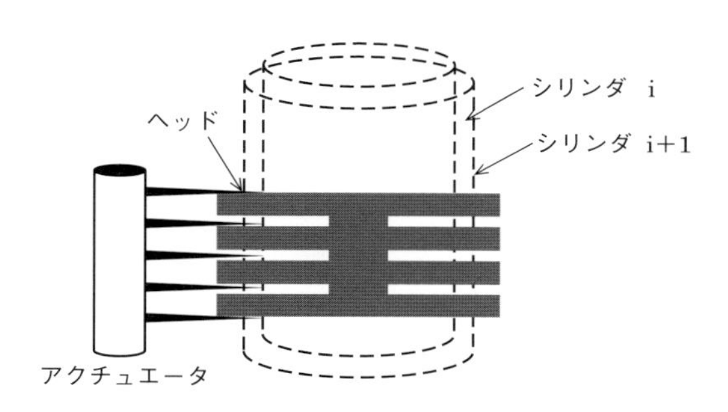

図2・12　横から見た磁気ディスクとシリンダ

磁気ディスクへのアクセス順序とその時間は次の四つの操作時間の合計である．

(1) 目的とするシリンダへアクチュエータを移動：シーク時間（seek time）
(2) シリンダ上の目的のヘッドへの切換え時間
(3) 目的のセクタが磁気ヘッドの下に到着する時間：サーチ時間（search time）
(4) 転送時間（transmission time）

ここで機械的な操作時間はシーク，サーチ，そして転送でありアクセス時間の大半を占めている．これらの時間の割合を実測したある例を図**2·13**に示す．このケースではシーク時間が60％を占めサーチが32％を占めている．そして転送時間はわずか8％である．

磁気ディスクのアクセスではシーク時間を最小化する必要があり，次にサーチ時間の短縮が望まれる．本章2-3-5 で述べたように，磁気ヘッドのスケジューリングを行う目的はこのような分析結果に基づいている．

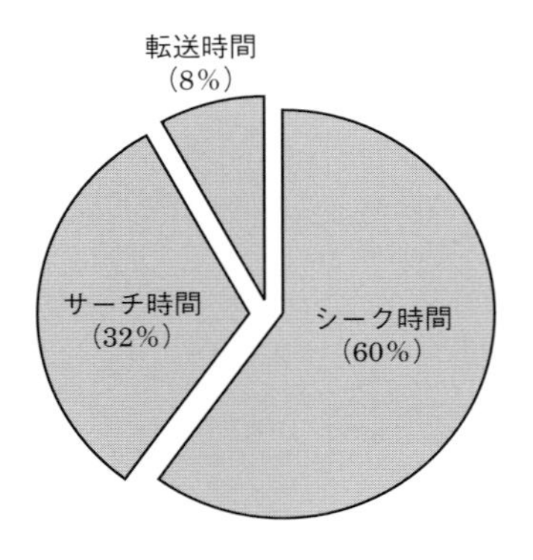

図2・13　磁気ディスクへのアクセス時間の内訳例

2-4 演習問題

(1) 割込みマスクを設定することでOSは外部割込みを抑止可能となる．そこで表2･1にある入出力完了，タイマ切れ，外部信号入力，ハードウェアエラーが同時に発生したとき，どの順に割込み処理すべきだろうか．その順位付けを行い，その理由を説明せよ．

(2) 磁気ディスクの回転性能が7200rpm (rotations per minute) である場合の平均サーチ時間を計算せよ．

(3) 図2･9は入出力ソフトウェアの階層が示されている．このように階層的なソフトウェア構成の利点について論ぜよ．

(4) 本章2-3-7では磁気ディスクアクセス時間の説明をしたが，図2･13に示すようにシーク時間が最も長いならばこの時間の短縮が重要である．そこで図2･10のようにある磁気ディスクへの入出力要求が重なっていたときにシーク時間を短縮するスケジューリング方法を考案し，利点・欠点を説明せよ．

(5) 図2･7にはメモリ保護機構が説明されている．メモリにはページ単位に読み出し，書込み，命令実行の属性がある．これらは禁止か許可かを示しているので全部で8種類の属性となる．ではこれらの中で意味のある属性と使用目的を述べよ．

(6) メモリには空き領域がたくさんあり，多くのプロセスが入出力の処理完了を待っている状態にある．そして，CPUの利用率が30％であるとき，このコンピュータの運用はどのようにすべきか．

(7) OSが割込み禁止で実行しなくてはならない場合はいかなるときだろうか．OSがある割込み処理中にほかの割込みを許す場合には，何を注意すべきだろうか．

(8) コンピュータが割込み禁止状態でかつ命令をフェッチ（読出し）しない状態とはいかなるときか説明せよ．

(9) OSは実行すべきプロセスがないとき，例えばすべてのプロセスが入出力待ち状態になっているなど，何をすべきか．

★ 演習問題の略解はオーム社Webページに掲載されているので参考にされたい．

3章　入出力制御とファイル管理

コンピュータと情報交換する対象はすべてファイルというが情報を体系的に管理・格納するOSの機能をファイル管理（ファイルシステム）と呼ぶ．様々な物理的な入出力装置を制御するデバイスドライバの上位にファイル管理は位置しプログラマに論理的な情報のアクセス手段を提供している．各OSは独自のファイルシステムを提供しているがそれらに共通的な概念，機能などを最初に説明する．

次にプログラマの扱う情報の単位と装置へのデータ格納の関係を説明した後に低速な入出力装置を効率良く扱う3種の性能向上技法を説明する．またファイルの信頼性を高める方法について説明する．これらの後でファイルの編成法と性能向上について説明する．最後にプログラマに提供される具体的なインタフェースをUNIX系OSのシステムコールをケーススタディとして取り上げ解説する．これらを理解することでUNIX系OSでのファイル処理のプログラミングができるようになる．

3-1　基本的な考え方

3-1-1　OSにおける入出力機能

OSは各々独自のファイルシステムを保有している．近年OSのファイル管理の方法やデータ形式などが公開される傾向にあり，ほかのOSファイルをサポートしているケースもある．

どのようなプログラムも入出力は必要である．例えば計算を行うプログラムは，計算結果をディスプレイやプリンタに出力する．現在のプログラミング環境では標準入出力ライブラリが用意されているのでプログラマは容易に計算結果を出力できる．

コンピュータが計算を中心に利用されていた時代でも計算すべきデータやその結果が大量ならばそれらを蓄積する必要があった．またコンピュータを利用する人たちがそれらのデータを相互に交換するためには記録媒体上に格納し共通的に扱えるデータ形式（data format）が必要になってくる．初期の頃，データ蓄積に磁気テープが利用されたためその標準化が進んだのもここに理由がある．

3-1-2 ◎ 装置独立をめざして

OSは入出力に対するプログラムの共通化からデータ格納形式の共通化へと発展してきた．ここで説明するファイルシステムはコンピュータ内にデータを格納する方法の発展形である．2章2-3-4の図2·9では入出力に関するソフトウェアの階層を示した．物理的な入出力装置を直接操作するプログラムはデバイスドライバであり物理的な装置の管理を行う．一方ファイル管理はデータを組織的に格納する方法をプログラマに提供し論理的なアクセス法（access method）を用意している．

ファイル管理はプログラマにファイルを論理的なデータの集合として提供する．つまりファイルが格納されている物理的な媒体を意識させないようにする目的がある．このためファイルシステムは以下の目的を達成しなくてはならない．

（1）記録媒体が変化してもプログラムを一切変更することなく使用できること
（2）記録媒体に対するアクセス時間を短縮し性能向上機能を提供すること
（3）貴重なデータを取り扱うために信頼性向上を図ること
（4）記録媒体の容量を無駄にすることなく利用すること
（5）装置に依存しない論理的なインタフェースをプログラマに提供すること

（1）はファイルシステムを装置から独立にすることを目指した機能でありエンドユーザは記録媒体が変わってもプログラムを変更することなく既存のプログラムでファイルにアクセスできる．新しい装置（これを周辺機器：peripheral equipment とも呼ぶ）に対する変更はデバイスドライバが担いアプリケーションプログラムは変更を必要としないで済む．

以下（2）から（5）の各項目について順次説明する．プログラマに対するインタフェースの具体例として，UNIX系OSのシステムコールの仕様を説明する．

3-1-3 ◎ 広義のファイル

現代のOSではファイルの意味を広くとらえ「コンピュータに対するデータの入出力をファイル」と解釈している．キーボードやマウスを使って入力し，ディスプレイの出力を見て次の入力をする人間も入出力可能なファイルである．OS

はキーボード，ディスプレイもファイルとして扱う．

3-2 アクセス性能を高める基本技術

3-2-1 ブロッキング

(1) レコードの概念

一般的にプログラマはファイルを作成する際にデータの論理的な構造を考える．例えば従業員を管理するファイルを作成するならば図**3·1** に示すようなデータ構造を考える．この論理的なデータの集まりをレコード（record）と呼ぶ．

```
struct employee {
       char  name[30];
       int   age;
       char  sex;
       char  address[80];
       ・
       ・
}
```

図3・1　論理的なデータ構造の例

(2) ブロッキング方法

大量のデータ処理をする際の問題点は処理時間にある．処理時間を短縮する一つの方法は入出力回数を少なくすることである．図3·1のような短いレコードを一つずつ磁気ディスクに書き込んでいたのでは処理時間は短くならない．そこで複数のレコードをまとめて1回の入出力操作にすると入出力回数が減りレコード当たりのアクセス時間短縮になる．このように複数のレコードを一つにまとめる入出力をブロッキング（blocking）と呼び，基本的な性能向上方法となる．

図**3·2**がブロッキングのイメージである．一つのブロックに格納するレコード数をブロッキングファクタ（blocking factor）と呼ぶ．図3·2の例では四つのレコードを一つのブロックにしているので，ブロッキングファクタは4である．ブロッキング入出力をすれば1レコード当たりのアクセス時間は数分の1になる．

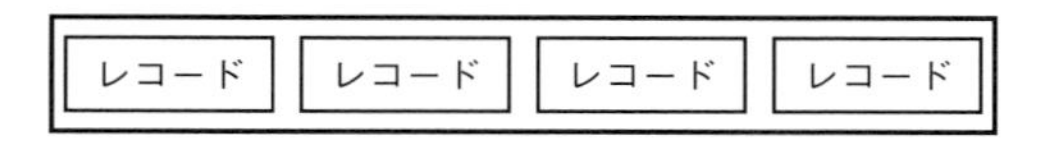

図3・2　入出力の単位とするブロック

3-2-2 ◎ アクセスギャップを埋めるバッファリング

磁気ディスクはファイル格納媒体の代表的な装置である．CPUが主記憶へアクセスできる時間に比べて磁気ディスクのデータにアクセスする時間は桁違いに長い．この両者のアクセスギャップを埋めるのがバッファリング（buffering）方式である．バッファリングを全く行わない場合のファイル操作は図**3･3**に示すとおりである．ここでの処理はファイルの1ブロックを読み込み，その処理をCPUで行う繰り返しである．詳しく見ると以下のようになっている．

（a）CPUから入出力装置に読込みの起動を行う
（b）入出力領域にデータが入る
（c）CPUが入出力領域内のファイル処理を行う
（d）ファイルの終端まで上記（a）～（c）を繰り返す

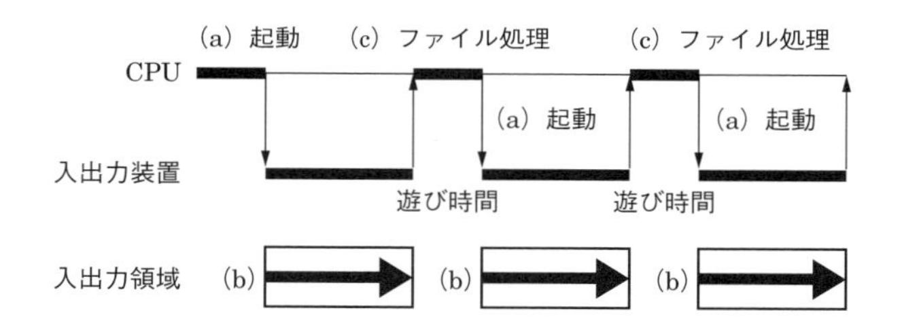

図3・3　バッファリングを行わない入出力方式

図3･3からはCPUが動作中は入出力装置が明らかに遊んでいる．

そこで図**3･4**に示すように入出力領域を二つ用意し一つ目の入出力領域に入った情報をCPUが処理している間に，もう一つの入出力領域に入力動作を行わせる．つまりCPUと入出力装置の動作を重複（オーバラップ：overlap）させて高速化できる．図では2面の入出力領域A, Bを用意し，入力が完了すると直ちにもう一面の空き状態になっている領域に読込みを起動する．この結果，低速な入出力装置は遊び時間がなくなり性能を最大限引き出すことができる．先のブロッキングと組み合わせることでより効果的となる．また磁気ディスクではバッファリングによりシークとサーチ時間をほぼゼロにして次のセクタを読み込むことが可能となる場合が生じるためより高い効果が期待できる．

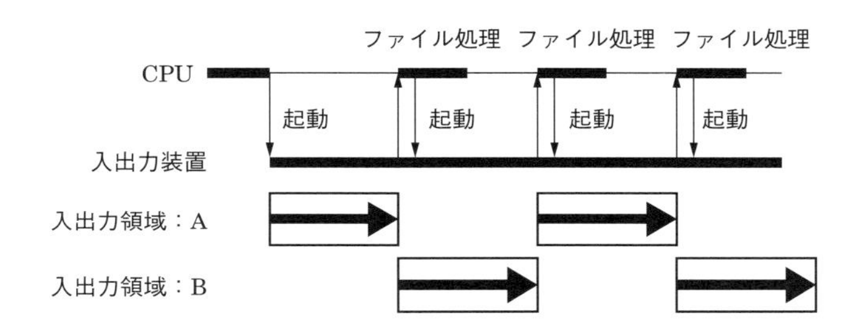

図3・4　バッファリングによる入出力方式

バッファリングとは本来「緩衝」という意味である．これはCPUのメモリアクセスと入出力のアクセスギャップをやわらげるということから派生している．現在ファイル入出力を行う領域をバッファ領域と呼ぶことがあるが，本来のバッファという意味はここで説明した「入出力アクセスのギャップを埋める緩衝領域」という意味である．

3-2-3 ◎ キャッシング

究極のアクセスギャップ解消はギャップをゼロにすることである．1980年代後半から大容量主記憶が利用できるようになり部分的だがアクセスギャップの解消が可能になった．ファイルアクセス時間を主記憶アクセスと同一にするにはファイルを主記憶上に常駐することである．しかしこの方法には以下の問題がある．

(1) 高速で安価な半導体メモリは揮発性であり，電源を切ると内容が保存されない．

(2) 大容量主記憶といっても全ファイルを常駐することはコストの面で不可能である．

このような状況からよく利用されるファイルの一部分だけを主記憶に保存し，その部分に対するアクセスはアクセスギャップをゼロに近づけるという工夫が妥当である．つまり一度アクセスしたブロックを入出力領域に格納しておき，同一ブロックに再度アクセスがあれば再利用する方法である．

このような方法を一般的にキャッシング（caching）と呼び，その領域をキャッシュ（cache）という．**図3·5**にその様子を示す．あるファイルの特定のブロックに対するアクセス頻度が高いならキャッシングが効果的である．頻度高く参照される部分をホットスポットと呼ぶ．もし，読込み専用のファイルで容量が小さくホットスポットとなるようなファイルならばこのアプローチは性能向上効果が高い．つまりファイルアクセスの特性を分析し頻度高くアクセスされる部分をキャッシュの対象に指定できる機能を準備すればよい．

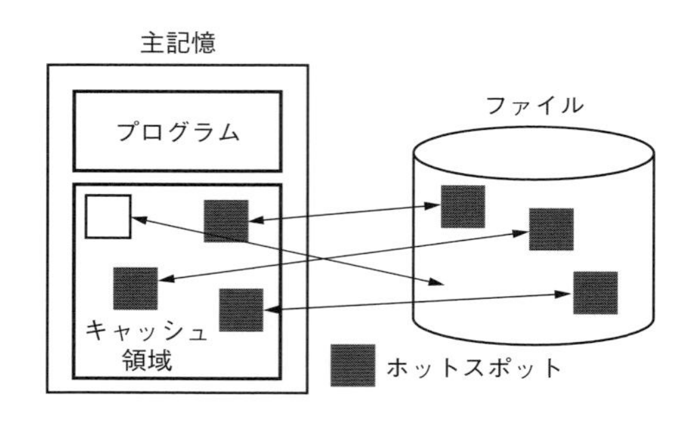

図3・5　キャッシュによるファイルアクセスの高速化

しかしキャッシングには欠点がある．読込み専用のファイルは問題ないが，ブロックへ書込みを行う場合には主記憶上の情報が磁気ディスクと不一致となる．この解消のためにブロックへのデータ書込みのたびに記録媒体に書き込みしたのではキャッシングの効果がない．そこである時点で書込みのあったブロックを記録媒体に書き込む必要がある．例えばオンラインシステムで一つのトランザクション（取引）が完結した時点で，該当のファイル部分を書き込む方法などがある．

キャッシュのもう一つの問題はブロックを保存するキャッシュメモリの不足に対する対策である．つまりキャッシュ領域を使い切った時にどのブロックを解放するかという問題である．この問題は仮想記憶におけるページリプレースメント（置換）アルゴリズムと類似している．両者に共通するのは「将来参照される見込みのない部分を解放する」という考えである．しかし将来のファイルブロック参照の予測は難しい．そこで「最近使用されたブロックは近い将来再度参照される」という仮説のもとにLRU（Least Recently Used）法が使用されることがある（LRUについては，仮想記憶制御方式の章で説明する）．

入出力のキャッシングをカーネルとして実装しているのがUNIX系OSであり信頼度を確保するためにキャッシュ内の変更ブロックをファイルに書き戻すシステムコール sync ( ) が提供されている．

3-3 ファイルシステムの信頼性

コンピュータはデータ処理に広く利用されている．したがってデータの保存，維持，管理は重要である．ファイルの信頼性を低下させる要因はハードウェア，ソフトウェア両方に存在する．ファイルの信頼性を向上するためにはいろいろなアプローチがあるがここでは基本的な機能のみを説明する．

3-3-1 ファイルの矛盾とその要因

ファイルに障害が生じるのは多くの場合稼働中に起こる不意のダウンに起因する．ファイルに書込み中の中断，あるいは上記のキャッシュ上に存在するデータが記録媒体上のファイルに反映されていないなどによる障害である．一般的にファイルシステムはファイルを管理する（ファイル名，ファイルの所在するディスク内のアドレス，その他属性など）ディレクトリ（directory），記録媒体上の未使用ブロックの管理テーブル，そしてファイルの実体からできている（図**3･6**）．これら3種の情報の間には相互に関連があり，ファイルシステムがこれらの関連情報の管理を行っている．しかし不意のダウンで処理が中断するとこれらのデータ構造に矛盾が生じてしまう．

一台の磁気ディスクをボリューム（volume）と呼ぶ．一般的にボリューム上に格納されているファイル関連の情報は一つのボリュームで自己完結している．この拡張形態として複数のボリュームを一つの論理的な媒体(logical volume)として扱う技法も存在するが，ここでは説明の都合上一つのボリュームを前提とする．つまり記録媒体上に存在するファイルのすべての名称ならびにファイルの実体の所在などを示すディレクトリ，記録媒体の未使用領域の管理テーブル，そしてファイルの実体などが一体となって一つのボリューム上に存在すると考える．

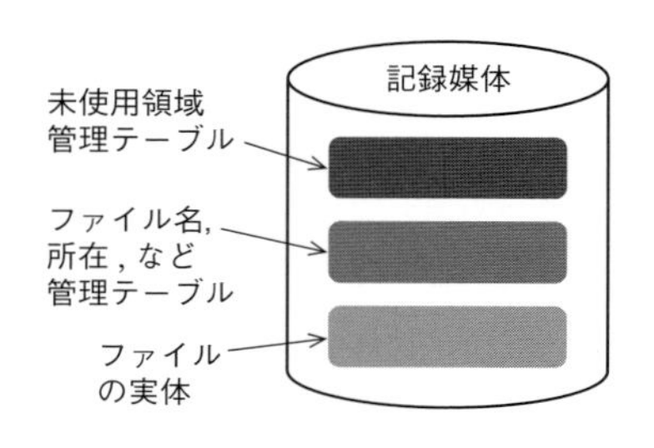

図３・６　記録媒体上のファイル情報

3-3-2 ◎ 矛盾を回避する方式

（1）ファイル管理情報の更新順序

ファイル管理はこのように複数の論理的ならびに物理的に分割された情報により管理されている．このため一つのファイルを更新するときはこれら三つに関連付けられた情報を同時に更新する必要がある．しかし複数の入出力を実行するので時間的に同時に更新することは不可能である．複数の入出力操作の過程で処理の中断が生じるとファイル更新が正常に終了しない．ファイル管理ではどの時点で処理が中断してもファイルシステムに矛盾が生じないよう情報の更新順序に配慮がなされている．

このような観点から図3·6 に示した3種類の更新順序は，最も重要な未使用領域管理テーブルを最初に書き込むことであり，ディレクトリやファイルの実体の書込みはその後とする．3種類の情報更新は新規ファイルの作成時，ファイル内の一部を更新する際に必要である．

仮にファイルの実体を最初に書き込んだあとで中断するとどうなるであろうか．コンピュータが再開したときそのユーザが作成したファイル名はまだディレクトリが書き込まれていないため，ファイルへのアクセスはできない．次にファイル実体を書き込んでその後ディレクトリを書込み完了後に処理が中断した場合を考える．この場合はコンピュータ再開直後にファイル名を見いだすことができその実体も確認できる可能性がある．しかしディレクトリやファイル実体の格納場所が領域管理テーブルには未使用状態のままであるため，システム再開後にほかのファイルの生成がある場合，あるいはほかのファイルの更新などにより中断前のファイルやディレクトリ領域がこれらの生成，更新により使用される可能性がある．そうなると中断前のファイル内容ならびにファイル名が失われる可能性がある．場合によると図**3·7**のように二つのディレクトリから同一の実体を指す状態になる可能性が生じ，矛盾の発生原因となる．

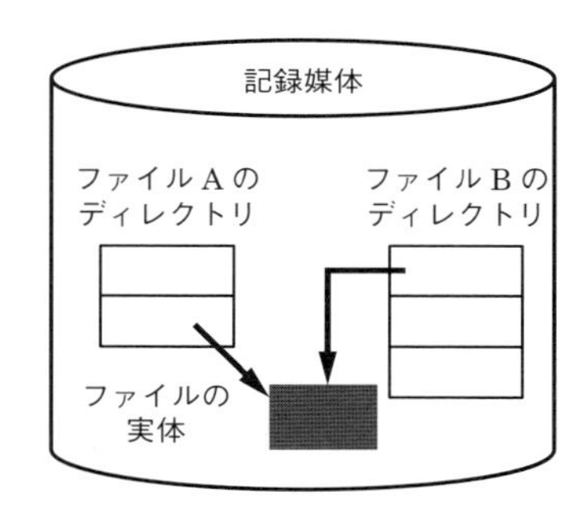

図３・７　同一ファイル実体となる矛盾

(2) 矛盾の発生と波及

ファイル処理の中断は避けねばならないがシステムダウンをゼロにできないためフェールセーフな設計が必要である．システム設計は最悪の状況を常に考えておかねばならない．ここで問題となるのは複数のファイルが同一のファイル（全部あるいは一部の）実体を示してしまうことである．つまり，自分のファイルを参照したとき，他人のファイルの内容が参照できるようになってしまうことを絶対に避けねばならない．

また上記の事態が生じるとユーザによっては他人のファイルと自分のファイルが混在していることに気づきそのファイルを消去してしまうかもしれない．その場合，他人のファイルの一部もしくは全部を消去してしまうことで解放されたブロックが第3者，第4者に割り当てられると矛盾がファイルシステム全体に波及してしまう．図3·7はそのケースを示している．

・ファイルＡとＢが同一のファイル実体を示している

・ファイルAを消去してしまう

・ファイル実体の領域が空き状態になる

・第3者が新たなファイルを作成したとき，上記の空き領域が割り当てられる

・この結果，新たなファイル作成によりファイルBの実体が消去される

・新ファイルとファイルBとの間に再び二重保有状態が生じる

このような状況が生じると誤りが波及する．恐ろしい事態は未使用領域管理テーブルの矛盾にある．先に説明したとおり，未使用領域管理テーブルを最後に更新するとシステムダウンに遭遇した場合にこの状況が生じる可能性が高い．

(3) フェールセーフな処理

上記の誤りは深刻であり複数のファイルに影響を与える．このためファイル管理では，いつコンピュータがダウンしてもファイルシステムとして矛盾が生じないことならびに誤りが波及しない方法を取る必要がある．しかし，コンピュータがダウンした場合に，完全に問題を排除できるとは限らない．少なくとも処理途中のファイルには最新の情報が格納されたかどうか不明である．

上記（1）に示したように未使用領域管理テーブルを最初に更新したならばボリューム内のある領域は使用中の状態になっているが，どのファイルにも割り付けられていない領域となる．しかしそれらの無駄な領域を作ったとしてもファイル間に矛盾を生じその後誤りが波及してしまうよりはよい．この考えは座席予約システムなどで座席を二重に販売してしまうダブルブッキングを避けるアルゴリズムと似ている．座席を無駄にしても顧客に迷惑をかけて信用を失うよりはましである．

(4) ユーティリティソフト

フェールセーフな設計を行い，ダウンに備えることは重要である．その結果無駄な領域が生まれた場合はそれらを回収する手段を用意すればよい．つまりファイルシステムを保守するソフトウェアが必要となる．定期的あるいは非定期に，ファイルシステムの診断を行うファイルシステム支援のプログラムが各メーカーから提供されている．あるいはユーザが目的に応じて開発するプログラムが存在する．これらは一般的にユーティリティと呼ばれるプログラムである．

(5) 多重ファイル方式

信頼性を確保するためには冗長度をもたせる方法が頻繁に利用される．同一の装置を複数備え，一方がダウンしたときに代替え装置に切り換えて処理を続行する方法である．ファイルシステムの信頼度確保にも同様の方法が利用される．その代表的な方法がファイルミラーリング（file mirroring）やファイルデュプレックス（file duplex）である．

これらの方法は一般に多重化ファイルと呼ばれるもので，高信頼化を要求される情報システムに実用化されている．図**3･8**に両方式を示す．ファイルミラーリングでは，入出力制御機構に接続されたボリューム上に同一のファイルを二重に保有し，書込みは両ファイルに対して行う．ここでは，正副ファイルと呼ぶことにするが，正常状態での読出しは正ファイルから行う．正ファイルに障害が発生したときは副ファイルで運用する．

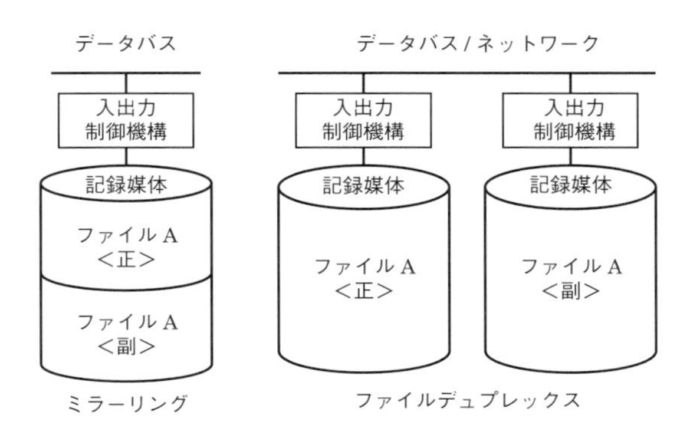

図3・8　多重ファイルによる信頼性向上

デュプレックス方式はハードウェア的に2系統を保有する．操作はミラーリング方式と同一である．この方法は入出力系統を2重化しているためミラーリングに比べて性能ならびに信頼性が高くなる．両方式とも2倍のファイル容量を必要とすることになる．このように信頼性を向上させるには一般的に処理時間やコストを犠牲にすることになるが，情報を企業活動の基幹としているビジネスでは信頼性にコストをかける必要がある．

(6) バックアップ

ファイルの信頼性確保のために最も単純で効果的なのはバックアップコピー（backup copy）を取る方法である．ファイルの重要度に応じてバックアップを行うのが常套手段である．磁気ディスク上のファイルは過去には磁気テープなどにバックアップコピーされることが多かった．この作業には人手を要する場合もあるが近年では磁気ディスクなどに自動化されたハードウェア機構ならびにソフトウェアが実用化されている．

バックアップにも各種の方法がある．パソコン，ワークステーションあるいは小規模のサーバなどで使用するコンピュータでは定期的なバックアップを行えばよいかもしれない．しかしコンピュータを365日24時間運転しているコンピュータシステムではバックアップ作業をオフラインで行うことは不可能である．したがってそのような場合はシステムが稼働中にバックアップを行うオンラインバックアップという方法が取られている．ファイルのバックアップはネットワークを利用して，自然災害を避けるために遠隔地にバックアップセンターを設けて運用する方法も取られている．

(7) ジャーナル

OLTPなどでは信頼性に対する要求が厳しい．システム停止から再開までの時間は秒のオーダーでなされなければならないしシステムが再開されたときにファイルの内容は最新の状態でなければならない．

そのためにはオンラインバックアップだけでは不十分であるのでファイル更新を行うごとに変更履歴を取得し，これを各トランザクション単位に管理した情報として取っておかねばならない．このようなファイル更新情報や端末へのメッセージなどの記録採取をジャーナル（journal）と呼ぶ．

OLTPではジャーナルを取得しシステムダウン直後の再開処理において最新のファイルを短時間で構築する．この方法により継続的なオンラインサービスが実施できている．

3-4 ファイルシステムの概念

記録媒体上に意味をもった情報の塊をファイルシステムとして組織的に管理するのがファイル管理である．以下その概念について説明する．

3-4-1 論理化したインタフェースの提供

ファイル管理が果たすべき役割は次のとおりである．

(a) 名前を付けたディレクトリやファイルが作成できる

(b) ファイルに情報を格納する

(c) ファイルの読込み，情報の追加，更新ができる

(d) ファイルやディレクトリを消去する

(e) ファイルアクセスの保護機構を提供する〈共用，排他など〉

これらはファイルという論理的な情報の集合に対する操作であり，物理的な装置，記録媒体を全く意識させることはない．具体的なインタフェースの例としてUNIX系OSをケーススタディとして取り上げ概要を説明する．

(1) 名前の管理:UNIX系OSの木構造

ファイルを理解しやすい形式でかつユニークに識別できるようにするにはユーザが任意の名前を付けられることが望ましい．またシステムが管理するファイル，企業活動に必要なファイル，個人の保有するファイルなどが統一的に扱えると理解しやすい．このような要求から木構造（tree structure）のファイル名構造が考案された．

図**3·9**にUNIX系OSにおける例を示す．木構造の原点になる部分をルートディレクトリ（root directory）と呼んでいる．原点から別れる枝により一般ユーザファイルを格納する部分（/home）ユーザ固有のファイルを格納する部分（/usr）などに分類できる．現代のOSはUNIX系OSと同様の木構造をもったファイル名管理機能を提供している．

(2) ファイル名とパス名

UNIX系OSでは図3·9 に示す usr, home, lib, share などをディレクトリファイル（directory file）と呼んでいる．usr の下にある lib, share, bin, などをファイル名（file name）と呼ぶ．したがって，lib, share, bin, などはディレクトリでありまた，ファイルでもある．つまり，上記に述べたようにディレクトリ自身もファイルである．

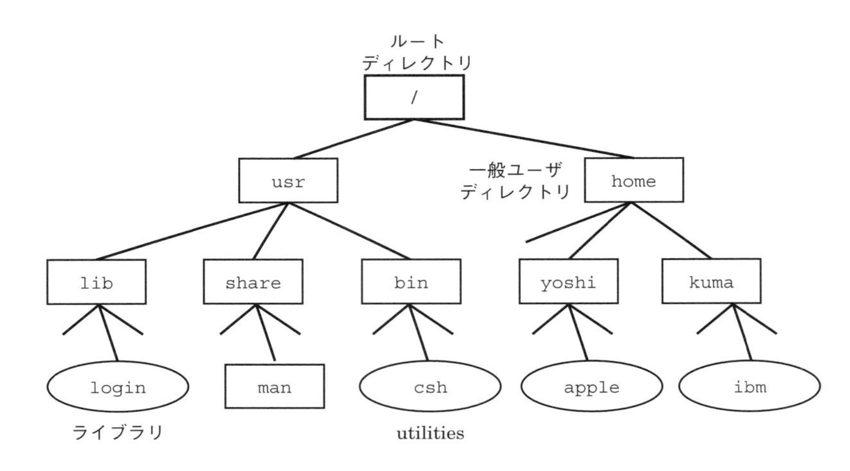

図3・9　多重ファイルによる信頼性向上

「/」より始まるファイル名の指定（例：/home/yoshi/apple ）を絶対パス名（absolute path name）と呼び，「/」のないファイル指定（例：apple）を相対パス名（relative path name）と呼ぶ．このように，あるディレクトリの下に付けられた名前をユニークにしておけばファイルシステム内でユニークなファイル名を特定することができる．

ファイル名に使用できない文字はスラッシュ「/」とスペースである．「/」はディレクトリを示すので使用できない．またスペースはディレクトリ内にファイル名を格納する際にファイル名の終端を意味しているので使用できない．初期のUNIXではファイル名が14文字以内であったが，BSD系UNIX以降は255文字まで許されている．

(3) ファイル属性

ファイルにはソースプログラム，オブジェクトプログラム，書類，図，表，音声，動画像情報などの各種の情報が格納されている．これらのファイルはプログラムからアクセスされる際に正当性が保障されなければならないため各ファイルに保護属性を与え管理する方法がとられている．

例えばファイルの所有者，作成年月日，実行可能か否か，書込み可能か否か，アクセスを許可するプログラムやユーザの区別などが代表的なファイル属性（file attribute）として存在する．**表3･1**にこれらの属性を示す．属性は3種ある．

表3・1　ファイル属性

ファイル本来の性格	読出し（read），書込み（write），実行（executable）の組合せを指定する
アクセス権限	所有者以外にアクセスを許可する範囲を指定．グループ内，権限を放棄するなど
その他ファイル情報	作成者，作成年月日，最終更新年月日，ファイルサイズ，ファイル実体の所在マップ，など

ファイル本来の性格は，読出し，書込み，実行可能などを許可するか否かの組合せで8通りの属性がある．これらの組合せには「すべて禁止」のように意味のない属性もあるので実際の組合せは少ない．本来の性格はアクセス権限との組合せにより有益になる．例えば所有者は読出しと書込みは許可されるがグループのユーザは読出しのみを許す，などである．これらの属性は次に述べるファイル作成時のパラメータとして与えられる．

(4) ディレクトリファイルの作成

ファイル管理ではディレクトリやファイルに任意の名前が付けるシステムコールが用意されている．一般のファイルの作成には creat ( ), open ( ) が，またディレクトリの作成は mkdir ( ), mknod ( ) のシステムコールが用意されている．

ファイルの作成時にファイル属性を与える必要がある．ファイル属性は表3.1に示したファイル本来の性格を示す情報とアクセス権限の範囲を限定する2項目である．UNIXではファイル生成時にこの両者を組み合わせてファイル属性を与える．表3·1のその他のファイル情報に該当する情報は自動的にファイル管理で作成される．

（5）ファイルのオープン

既存のファイルの操作は読出し，更新，情報の追加である．まずファイルへのアクセスを開始するプログラムはファイル管理に対してopen ( ) というシステムコールを宣言する必要がある．

オープンではファイル名を指定するだけでなく，そのファイルをどのようにプログラム内で使用するか宣言する必要がある．ファイル管理はopen ( )を実行したプログラムが該当のファイルに対するアクセス権を所有しているか否かをチェックする．

例えば読込み専用のファイルに対して書込み要求のオープンが実行されたときはこれを不当なアクセスとしなければならない．このようなファイル保護属性のチェックがなされることによりファイルが保全される．したがってファイルオープン時に読込み要求とし，後にそのファイルに対し書込み操作するとファイル管理はこれをエラーとし要求をはねのける．

（6）ファイルの読み書き

ファイルのオープンが完了するとファイル管理はプログラムに対してオープン完了の情報を渡す．UNIX系OSではファイル記述子（descriptor）を返す．この値は単なる小さな整数値であるが，ファイルアクセスが認可された証拠（token）となる．したがってこの後の当該ファイルに対する読み書き操作のシステムコールにはこのファイル記述子をトークンとしてファイル管理に示す必要がある．

（7）ファイルの消去，ディレクトリの作成など

ファイルやディレクトリが不要になったときそれらを消去する必要がある．UNIXではコマンド（rm：remove）でファイルを消去する．またWindowsやMacintosh OSのGUI環境ではごみ箱にファイルアイコンをドラッグすればよい．このような操作をプログラムの中から実行するためにシステムコールが用意され

ている．UNIX系OSではunlink ( ) によりファイルを，rmdir ( ) でディレクトリを消去できる．

3-4-2 ◎ 順編成ファイル

ファイルに対するアクセス方式は大きく分けると以下の2通りである．

・順編成

・直接編成

図**3·10**は順編成（sequential organization）のファイルのアクセスの様子を示す．順編成のファイルではファイル内の先頭のデータから順にアクセス（sequential access）を行うのが原則であり，データが時系列に入っている場合やレコードがある順序に並んでいる場合が多い．音声・画像情報や従業員レコードなどがその例である．つまり何らかのかたちでデータが順に整列されている，つまりソート（sort）されているファイルでありその応用例は多数存在する．

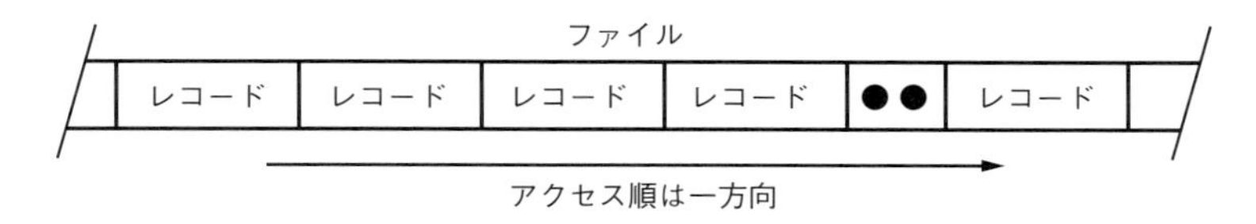

図3・10　順編成ファイルのアクセス法

順編成ファイルでは高速な処理のためにレコードをあらかじめソートして処理する．図**3·11**に示す処理は順編成ファイルを用いた典型的な応用例である．IBM社のOSは順編成ファイルに対するアクセス法（Access Method）としてSAM（Sequential Access Method）をプログラマに提供していた．

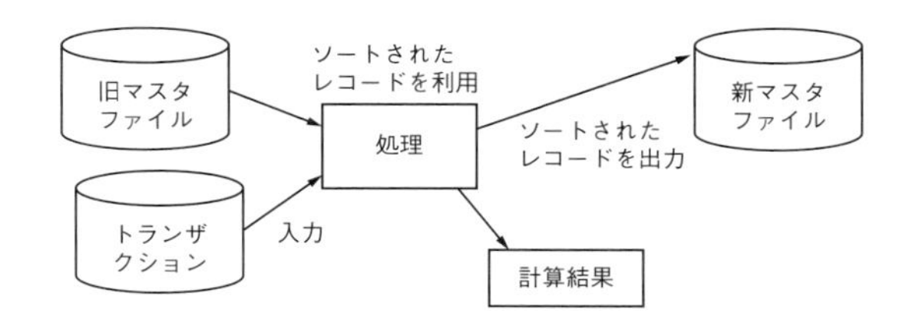

図3・11　順編成ファイルのアクセス法

給与計算を例にとってみる．残業時間，出張など日々発生するデータをトランザクションとして一時的にファイルに蓄積しておき，そのトランザクションレコードをあらかじめ処理するキー（key），例えば，従業員番号などでソートしておく．そして従業員番号順にソートされているマスタファイルとトランザクションレコードの情報をもとに給与計算をすることで新マスタファイルを作り来月は旧マスタファイルとして使用する．

順編成ファイルを利用するケースは上記の例のように日々発生するようなデータを溜め込んでそれらを定期的あるいは非定期にマスタファイルと照合して目的の情報を取り出し，新たなファイルを生成する．このような処理をバッチ処理（batch processing）と呼ぶが，事務処理の代表的な処理形態であり成績管理や各種公共料金の課金処理など多方面で大規模な各種の応用が存在する．

3-4-3 ◎ 直接編成ファイル

一方，直接編成のファイル（direct organization）では順編成とは対照的なアクセス法をとる．図**3･12**に示すように，ファイル内の任意のデータを参照するケースである．任意のデータに直接アクセスするためにはターゲットとなるデータに直接アクセスできるよう磁気ディスクにファイルを格納しておく必要がある．IBM社のOSでは直接編成のファイルに対するアクセス法としてDAM（Direct Access Method）を提供していた．

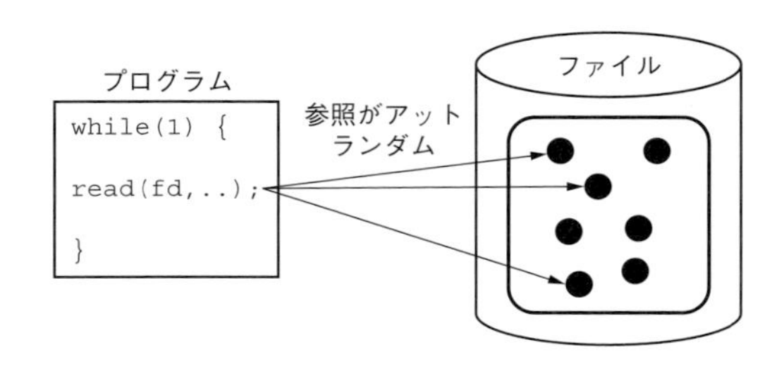

図3・12　直接編成ファイルへのアクセスイメージ

直接編成ファイルの利用はオンラインシステムにおいて数多く見られる．預金引出しは口座番号をもとにしてレコードにアクセスする．この場合は口座番号から該当する口座のデータベース内レコードをマッピング（mapping）し，ファイル管理を通して情報を主記憶内に読み込み更新処理をする．座席予約システム，チケット販売なども同様の方法で迅速な処理を行っている．

このように磁気ディスクのようなレコードに直接アクセス可能な記憶媒体とDAMなどの発明により，高速なデータアクセスが可能となりコンピュータの応用範囲が飛躍的に広がった．

3-4-4 ◎ ファイルアクセスの高速化

先の節で述べたように入出力のアクセスギャップを埋めることはコンピュータの課題であった．プログラムによるファイルアクセスの動作が予測できるならばOSにより処理性能の向上が図れる．ではプログラムがファイル内の次のレコードをアクセスする ことを予測できるだろうか．

実はファイルアクセスの予想は意外と容易な場合が多い．順編成ファイルのアクセスはレコードがソートされているため，プログラムは確度が高く次のレコードをアクセスする．図3·11 に示したような応用では旧マスタファイルやトランザクションファイルは最初のレコードから次々と順次読み込まれるはずである．したがってプログラムがバッファリングしていようがいまいがファイル管理は次の読込み要求がなくてもシステムバッファ領域にレコードを次々に先読みしても無駄にならないはずである．

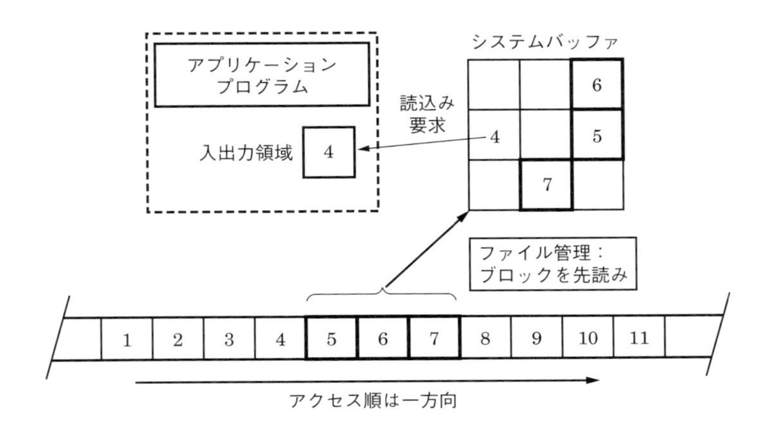

図3・13　順編成ファイルを先読みする高性能化技術

図3･13にその様子を示した．この例では，アプリケーションプログラムが要求しているのはブロック番号4であるが，ファイル管理はその先のブロックを次々と読み出してブロック7まで読み込んだ状態を示している．このように先読みを行うことはファイル管理が自動的にバッファリングを行っていることになりユーザプログラムによるバッファリングなどしなくても高性能化が実現できる．

一方,直接編成のファイルに対する高性能化を行うには次の仮定が必要である．

・アクセス頻度の高い部分が「ある領域」に集中している

つまりファイルアクセスにホットスポットが存在するという仮定である．座席予約システムのようにランダムにレコードがアクセスされると仮定されていてもすべてのレコードが等しくアクセスされることはまれで，多くの場合，ある部分に参照が集中することが知られている．座席予約ではある特定の日や特定の列車に予約が殺到する現象がよく見られる．またチケット販売でも発売初日に予約の列ができやすく，株の取引にも同様の傾向がある．いずれもある特定のレコードやブロックがホットスポットになっているはずである．

このようなホットスポットに対して前節で述べたキャッシングが適しているがキャッシュの容量と入出力削減効果の予測が難しいという問題がある．この解決法に一般論はなく，効果を高め，その確認をする十分な解析手法が必要になる．

3-4-5 ◎ 同期・非同期入出力

（1）同期・非同期入出力の違い

ユーザプログラムの実行と入出力のタイミングを考える．ファイル管理の提供する入出力のタイミングには同期入出力と非同期入出力の方法がある．

ファイル入出力のシステムコールを実行しカーネルでの実行が完了して再びアプリケーションプログラムに制御が戻った時点で要求した入出力が完了している場合を「同期入出力」と呼び，完了していない場合を「非同期入出力」と呼んでいる．同期入出力の代表的なOSが初期のUNIXであり非同期入出力の代表はIBM社のOSである．同期，非同期入出力の機能，利点，欠点を**表3･2**に示す．

（2）同期入出力の特長

同期入出力の利点はプログラマにとって分かりやすいこと，入出力の完了確認をOSから取る同期などという面倒なことを行わなくて済む点にある．したがって，プログラムが同時に一つのファイルしか扱わないような小規模な処理であるとかシステムに一つのディスクしか存在しない場合には同期入出力で全く問題はない．しかしサーバのように複数のファイルを同時に操作し，しかもそれらのファイルが別々のボリューム上に配置してあるような大規模データ処理では事情が異なる．

表3・2　同期・非同期入出力の比較

同期入出力	機能	入出力要求のシステムコールが完了した時点でデータが入出力領域に存在する
	利点	プログラムは同期をOSと取る必要はない
	欠点	複数のファイル入出力を同時に起動できない
非同期入出力	機能	入出力要求のシステムコール完了時点ではデータが入出力領域に存在する保証はない
	利点	複数のファイル入出力を同時に起動できる
	欠点	プログラムは同期をOSと取る必要がある

図**3·14**に同期入出力方式の代表であるUNIX系OSを例にして説明する．プログラムからは読込みのシステムコール read ( ) が実行される．この結果，①制御がファイル管理に渡り入出力ドライバは入出力を実行する．磁気ディスクに対して起動かけると数十ミリ秒を必要とするのでシステムコールを発行したプロセスをブロック状態（停止）にする．つまり入出力完了待ち状態とし，ほかの実行可能なプロセスにCPUを割り当てる．

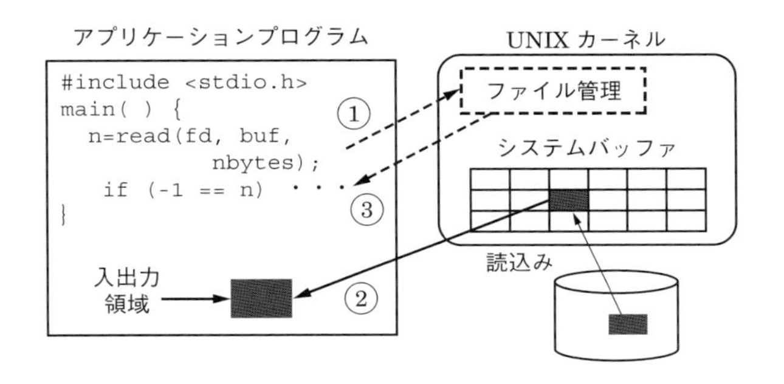

図3・14　UNIXの同期入出力方式

磁気ディスクからの入力完了により，割込みが発生しデバイスドライバに制御が渡る．この結果②該当ブロックをシステムバッファからユーザの入出力領域に転送する．この操作が完了するとread ( ) 発行のプロセスの待ち状態が解除され③readを要求したプログラムに制御が戻る．つまりプロセスはread ( ) システムコールを実行したあとに制御が戻ればファイルからデータを読み込んだ状態になっている．

このような同期入出力方式はプログラマにとっては入出力処理が単純で明快であるが複数のファイルを扱う少し高度な処理の場合には性能面での欠点がある．例えば，バッファリングをユーザプロセスのレベルで実現することは不可能である．UNIXではこの問題を回避するためにシステムバッファにより，順編成ファイルに対しては先読みを行い，直接編成のためにはシステムバッファをキャッシュのように使って問題の解決を試みている．しかし高度なデータ処理を実現するためにはこの方法は効果が間接的であり,確実なシステム性能の設計ができない．

図3·15に二つのファイルを処理する簡単な例を示す．ファイル内容を読み込み，内容を更新してその結果を別のファイルに出力する単純な例である．もし二つのファイルが完全にハードウェア的に別のアクセスパスをもっていても処理の時間的な流れは**図3·16**のようになる．つまり，入力ファイルと出力ファイルは独立に逐次的なアクセスしかできない．したがって，ユーザプログラムの範囲で性能向上は望めない．

```
while(1) {
      read(rfd, rbuf, rlen);
      // 読込みデータの更新処理
      write(wfd,wbuf, wlen);
}
```

図3・15　複数ファイルを同期入出力操作する例

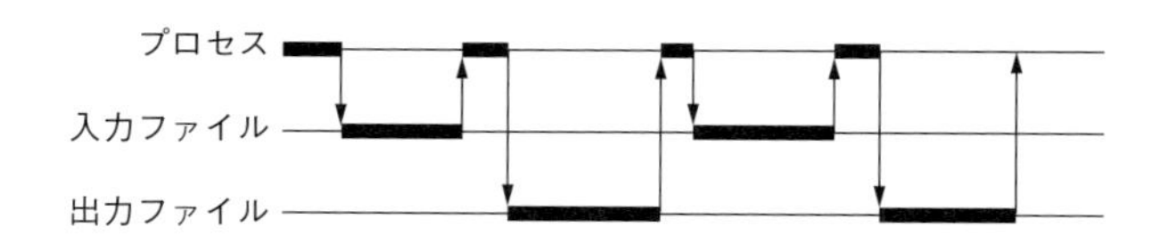

図3・16　同期入出力による入出力操作

(3) 非同期入出力

上記の欠点を解決する方法が非同期入出力方式である．この方式ではファイルへの入出力システムコールはカーネルへの要求申込みとしプロセスをブロックすることなくプロセスに制御を戻す．入出力完了の確認は入出力要求したプログラムから同期をとるシステムコールを通して行う．

図3·17 には最初と最後のブロック処理については省略してあるので正しくはないが，先ほどと同じ処理を非同期入出力としたときの例を示す．ここでは読込み完了の同期を取るシステムコールをrwait ( ) とし書込みの完了の同期をとるシステムコールをwwait ( ) とした．読込みの同期は読込みのデータを処理する前に行う必要があり，同様に書込みの同期は次に書込みを行う前に実行する．

```
while(1) {
      read(rfd, rbuf, rlen);
      // 読込みの完了を待つ
      rwait(rfd);
      // 読込んだ情報の処理を行う
      // 前回の書込みの完了を待つ
      wwait(wfd);
      write(wfd, wbuf, wlen);
}
```

図 3・17　複数ファイルを非同期入出力操作する例

このような操作を行うには2面の入出力領域を用意する必要があるが，処理時間としては入出力がオーバラップできるため同期入出力処理に比べ2倍程度の性能向上になる．

図3·18 には二つのファイルがハードウェア的に独立に動作できる環境の場合，定常状態になっている非同期入出力処理の時間的な流れを示す．図からも明らかなように入出力がオーバラップされ，処理時間の短縮につながる．

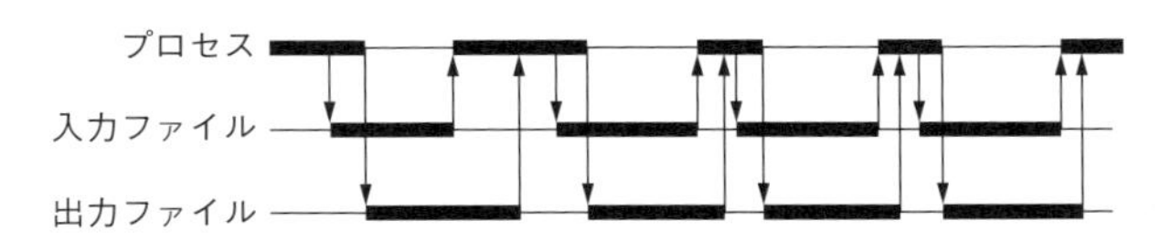

図 3・18　非同期入出力による入出力操作

3-5 具体的なファイルシステム

3-5-1 ファイルシステムの比較

各OSは独自のファイルシステムを備えている．UNIX系OSも同様である．ここでは今日のOSの源流となっているIBM社のOS/360 系におけるファイルシステムと対比してみる．

表**3·3**は両者の比較である．ファイルの名前付け方法はUNIX系OSでは木構造を提供しているため，ユーザが管理しやすい．これは，MITのMulticsの考えを採用している．UNIXを作成したAT&TのKen ThompsonはMultics開発の一員であった．

表3・3　UNIXとOS/360系のファイルに関する概念の違い

OS名	OS/360系列	UNIX
ファイル名空間	フラットな構造	木構造を提供
ファイル管理	VTOC/Catalogue	ディレクトリ，i-node
ファイル編成	数種類を規定 (SAM, DAM, PAM, VSAM)	version 7までなし
アクセス法	ファイル編成に応じて存在	順ファイル編成のみ
データ構造	各種存在 （レコード形式）	バイト列が基本で アプリで規定する

3-5-2 ファイル格納

(1) UNIX系OSのファイル格納

UNIX系OSでは，図**3·19**に示すように各ボリュームに定まった形式のブロックを構成しファイル管理を行う．ブートブロックにはカーネルのブートストラップのプログラムが書き込まれている．第2番目のブロックはスーパーブロックと呼ばれ，アイノード（i-node）の大きさ，ボリューム内の空き領域管理情報などが格納されている．i-nodeはインデックスノード（index）の略称で，UNIX系OSのファイル管理において重要な管理情報を含んでいる．

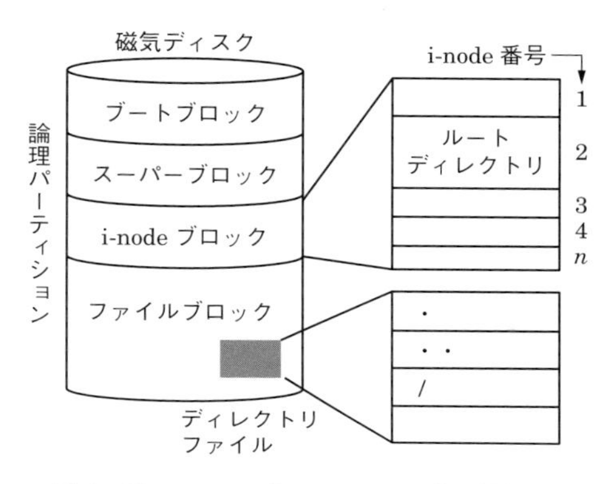

図3・19　UNIXにおけるファイル管理情報の格納

i-nodeブロックはi-nodeのレコードが配列になっている．標準的なUNIX系OSでは第2番目のレコードがルートディレクトリ(root directory)である．このように決めておけばファイルの検索を行う際にディレクトリファイルとi-nodeを相互に参照することにより目的のファイルにたどり着くことができる．

(2) ファイル編成とアクセス法

OS/360系OSでは本章3-4で説明した，順編成と直接編成の二つを提供している．一方UNIX系OSは基本的には順編成ファイルを提供しアクセス法という概念はない．

(3) データ構造

OS/360系とUNIX系OSではデータ構造に関する考え方に違いがある．OS/360系ではファイルに格納されている基本単位はレコードであり，レコードを格納するファイルとしてファイル編成があり操作する方法をアクセス法と規定している．レコードはプログラマが設計した論理的なデータ構造でありOS/360系はレコードを基本としたファイルシステムを構築する．

一方UNIX系OSはOS/360系とは対照的でファイルに構造はもたない．UNIXでは「ファイルは単なるバイトの配列でありファイル内のデータ構造，データ形式などはプログラムが認識すべきでカーネルは全く関与しない」という考えに立っている．したがってファイルの先頭から順次指定されたバイト数をアクセスする機能だけが用意されている．

3-6 UNIXファイルシステム

3-6-1 ファイルの分類

UNIX系OSでは以下の3種類にファイルを分類している．

- 通常ファイル
- ディレクトリファイル
- 特殊ファイル

(1) 通常ファイル（ordinary file）

通常ファイルはテキストファイルやコンパイルしたオブジェクトコード，画像・音声ファイルなどである．ファイルの内容に意味付けするのは，そのファイルを扱うプログラムである．例えば，テキスト編集プログラムは文字列や行などのテキストファイルを取り扱い，プログラムローダが対象とするファイルはバイナリコードである．

通常ファイルは順編成であるので部分的なデータ構造に工夫がない限りデータの追加・削除はできない．このような操作をするには別のファイルをあらたに作成することになる．通常ファイルは作成者の所有物であり多くの場合，作成者のディレクトリの下に格納されているがリンクが許可されていれば木構造の別の場所に配置することも自由である．

(2) ディレクトリファイル（directory file）

ファイル名とファイルの実体を対応づけるのがディレクトリファイルで，一つのファイルとして扱う．しかし通常ファイルとは区別する．ディレクトリファイルはスーパユーザ（super user）の所有物であり一般ユーザプロセスによるディレクトリへの書込みや削除は許されない．

ディレクトリは木構造のファイルシステムを提供している．本章3-4-1で説明したように，ファイル名とパス名がUNIX系OSでは存在する．ユーザがログインした時点のディレクトリはホームディレクトリ（home directory）と呼ばれ，ユーザファイルの起点である．この情報はパスワードファイル，例えば/etc/passwd内に記述されている．ログイン時点ではホームディレクトリがカレントディレクトリ（current directory）であるが cd（change directory）コマンドで自由にカレントディレクトリを変更できる．現在のディレクトリ位置はコマンド pwd（print working directory）で表示できる．

（3）特殊ファイル（special file）

入出力装置やメモリなどを通常のファイルと全く同じようにアクセスするために設けられたファイルがある．例えば磁気ディスク，メモリ，プリンタなどハードウェアに直接アクセスすることが可能になるので装置ごとにアクセス方法は定まっている．

一般的に特殊ファイルを扱うケースは，UNIX系OSが標準的にサポートしていない装置のドライバプログラムや，カーネルのサポートしているバッファキャッシュの操作を受けることなく入出力を行うシステムプログラムなどであり，スーパユーザの権限で実行されるプログラムである．例えばデータベース管理プログラム，OLTPの制御プログラムなどの開発に利用される．

特殊ファイルのファイル名は「/dev/....」である．これらのファイルはmknod（make a special file）システムコールで作ることができるが，スーパユーザの権限がなくてはならない．

3-6-2 ◎ ファイルシステムの構成

（1）ディレクトリを作る

ディレクトリ作成のコマンドは mkdir（make directory）である．新ディレクトリが作られるとそこには以下の二つの決まったファイル名が作られる．

（a）.　カレントディレクトリ（ピリオド一つ）

（b）..　親ディレクトリ（ピリオド二つ）

「.」は作成したディレクトリファイル自身の名前であり「..」はディレクトリの親ディレクトリのファイル名である．したがってカレントディレクトリの上位のディレクトリに戻るにはコマンド「cd ..」を入力する．また，ホームディレクトリには「~」が予約されているので「cd ~」もしくは「cd」とコマンド入力すればホームディレクトリに戻ることができる．

(2) ディレクトリの構造

UNIXのディレクトリは以下の二つの情報のみをもつ．

(a) ファイル名（ファイルの文字数を含む）

(b) i-node番号

ファイル名の最大長は255文字であり，ディレクトリのスペースを節約するために有効な文字のみ格納している．図**3･20**にはディレクトリの構造を概念的に示した．各々のUNIXのインプリメンテーション（implementation）により異なる部分があるが，情報としてはほぼ同一の内容が格納されている．

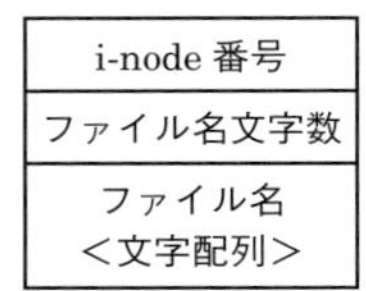

図3・20　ディレクトリエントリの構造

(3) i-node情報

i-node番号は各ファイルをユニークに定める番号である．i-nodeは図3･19に示したように，磁気ディスクの特定の位置に格納された固定長のデータ構造であり，各ファイルに付けられたi-node番号はその配列のインデックスである．

ファイル名以外の情報はすべてi-node内に格納されている．図**3･21**にi-nodeとファイルの実体との関係を示した．i-nodeのデータ構造はインプリメンテーションに依存しているので統一されているわけではない．このため一般ユーザへのi-node情報を共通的に提供するインタフェースとして，stat ( ) システムコールが用意されておりstat 構造体により図3･21の情報を取得することができる．ファイルのi-node番号は「ls -il」で表示できる．

(i) アクセスモード

ファイルアクセス制御はユーザを3分類しアクセスを許可する．

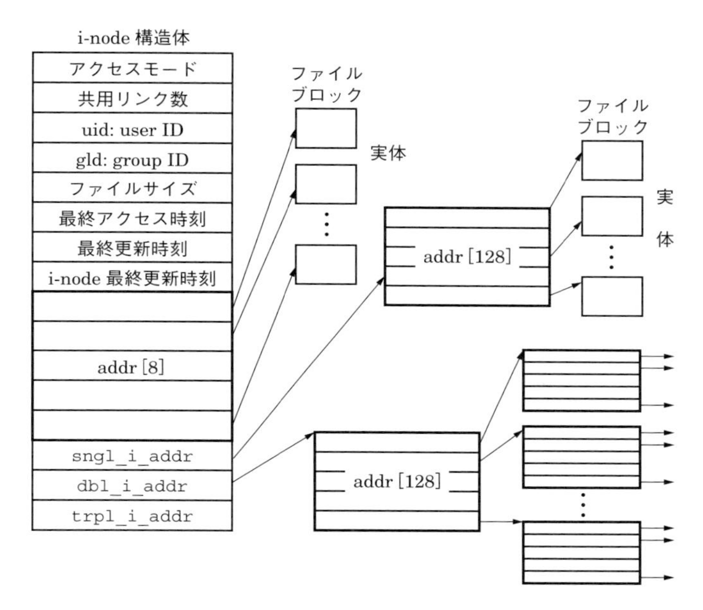

図 3・21　i-node 内情報とファイル実体の構造

・ファイルを作成したユーザ自身（所有者：owner）

・ユーザの共同作業者であるグループ内のユーザ（group）

・それ以外のユーザ（others）

上記のユーザに対して各ファイルに属性をもたせる．属性は3種類あり読出し（read），書込み（write），実行（execute）を許可するか否かを指定できる．つまり図**3･22**に示す9ビットの情報により所有者，グループ，他ユーザに対して r, w, x を表示することで許可(1)と禁止(0)で表示する．例えば作成したファイルを所有者とグループのユーザは読み書きを可能とするが他ユーザには読出しだけを許す場合は「0664」と指定する（オクタル表示でありビットイメージでは，110110100）．これらはファイルを作成する creat ( ), open ( ) やモード変更の chmod ( ) などのシステムコールのパラメータで指定できる．

アクスモードのフィールドには上記のアクセス制御情報以外にファイルの種別（通常ファイル，ディレクトリ，特殊ファイル）の表示がある．アクセスモード内の情報はリストコマンド（ls -l）で表示できる．禁止は「－」と表示される．

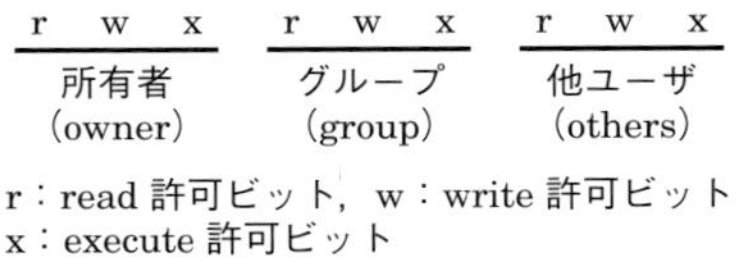

r w x　r w x　r w x

所有者 (owner)　グループ (group)　他ユーザ (others)

r：read 許可ビット，w：write 許可ビット
x：execute 許可ビット

図 3・22　i-node 内アクセスモードの表示

(ii) 共用リンク数

一つのファイルを複数のユーザで共有することができる．共有はリンクコマンド（ln）で行われる．プログラムからはlink ( ) システムコールで行う．図**3・23**にそのイメージを示した．このような共有ファイルの実体は一つであるがi-node内の共用リンク数が2以上になっている．したがって最初にファイルを生成した時点では共用リンク数は1である．

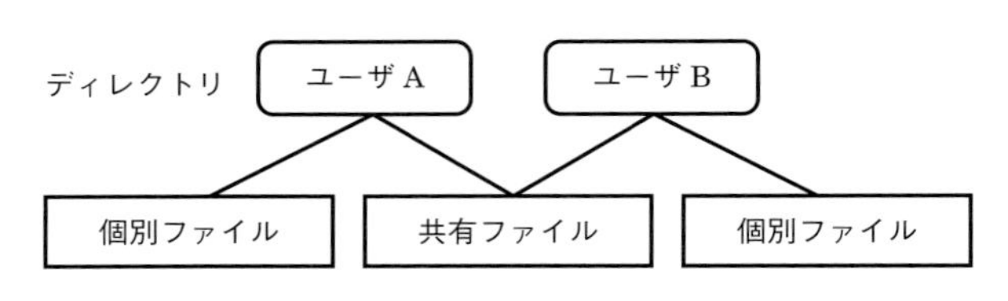

図 3・23　ファイル共有の概念

ファイルを消去するコマンドは「rm」（remove）であるがrmのプログラムの中からはunlink ( ) システムコールが実行される．unlink ( )システムコールは共用リンク数を1だけマイナスする．その結果ゼロになるとファイルの消滅を意味しファイル実体を消滅させるために占有していたブロックを解放しその後i-nodeの解放を行う．

(iii) ユーザID，グループID

所有者の表示並びにアクセス制御のためにこれらの情報が格納されている．

(iv) サイズ

ファイルサイズをバイト数単位で格納してある．

(v) 最終アクセス時刻など

最終アクセス時間，最終更新時刻，i-node最終更新時刻がセットしてある．

1970年1月1日午前0時グリニッチ標準時からの秒が入っているので必要に応じてローカルタイムに変換する必要がある（localtime ( ) なる関数で変換可能）.

（vi）ディスクブロックアドレス

ファイルの実体が格納されているブロックアドレスを示すテーブルである．ディスクのブロックサイズはUNIX系OSのインプリメンテーションに依存する．図3·21に示した例では，addr[8] のように8ブロックを一つの割当て範囲にしている．仮にブロックサイズを8KBとするならば，64KBまでがi-nodeから直接示すことができるブロックアドレスである．

しかしそれ以上のサイズのファイルではi-nodeから直接ブロックアドレスを示すことができない．そこでブロックアドレスを最大128個格納できる領域（addr[128]）を作成し，セクタアドレスをsngl_i_addr にセットする．このようにすることで64KB以上の領域を格納することができる．この第一段テーブルでは1,024KB分のファイルブロックを示すことが可能となる．これ以上のサイズになると同様の構造を第2段テーブル構造として作成し，その起点をi-nodeのdbl_i_addr にセットする．これらを間接ブロックアドレス（indirect block address）と呼ぶことがある．

3-6-3 ◎ 指定されたファイルへたどりつく

ディレクトリとi-nodeを参照し指定されたパス名からこのファイルを探索する方法を説明する．ファイル探索は図**3·24**に示すように入力をファイル名＜パス名＞が与えられてファイルの実体に到達するまでの道のりである．

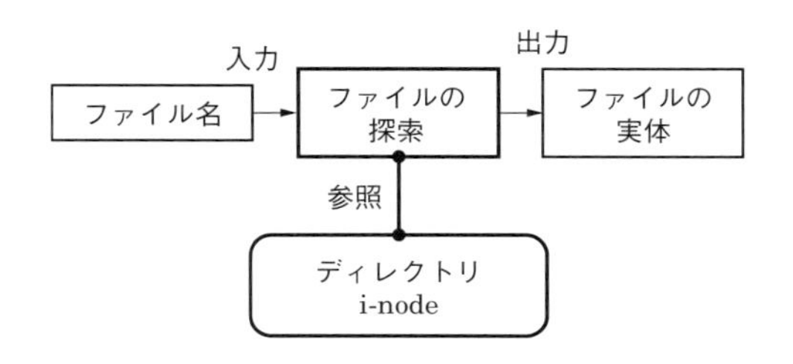

図3・24　UNIXでのファイル探索方法

具体的な事例として，/home/yosi/sdl のファイルを探索する．図**3·25**にその手順を示した．最初にルートディレクトリ「/」内をサーチする．ルートディレクトリは図3·19に示したように第2番目のi-nodeでありその実体を読み込むことができる．図3·25の左は読み込んだルートディレクトリを示す．ルートディレクトリの中からディレクトリ名「home」を探す．ディレクトリの形式は図3·20に示したとおりである．

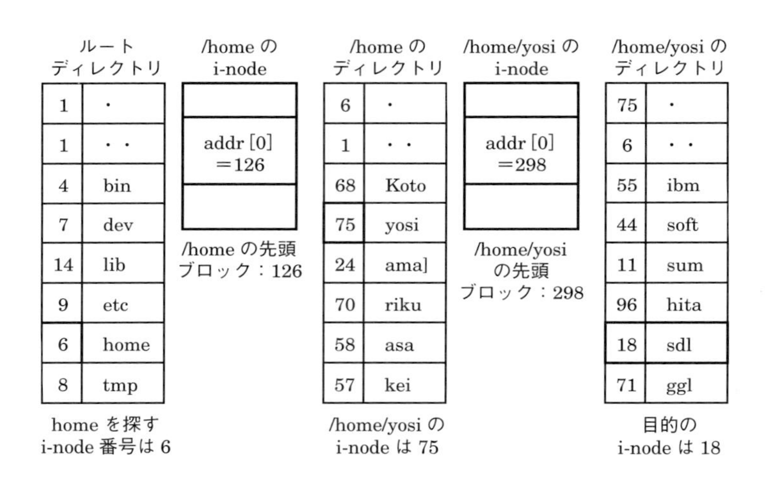

図 3・25　ディレクトリと i-node によるファイル探索の具体例

「home」のエントリからi-node番号「6」を得る．この結果図3·21に示したように，「/home」のディレクトリファイルのブロックアドレスを求めることができる．この例では，ブロックアドレスが「126」である．そこで126のブロックを読み込み「/home」のディレクトリ内を探索できるようになる．

/homeのディレクトリから次の目標であるファイル名「yosi」を探す．エントリが見つかりそのi-node 番号「75」を得る．同様の手順で/home/yosiのi-nodeを参照しブロックアドレス「298」を得る．この結果ディレクトリ/home/yosi/の中から目的の「sdl」を探しそのi-node 番号「18」を得ることができ/home/yosi/sdlのファイルをアクセスすることが可能となる．

上記の手順によりUNIXファイルはi-nodeとディレクトリを交互にたどり，

目的のファイルの実体に到達できる．ファイルのオープン処理ではこの操作を行いi-node内のアクセスモードから権限のチェックが可能となる．

3-6-4 ◎ ファイルシステムコールの実際

基本ファイル操作

（1）プログラミングの幅を広げる

ここでは通常ファイルに対する基本的なファイル操作のシステムコールを説明する．ファイル入出力が行えるようになるとプログラミングの幅が飛躍的に広がる．最初に共通して使用するファイル記述子について説明しファイル生成，ファイル使用宣言のオープン，完了のクローズ，ファイルの読込み，書込み，そしてファイルのランダムアクセスを可能とする機能について順に説明する．

（2）ファイル記述子

ファイル記述子はオープンされたファイルを識別する正の整数でありプロセスはファイル記述子で複数のファイルを論理的に扱える．

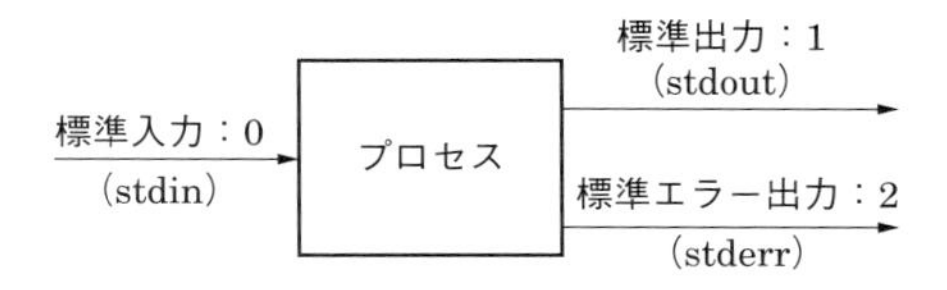

図3・26　UNIXのログイン直後におけるファイル記述子

ログインすると図**3·26**に示すようにデフォルト（default）で三つのファイル記述子がオープンされた状態になっている．

ファイル記述子0は標準入力（stdin）のキーボード，標準出力（stdout）と標準エラー出力（stderr）はディスプレイである．標準出力はほかのファイルやプロセス管理で述べるパイプ操作などで使用するため，重要なエラーメッセージの出力は標準エラー出力2に行うべきである．

ファイル記述子はシステムコールcreat ( ), open ( ), dup ( ), fctl ( ), pipe ( ) な

どが成功したときに作成される．BSD[*1]ではソケット（socket）を識別する整数値として，ソケット記述子（socket descriptor）があり，ファイル記述子と区別せずに使う場合もある．この場合は，socket ( ) システムコールが成功したときに作成される．

ログイン直後では0～2のファイル記述子がオープンしているのでread ( ), write ( ) システムコールで直ちにキーボードやディスプレイに対して読込み，書込みが可能となる．

(3) ファイルの生成：creat

新しいファイルの作成は creat( ) で仕様は図**3·27**に示すとおりである．第1パラメータにはパス名<ファイル名>を指定するが同一名があるとファイルサイズがゼロとなるだけでpermsは反映されない．システムコール名は"creat "であって"create" ではないことに注意すること．

```
int creat(path, perms) // ファイルを作成する
char  *path;       // パス名を指定する
int   perms:       // アクセスフラグの指定
// 返り値：正の整数ならファイル記述子
//         失敗のとき －1
```

図 3・27　システムコール creat の仕様

ファイル作成時にアクセスフラグを設定する．これは図3·22に示したように9ビットであり，自分，グループ，他ユーザの各々にread, write, execute を許可するときは1を指定する．したがって自分とそのグループにread, write を許し，他ユーザにはアクセス禁止とするにはオクタル（octal）表示で，0660 とする．返り値が正の整数ならばファイル記述子である．失敗は－1 となる（システムコールの失敗が－1となる仕様はUNIX系OSで共通である）．

creat はファイルの作成であるのでpermsのパラメータで読込み専用ファイルと指定しても書込み可能な記述子となりcreat したプログラム実行中はファイルへの書込みが可能である．そこで書込みも読込みもしたいときは一度ファイルを

*1　付録A-8（3）参照

クローズして更新モードで再度オープンする必要がある.

(4) ファイルオープン：open

既に存在するファイルへのアクセスはopenを実行する. 図3･28 にopen の仕様を示す. 既存ファイルが存在するときはflagsで指定したアクセス要求となる. flagsを0とすると読込み, 1は書込み, 2は更新＜読込みと書込み＞を示す. 通常シンボリックな指定をする. 例えばO_RDONLYは読込みのみ, O_WRONLYは書込みのみ, O_RDWRは更新, O_APPENDはファイルの最後への追加書込みである.

```
int open(path, flags[,perms]) // ファイルの使用を宣言
char     *path;  // パス名を指定する
int  flags;      // read, write, update
                 // の要求フラグ
int   perms:     // アクセスフラグの指定
// 返り値：正の整数ならファイル記述子
//          失敗のとき  -1
```

図3・28 システムコール open の仕様

指定したpath のファイル名が存在せず第3パラメータが指定されている場合はcreatと同じで新ファイルの作成になる. すなわち第3パラメータはcreatと同じ意味となる. システムコールの返り値は成功すると正の整数のファイル記述子が, 失敗ならば－1 である.

(5) ファイルの読込み：read

オープンされたファイルからデータを読み込むのがreadである. 指定するパラメータはファイル記述子, ファイル読込み領域アドレスそして読込むデータ長である. 仕様は図3･29 に示すとおりである.

```
int read(fd, *buf, nbytes) // ファイルを読込む
int   fd;                  // ファイル記述子を指定する
char *buf;                 // ファイル読込み領域アドレス
int   nbytes:              // 読込み長の指定
// 返り値：0よりも大きな値なら読込みバイト数
//          read 失敗のとき  −1
```

図3・29 システムコール read の仕様

返り値が－1のときはread ( ) のエラーであるが，それ以外は読み込んだバイト長である．この値は第3パラメータで要求した読込みデータ長に等しいか小さな値である．読込みバイト数がゼロの場合はファイルの最後にファイルポインタが到達していることを意味している．つまり，EOF（end of file）である．

読込みが完了するとファイルポインタは読み込んだバイト数だけ増分されるので，次の読込み要求はそれ以降のバイトポインタからとなる．バイトポインタの変更はlseekシステムコールである．

(6) ファイル書込み：write

ファイルの書込みはシステムコールwrite ( ) で行う．read ( ) 同様にファイルはオープンされていなければならない．パラメータの指定も読込みシステムコールと形式は同じである．返り値は書き込んだデータ長であり通常は指定した書込みバイト長と同じであるが正しくファイルを書き込むためにはチェックを行う必要がある．図**3·30**にその仕様を示す．

```
int write(fd, *buf, nbytes) // ファイルを書出す
int   fd;          // ファイル記述子を指定する
char *buf;         // ファイル書出す領域アドレス
int   nbytes:      // 書出し長の指定
// 返り値：0よりも大きな値なら書出しバイト数
//         write 失敗のとき  －1
```

図3・30　システムコールwriteの仕様

書込みもファイルポインタから書込みを行い，書込みしたデータ長の分だけファイルポインタは増分される．磁気ディスクなどに格納されている通常ファイルへの書込みはシステムバッファに書き込むだけで完了してしまう．つまり磁気ディスクにまで書込みは行われる保証はない．このためシステムバッファからファイルの実体への書込みには遅延がある．

書込みはシステムバッファの問題があるため複数のファイルを作成しファイル間にデータの関連があるようなレコード処理でかつフェールセーフな設計を行う場合には十分な注意が必要となる．この時はシステムコールsync ( ) を用いることにより確実に磁気ディスクへの書込みが完了してから次の処理に進めるように

処理しなければならない．このことからも信頼性と性能とはトレードオフ（trade off）の関係にあることが分かる．

(7) ファイルポインタを変更する：lseek

read ( ), write ( )しているファイルのファイルポインタを変更するシステムコールである．図**3·31**に仕様を示す．ここでは第3パラメータwhereが重要である．whereが0のときは，第2パラメータのoffsetでファイルの先頭からのバイト位置にファイルポインタを移動できる．したがってマイナスのoffset値は許されない．

```
long lseek(fd, offset, where) // ポインタを移動
int   fd;          // ファイル記述子を指定する
long offset;       // ファイル内のオフセット値
int  where:        // 0: オフセット，1: 相対的オフセット
                   // 2: 最後のポインタ＋オフセット
// 返り値：ファイルポインタ値
//         失敗のとき  −1
```

図3・31　システムコールlseekの仕様

ファイルサイズを越えるようなファイルポインタ値を指定してもよい．もし，ファイルサイズを越えるようなファイルポインタとしてwrite ( )で書込みを行うと途中のデータは不定となる．つまり入っているデータの保証はない．この部分はread ( )してもエラーにはならずその内容は保証されないが，大抵はゼロの値が返される．このようなキセルのようなファイルは特別な理由がないかぎり作るべきでない．

第3パラメータwhereの値が1のときは，現在のファイルポインタに対して第2パラメータoffset値が加算される．この場合はoffset値はマイナスであってもよいがその結果ファイルポインタがマイナスになるとエラーとなる．

第3パラメータwhereの値が2のときはファイルの最終アドレスに対してoffset値が加算される．使い方としてデータを付け加える（append）ときにoffsetをゼロとしてEOF（最後）のポジションにファイルポインタを移動する．もしくはマイナスの値を指定してEOFよりも手前にあるデータにポインタを移動するかのどちらかである．なおopen ( )でO_APPENDが指定された場合はフ

ァイルオープン時にEOFのポジションにファイルポインタは位置付けられている．

lseek ( ) で注意しなくてはならないのはオフセット値がlong型整数であること，返り値も同じようにlong型整数である点にある．このためlseek ( ) と名付けられている．

(8) ファイルのクローズ：close

オープンされているファイル記述子を解放するだけである．close ( ) を実行してもwrite ( ) によりシステムバッファ内のブロックを磁気ディスクにフラッシュバック＜書込み＞することはない．仕様は図**3･32**に示したとおりである．何もしないからとの理由でclose ( ) を記述しないプログラミング習慣は無作法である．open ( ) に対してclose ( ) することで閉じた論理になり，行儀のよいプログラムとなる．ファイル記述子は無限に利用できないのでその意味でも不要となったファイル記述子はclose ( ) によって解放すべきである．

```
close(fd)          // ファイルを閉じる
int    fd;         // ファイル記述子を指定する
```

図3・32　システムコールcloseの仕様

3-6-5 ◎ 関連システムコールとライブラリ関数

(1) ディレクトリを作る:mkdir

システムコールの仕様を図**3･33**に示す．作成するディレクトリ名を指定し第2パラメータではアクセスモードを指定する．アクセスモードはopen ( ), creat( ) などと同じであるがumask ( ) によって支配される．umask ( ) は後で説明する．

```
int mkdir(pathnm, mode)// ディレクトリを作る
char *pathnm;          // path name を指定する
int    mode;           // ファイル記述子の指定
```

図3・33　システムコールmkdirの仕様

(2) ディレクトリを読む：opendir, readdir

インプリメンテーションに依存するがディレクトリはファイルとして読むことが可能である．しかしBSD系ならびにLinux系とそれ以外ではディレクトリ形式が異なるのでopendir ( ) でディレクトリをオープンしreaddir( )によってディレクトリエントリを読み込む．

図**3·34**にopendir ( ) の仕様を示す．パラメータにはディレクトリ名を指定する．返り値はディレクトリをストリームデータとして読むためのポインタDIRである．エラーの場合はNULLが返される．ストリームとはプロセスがデータを磁気ディスクなどの装置から連続的（流れのよう）に読込みや書出しすることである．ストリームに対して固定的なデータ長の入出力をブロック入出力と呼ぶ．通信処理ではTCPがストリーム入出力であり，UDPがデータグラム入出力であり，一般的に入出力にはこの2通りの概念がある．

```
#include <sys/types.h>
#include <dirent.h>
// ディレクトリをオープン
DIR *opendir( const char *name);
// 返り値：ディレクトリストリームへのポインタ
// エラー発生は NULL を返す
```

図 3・34　ディレクトリオープンの仕様

opendir ( ) ではディレクトリをオープンしそのファイル記述子やディレクトリをストリームとして読み込むので，次に読み込むディレクトリエントリの相対アドレス，そしてディレクトリエントリを読み込む領域などをDIR構造体に自動的に作りそのアドレスを返す．

DIRはANSI標準の標準ライブラリにおける<stdio.h>で定義されているファイルポインタFILEと同じ性格である．

次にopendir ( ) で取得したDIRを指定してreaddir ( ) ライブラリによってディレクトリエントリを次々と読み込むことができる．成功するとdirent 構造体のアドレスが返り値となる．ディレクトリエントリがなくなるか，あるいはエラーの場合はNULLが返される．図**3·35** はreaddir ( ) の仕様である．

```
#include <sys/types.h>
#include <dirent.h>
struct dirent *readdir(DIR *dir);
// 返り値：dirent 構造体へのポインタファイルの
//         最後またはエラー発生は NULL を返す
```

図 3・35　ディレクトリを読む readdir の仕様

図3・36 に readdir ( ) により読み込まれたdirent の構造体の例を示す．d_ino からi-node番号を，d_name[ ] からはファイルあるいはディレクトリ名などを参照することができる．この二つの情報だけはPOSIX.1で要求されているが，ほかはOS依存である．d_name[ ] は最大 NAME_MAX の文字と終端を意味するヌル文字が格納されている．

```
struct dirent{
   ino_t d_ino;  // i-node 番号
   off_t d_off;  // 本エントリまでのオフセット値
   unsigned short d_reclen;  // 名前の文字数
   unsigned char d_type;     // ファイル種別
   char d_name[NAME_MAX+1];  // ファイル名
}
```

図 3・36　Linux 系ディレクトリエントリ構造例

上記を使用したルートディレクトリを読むサンプルプログラムを図**3・37** に示した．ここではdirとdpをそれぞれDIR, direntのポインタ変数として使用している．

```
#include <stdio.h>
#include <stdlib.h>
#include <errno.h>
#include <sys/types.h>
#include <dirent.h>
int main(void) {
   DIR *dir;                // DIR pointer
   struct dirent *dp;      // directory pointer
   dir = opendir("/");     // open root directory
   if (dir == NULL) {
       perror("opendir error");  exit(2);
    }
    for(dp =readdir(dir); dp!=NULL; dp=readdir(dir)) {
       printf("i-node number: %llu\n", dp->d_ino);
       printf("name: %s\n", dp->d_name);
    }
    exit(0);
}
```

図 3・37　ルートディレクトリを読むプログラム例

(3) ファイル生成のマスク：umask

ファイルの生成はcreat ( ), open ( )で．またディレクトリファイルはmkdir ( )により作成される．このとき，いずれもパラメータに9ビットのアクセスモードを指定する必要があるがumask ( ) は例えそれらのシステムコールで指定されたアクセスモードであっても設定を拒否するマスク定義である．

システムコールの仕様を図**3·38**に示す．例えばumask (022)を実行しておくとcreat ("yoshiza", 0666); のような設定を試みてもアクセスモードのビットは0644 (0666 & ~022 = 0644 つまり rw -r- -r- -)となり，グループと他ユーザは書込みが不可能な属性になる．つまり umask ( ) で指定したビット位置はファイル生成時にはビットをオンにできない. 返り値はそれまでのcmask 値である. また, コマンドに本機能を使用する umask がある.

```
int umask(cmask); // file mode creation mask の実行
int cmask; // ファイル作成時の perm に該当するビットをクリア
// 返り値：前回設定した cmask の値
```

図 3・38　システムコール umask の仕様

(4) カレントディレクトリの位置を変える：chdir

図**3·39**に仕様を示す．カレントディレクトリの上位のディレクトリに移動するには，chdir(".."); である．コマンドにはcd がある．

```
int chdir(pathnm); // current working directory を変更する
                   // cd コマンドをプログラムで実行
char *pathnm;      // path name の指定
/* 返り値：成功は 0，失敗は −1
```

図 3・39　システムコール chdir の仕様

(5) i-nodeの内容を知る：stat

ファイル管理はディレクトリとi-nodeによって行われている．ディレクトリはopendir ( ), readdir ( ) で読むことができた．ここでは，i-nodeを読み込むライブラリである stat ( ) を説明する．stat ( ) ではi-node のすべての情報ではないが一般ユーザに必要とされる情報をUNIX系OSに共通した構造体statで提供する．ライブラリの仕様は図**3･40**に示すとおりである．

```
#include <sys/types.h>
#include <sys/stat.h>
int stat(char *pathname, strudt stat *buf);
int fstat(int fd, struct stat *buf);
// 返り値：成功は0，失敗は－1
```

図3・40　stat, fstatの仕様

stat ( ) ではパス名を指定するがfstat ( ) ではopen ( ) の返り値であるファイル記述子を指定する．共に指定したstat構造体の領域にi-nodeの一部の情報が格納される．stat構造体の一部の変数を表**3･4**に示す．i-nodeの一部の情報はコマンドlsによって表示することができる．表3･4ではファイルが作成された時刻がGMT（Greenwich Mean Time）で表示されているがこの値の変換はctime ( ) ライブラリなどで文字にすることができる．オンラインマニュアルが充実しているのでmanコマンドなどを用いて更に詳しく知ることができる．

表3・4　stat構造体の代表的変数

変数名	変数の意味
st_ino	i-node番号
st_mode	アクセス，ファイル種別など
st_nlink	リンクカウント<共有数>
st_uid	所有者のuser ID
st_gid	グループID
st_size	ファイルサイズ
st_atime	最後にアクセスされた1970年以来の秒
st_mtime	最後に書き込まれた時刻
st_ctime	i-nodeの更新された時刻

(6) i-node内の情報を変更する：chown, chamod, fchmod

ファイルを生成した後にアクセスモードを変更し，また所有者名を変更しなく

てはならない場合が起こることがある．コマンドではchmod（change mode），chown（change owner）などで実行できるがそれらをプログラムで実行するシステムコールは，chmod ( ), chwon ( ) である．

図**3·41**にchown ( ), fchown ( ), chmod ( ), fchmod ( )の仕様を示す．chown ( )はスーパユーザ以外の使用に制限がある．

```
#include <sys/types.h> // chown, chmod 共通
#include <unistd.h> / chown で必要
int chown(const char *path, uid_t owner, gid_t group);
int fchown(int fd, uid_t owner, gid_t group);

#include <sys/stat.h> // chmod で必要
int chmod(const char *path, mode_t mode);
int fchmod(int fildes, mod_t mode);
// 返り値：0 成功, −1 失敗
```

図 3・41　chown, fchown, chmod, fchmod の仕様

(7) バッファキャッシュのライトバック：sync

ファイル入出力の高速化のためにUNIX系OSではバッファキャッシュを使ってファイルのキャッシングを行っている．さらにファイルの先読みによって入出力時間の削減効果が期待できる．しかし書込み時にはバッファキャッシュへの書込みがなされ磁気ディスク上のファイル実体への書込みは行わない．このためシステムダウンを起こすとバッファキャッシュの内容が消えてしまい，ファイル更新の結果が実際のファイルに反映されないためファイルの信頼性が問題になる．

そこでファイル書込みにおいて確実に磁気ディスクに書込みを実施しておきたい場合にはライトバック（write back）要求としてシステムコール sync ( )を実行する必要がある．パラメータは不要でありまた返り値もない．本システムコールと同じ働きをするのがコマンドのsync である．

sync ( ) は変更のあったスーパーブロック，i-nodeをディスクに書き込み，バッファキャッシュ内に変更のあった部分のすべてを磁気ディスクに書き戻す．バッファキャッシュには定期的に書込みが行われ，バッファキャシュ領域に空きブロックが少なくなったときに解放処理として書込みがなされるが，このシステムコールではユーザが明示的に書込みを行うことになる．したがって不用意に

sync ( ) を多発するとシステムの性能劣化要因になるので使用には十分注意が必要である．

(8) ファイルを消去する：unlink

ファイルの消去はコマンドでは rm (remove) である．この機能をプログラムで実行するシステムコールが unlink ( )であり仕様は図**3･42**のとおりである．

unlink ( ) は表3･4 に示したi-node内のリンクカウント st_nlink を－1する．その結果ゼロになるとファイルの実体を原則として解放する．

```
#include <unistd.h>
// 削除するファイルパス名を指定
int unlink(const char *pathnm);
int link(const char *newpath);
// 返り値：0 成功, －1 失敗
```

図 3・42　システムコール unlink, link の仕様

(9) シンボリックリンクを作る：link

ファイルを共用するにはlink コマンドを使う．リンクはディレクトリに新しいエントリを作成して同一のi-node番号を共有することである．これをプログラムでシステムコールを用いる場合はlink ( ) を実行させる．図3･42 にその仕様を示す．

(10) ファイルチェック：access

あるディレクトリにプログラム内からファイルを作成しようと思うとき事前に可能か否かの判定を行わなくてはならない場合が生じる．このようなときにアクセスのチェックを行うシステムコールが access ( ) である．

仕様は図**3･43**に示すとおりである．第1パラメータはパス名である．第2パラメータの基本はアクセスの9ビットである．この場合許可されているか否かのビット部分を指定する．そのすべてのビットで許可されているならば返り値は0でありそれ以外は－1である．

```
#include <unistd.h>
// 既存のファイルパス名を指定
int access(const char *pathnm, int mode);
// 返り値：0 成功，－1 失敗
```

図 3・43　システムコール access の仕様

3-7 演習問題

(1) 図3･13では順編成ファイルの先読み効果を説明しているがシステムバッファが一杯になったときに追い出すべきブロックのアルゴリズムならびに具体的方法を考えよ．

(2) UNIX系のファイルは本章3-5-2で述べたようにファイルは一次元のバイト列でありレコードのような構造はなく，ファイルを扱うプログラムが意識すればよいという考えに立っている．この利点と欠点について考察せよ．

(3) 図3･25にはi-nodeとディレクトリファイルを参照してファイル探索の方法が示されている．この方法では二分されている情報を交互に参照する必要があり入出力回数も多くなり，性能面での問題が生じかねない．そこでこの方式を改善する方策を考えよ．

(4) OSがハードウェアを操作する特権命令でファイルアに対する読み書きを起動するためにread, writeがシステムコールになっている．ではopenがなぜシステムコールである必要があるのだろうか．

(5) 図3･37にはルートディレクトリを読むプログラム例がある．そこで以下の発展的拡張を試みよ．付録Bを参考にしてもよい．

(a) ホームディレクトリを読むプログラムにする

(b) mainの引数（argc, argv[ ]）を使い，プログラム実行時に引数としてディレクトリ名を与える方法に拡張する

(c) stat/fstatなどを用いてファイル情報を極力詳しく出力する

(6) ファイルを操作するシステムコールの実際を試みる．＜付録C参考＞

(a) ファイルを生成し（creat）端末から文字を入力し（stdin）それらをフ

ァイル内にテキストレコードとして格納（write）するプログラムを作成（close）してみよ．

(b) 上記のファイルを表示するプログラムを作成してみよ（open, read, stdoutへの出力など）．

(c) このファイルを更新するプログラムを作成してみよ．

★ 演習問題の略解はオーム社Webページに掲載されているので参考にされたい．

4章　プロセス管理

複数の仕事を1台のコンピュータで同時に実行する．これを可能にしたのがプロセスの概念である．また一つの仕事を複数の処理（プロセス）で分担するマルチタスキングは情報システムで実用化され高信頼・高性能化を実現している．複数のプロセスはコンピュータ資源を奪い合うがOSのスケジューラは割込み時にプロセスの切替えを行い資源の再分配を行う．なおこれらの実行環境を高性能に実現できる多重プロセッシングのコンピュータ構成法についても触れる．マルチタスキングのための基本的機能や複数のプロセスにシステムの目的に沿ってコンピュータの資源割付けを行うスケジューリングはOSの重要な機能である．

本章では最初にプロセス管理の基本的概念を説明する．プロセス管理を理解するために具体的な事例としてUNIX系OSのプロセス管理の諸機能を説明する．最後に限りあるコンピュータ資源をプロセスに分配し性能目標を達成するプロセススケジューリング方法（アルゴリズム）を解説する．

4-1　基本的な考え方

4-1-1　プロセスとは何か

プロセスはOSにおいて重要な概念である．プロセスは「プログラム実行の抽象化された実体」と定義できる．はじめは理解しにくいが徐々に理解できるはずである．この本ではプロセスとタスクはほぼ同じ意味で使用する．OSによっては異なる意味で使用している場合がある．その定義については本章4-1-3で説明する．

第2章で述べたように現代のコンピュータでは複数のプロセスが同時に実行されている．各プロセスは独立した論理的な処理の流れであり，入出力要求で一時的に処理が中断しても入出力が完了すれば処理は続行される．コンピュータは高速動作なので多重プログラミング環境を外部からみると1台のコンピュータであっても複数のプロセスが同時に独立して並列実行しているように見える．

OSはこのように独立した処理を並列に実行するために図**4·1**に示すようなプロセスの実体をデータ構造で管理する．これをプロセス管理テーブル（PCT：Process Control Table）と呼ぶ．プロセス管理テーブル内には割込みにより当該プロセスが中断されたときのCPU状態を退避する領域が必要である．プロセスの再開はこれらのCPUレジスタ類を回復すれば処理の連続性が保てる．最初に述べた「プログラム実行の抽象化された実体」とはこのプロセス管理テーブルを指す．

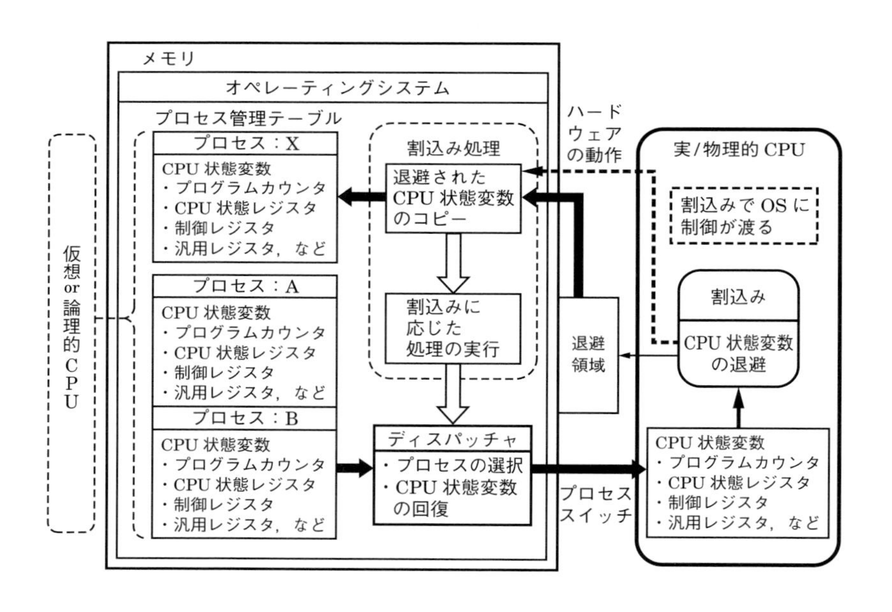

図4・1　多重プログラミングによるプロセススイッチと仮想計算機の実現

プロセスの状態を退避・回復するのは図4·1 に示すように割込み処理とディスパッチャ（dispatcher）である（ディスパッチャについては本章4-3で詳しく説明する）．これらから1台のコンピュータに複数のCPU状態をもつプロセスを作ることができる．これを別の観点で解釈するとプロセス管理テーブルはコンピュータを論理化した実体と考えられる．

プロセスはこのようにCPUという実体がもつ情報をプロセス管理テーブルに

格納しており，1台のコンピュータ上にあたかも複数のCPUが存在し動作しているように見せかけることができるため，仮想計算機[*1]（virtual machine）ということもある．

4-1-2 ◎ プロセススイッチ

多重プログラミング環境でプロセスを切り換えることをプロセススイッチあるいはコンテックストスイッチ（context switch）と呼ぶ．一般的にプロセススイッチは割込みを契機に行われる．この様子を図**4·2**に示した．

プロセススイッチの主たる課題は切換え時のCPU状態変数を表す各種レジスタ類の退避・回復の時間にある．ともに主メモリへのアクセスを伴うため，メモリならびにプロセッササイクル（processor machine cycle）を必要とする．そこで過度なプロセススイッチを抑止する工夫が必要となる．

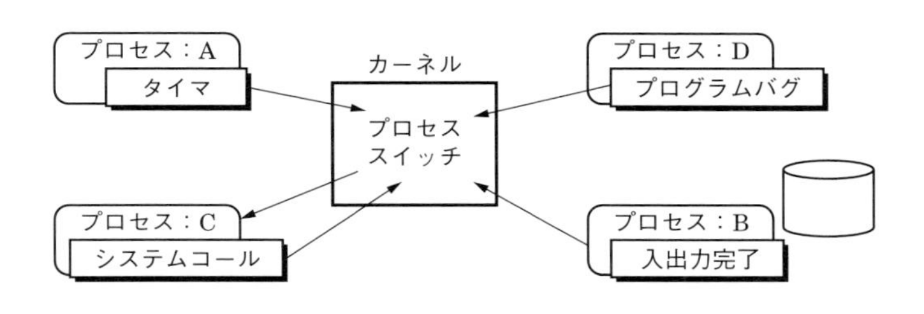

図4・2　割込みによるプロセススイッチ

4-1-3 ◎ プロセスに関する各種の概念

プロセスに関する用語を定義しておく．表**4·1**には代表的なOSとしてIBM社のOS/360系，UNIXそしてカーネギーメロン大学で開発されたMachで使われている用語を示した． UNIXはAT&T社において1978年に開発されたUNIX version 7である．これをオリジナルUNIXと呼ぶことにする．現在のUNIX系

---

*1　仮想計算機：1台のコンピュータシステムに複数のOSを稼働させることを目的とした制御プログラムがある（8章8-2参照）．これも仮想計算機と呼び1台のコンピュータに論理的なCPUを複数作成し，その各々に仮想的なコンピュータの3資源をOSに割り当てるという制御を行っている．

OSはIEEE/POSIX仕様においてリアルタイム機能を規定し，そのなかでスレッドが定義されている．

表4・1　代表的OSにおける用語の定義

代表的OS	資源管理単位	CPU割当	並列処理方式
IBM 0/360系	ジョブ	タスク	マルチタスキング
UNIX系	プロセス	プロセス	マルチプロセス
CMU/Mach	タスク	スレッド	マルチスレッド

OS/360系のタスクやCMU/Machのスレッドは一つのアドレス空間を共有している．つまり独立したアドレス空間はタスクやスレッド単位に与えられない．一方オリジナルUNIXではプロセスは独立した資源割付けの単位でありメモリを相互に共有することはない．UNIXで共有メモリの考えが導入されるのは後のことである．

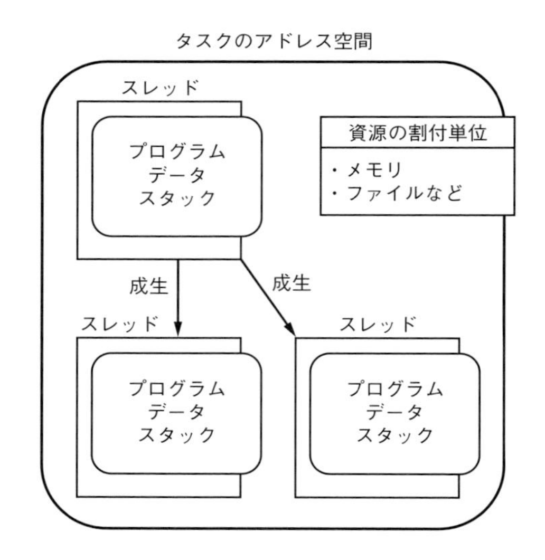

図4・3　Machにおけるタスク，スレッドの関係

CMU/MachのスレッドならびにOS/360系のタスクは図**4・3**に示すように一つのアドレス空間内に複数のスレッドが存在し各スレッドは一つのアドレス空間内

に存在している．つまり各スレッドはプログラム，データ，スタックなどの実行環境を各々保有しているがタスクに割り付けられたアドレス空間を共有している．このようなマルチスレッド（multi- thread）構成ではスレッド生成におけるカーネルのオーバヘッドが小さく済む点，ならびにスレッド切換えがアドレス空間切換えにならないためオーバヘッドが小さいという利点がある．これらの理由からスレッドを軽量プロセス（light weighted process）と呼ぶことがある．このように一つのアドレス空間内に複数のプログラム実行体を作る方法を一般的にはマルチタスキング（multi-tasking）という．

4-1-4 ◎ 性能向上を目的とする並列処理

UNIX系OSでは図**4･4**に示すようにシステムコール fork ( ) で子プロセスを生成する．CMU/MachやUNIX においてこのような複数のスレッドやプロセスのファミリーを構成する理由は一つの仕事を並列処理するためである．

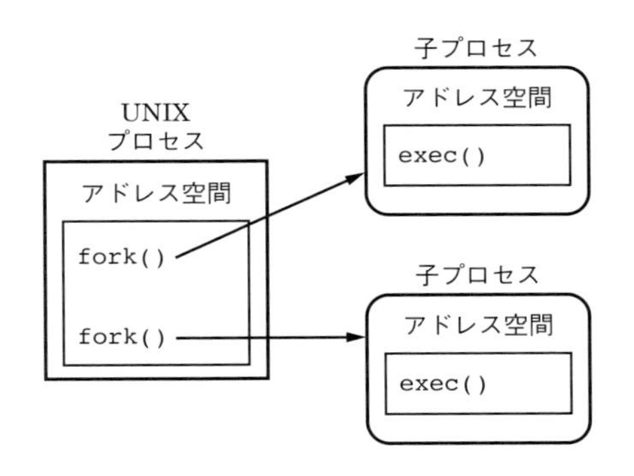

図4・4　UNIXのプロセスファミリーによる並列処理

並列処理の第1の目的は仕事を分業化しコンピュータ資源を最大限使用し，高速な処理を達成することにある．人間社会に例えるならばプロセスは労働者に相当する．作業を分担し効率的に仕事を進めるやり方をコンピュータに導入したと考えれば容易に理解ができる．

並列処理が効果的な例を図**4･5**に示す．ファイルから情報を読み込み，読み込んだ情報に基づいて計算をする例である．この例では親プロセスは二つの子プロセスを生成し入出力と計算を各々専用に実行させる．これによりCPUと入出力装置の各資源をそれぞれの子プロセスが独立に使用でき，単一プロセスで実行する場合に比べて格段に処理時間の短縮が期待できる．この例のように入出力が処理上のボトルネックになっている場合には入出力装置を休みなく利用する効果が得られコンピュータシステムの性能を最大限引き出せる．

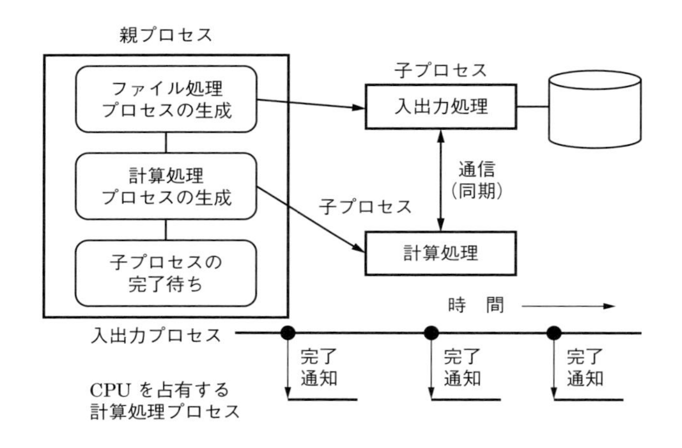

図4・5　並列処理による高性能処理の例

マルチコアのようなアーキテクチャが普及し，多重プロセッサの利用が一般的となっているため，ソフトウェア開発では並列処理の可能性のある部分は極力並列処理できる設計とすべきである．さらに並列化することで信頼性向上も期待できる．

図4·5には複数のプロセスで一つの仕事を実行する例を示したが，このように複数のプロセスで処理を行うとプロセス間相互の通信が必要になる．このモデルでは入出力プロセスはファイルを読み込んだ後に計算処理プロセスに対してデータが読み終わったことを知らせる必要がある．このように並列処理においてはプロセス間通信（IPC：Inter Process Communication）の機能が必要となる．

4-1-5 ◎ 信頼性向上を目的とする並列処理

並列処理の第2の目的は信頼性の向上にある．単一プロセスでの実行ではプログラムの1箇所のバグが異常終了（abnormal end）になりかねない．公共性の高い業務処理や企業の中枢的な情報システムはこのような状況を避けねばならない．

マルチタスキングによる機能分担の設計とすればバグが露呈したプロセスだけを切り離し，一部の機能を縮退（degradation）してもほかのプロセスの処理を続行でき，バグの影響を最小限にできる．このような設計思想をフェールソフト（fail soft）という．また複数のプロセスを生成し同種の仕事をさせる仕組みの場合は，その一部のプロセスがバグで停止してもほかのプロセスによる処理の続行が可能となる．このような冗長性をもたせたシステム設計をフォールトトレラント（fault tolerant）と呼ぶ．

4-1-6 ◎ 多重プロセッシングを生かすマルチタスキング

近年複数のCPUを1チップに実装し計算能力を向上させるマルチコアが一般的となっている．複数のCPUにより処理能力を向上させる計算機を多重プロセッシング（multiprocessing）と呼び，マルチタスキング環境ではより大きな効果が期待できる．

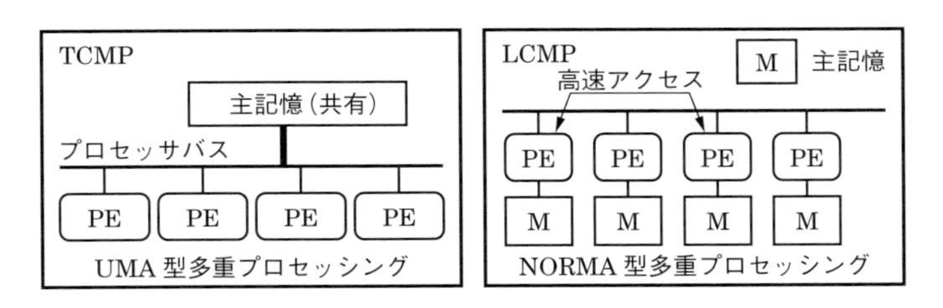

図4・6　多重プロセッシングのコンピュータシステム構成

多重プロセッシング構成を大きく分けると，主記憶を共有しているタイプとCPU間を高速な通信装置で結合するタイプが存在する．前者を蜜結合多重プロセッシング（TCMP：Tightly Coupled Multiprocessing）あるいはUMA（Uniform Memory Access）と呼び，後者を疎結合多重プロセッシング（LCMP：Loosely Coupled Multiprocessing）あるいはNORMA（NOn Remote Memory Access）と呼ぶ．図**4·6**にその概略を示した．近年のマルチコア化により図のPE（Processing Element）は複数（2, 4, 8）の命令実行列を可能にしている．

またLCMPの形式は高速ネットワーク結合がなされており，スーパーコンピュータとして実現されている．

4-2 プロセス生成機能

4-2-1 プロセス生成

並列処理ではプロセスを生成する機能が必要である．UNIXを例にすると子プロセスの生成はfork ( ) システムコールにより行う．図**4・7**にfork ( )の仕様を示す．返り値（return value）は生成された子プロセスに割り当てられたプロセス識別子（PID：process identification）であり，当該コンピュータ（ホストマシン）内でユニークな番号である．一般的にUNIX系OSのシステムコールでは返り値が負の場合はエラーである．

```
int fork()          // 子プロセスの生成
// 返り値：−1  生成の失敗
//        ： 0  子プロセスへの返り値
//        ： それ以外の値は親プロセスへの返り値で子プロセス ID
```

図4・7　システムコールforkの仕様

図**4・8**には親プロセスがfork ( )を実行したときのイメージを示す．fork ( )では子プロセスは親プロセスとすべて同一のメモリ内容であり子プロセスはfork( )を実行した直後のステートメントから実行開始することになる．したがって，子プロセスはfork ( ) の返り値がゼロであることを確認する必要がある．オリジナルUNIXでは子プロセスは親と同一，つまりクローン（clone）であったが現在のUNIX系OSではこの方式が改善されている．

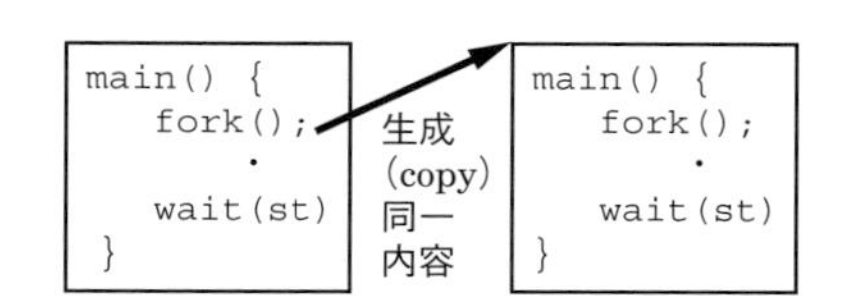

図4・8　fork直後の親と子プロセスのメモリ内容

4-2-2 ◎ 子プロセスの終了待ち

子プロセスの処理終了を親プロセスは知る必要がある．この機能がwait ( )システムコールである．wait ( )の仕様は図**4･9**のとおりである．

```
int wait(statusp); // 子プロセスの生成
int *statusp;      // 完了コード
// 返り値：終了した子プロセス ID（正常時）
//       ：－1　子プロセスが無い場合
```

status	（返り値）	0x00

図 4・9　システムコール wait の仕様

子プロセスは処理の完了情報の1バイトを親プロセスに知らせることができる．これは最も簡単なプロセス間通信である．親がwait ( )を実行していないときに子プロセスがexit ( )で終了するとゾンビ（zombie）プロセスとなる．ゾンビプロセスは保有している資源を解放され終了している．これは肉体を失っているが魂だけは残っている様を表している．親が待ち状態になるまで魂であるプロセステーブルだけが残り資源を消費するので親はwait ( )を実行しなければならない．

4-2-3 ◎ プロセス識別子を知る

各プロセスに割り付けられたプロセス識別子を知るためにgetpid（get process identification）が用意されている．親の識別子を知るにはgetppid ( ) である．これらのシステムコールを実行すると返り値としてPIDが得られる．図**4･10**にその仕様を示す．

```
int getpid();     // PID を得る
int getppid();    // 親の PID を得る
// 返り値：PID
```

図 4・10　PID を得るシステムコールの仕様

通常UNIX系OSではあらかじめ決められたPIDがある．プロセスのメモリ空間を2次記憶に退避・回復するスワッパ（swapper）は0，全プロセスの親であるイニット（init）プロセスは1，そして仮想記憶を実現するために必要なページデーモン（page daemon）は2である．

図**4・11**に上記に説明したシステムコールを使った子プロセスの生成とそのプロセス識別子を表示するプログラムの例を示す．親プロセスがfork ( )を実行し，fork ( )の返り値が負とゼロでないことを確認し，自プロセスの識別子を得るためにgetpid ( )を実行する．そしてPID値を出力し子プロセスの完了をwait ( )で待つ．一方，子プロセスは自分が子プロセスであることをfork ( )の返り値ゼロであることから判別し，自プロセスと親プロセスのPIDを得てそれらを出力し完了する．

```
// sample program fork(), getpid(), getppid
#include <stdio.h>
#include <unistd.h>
#include <stdlib.h>
int main(void) {
 int   childpid;
 int   status = 0;
 switch(childpid = fork()) {
    case 0: // child procedure
      printf("child[%d]:  parent PID = [%d]\n",
              getpid(), getppid());
      exit(4);
    case -1: // fork failed
      perror("fork failure");
      exit(8);
    default: // parent procedure
      printf("parent[%d]: child PID[%d]\n",
              getpid(), childpid);
      childpid = wait(&status);
      printf("parent[%d]: finished[%d], status %x.\n",
              getpid(), childpid, status);
 }
 return 0;  // exit
}
```

図 4・11　fork システムコールの使用例

4-2-4 ◎ 自プロセスを終了させる

全処理を完了したプロセスが実行するシステムコールがexit ( ) であり，その仕様を図**4・12** に示す．カーネルはプロセスに割付けられている資源を解放処理する．例えばメモリ領域，openされたファイル記述子などの解放である．引数としてプロセス終了コードを指定できる．このコードを親プロセスはwait( )によって知ることができる.

```
void exit(status);        // プロセス終了
int status;               // 終了コード
// 返り値：wait() の返り値上位 1 バイトに入る
```

図 4・12　システムコール exit の仕様

4-2-5 ◎ 別のプログラムを実行する

子プロセスに親とは別のプログラムを実行させたい場合がある．そのようなときはexec ( ) システムコールを実行する．図**4･13**に示すように子プロセスがexec ( ) を実行することによりプログラムを主記憶に読込み (loading) 実行する.

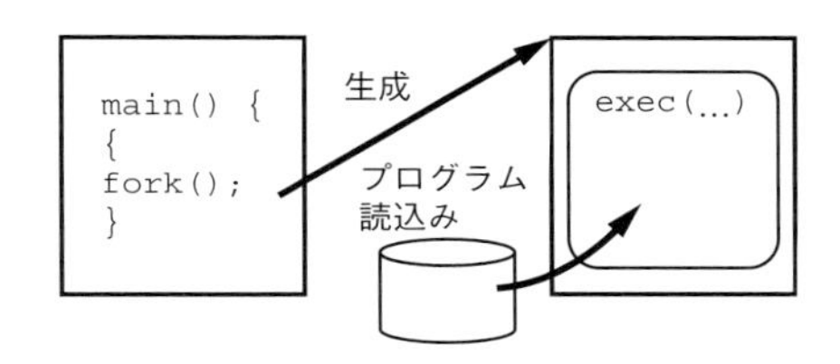

図 4・13　exec システムコールによる別プログラムの実行

4-2-6 ◎ OS 自身の並列処理：デーモンプロセス

本章4-2-3ではスワッパやページングのデーモン（daemon：守護神的)，initなどが出てきた．これらはUNIX系OSカーネルの機能を分担して実行するプログラムの実体である．この目的はカーネルをマルチタスキングのように並列処理することにある．これ以外にもネットワークを利用する際には通信を専用に処理するネットワークデーモン，プリンタを一括して管理するプリンタデーモンが存在する.

これらのデーモンは独立したプロセスのように動作するがアドレス空間を独立にもつ一般のプロセスとは異なる．カーネルの機能を担っており自律的に動作し独立したプロセスである．まさにカーネルの守護神的な位置づけでプロセスとして独立して任務を分担する.

デーモンはfork ( )で生成されたプロセスと異なり，キーボードやディスプレイを保有していない．つまりユーザとのインタフェースがなくカーネル同様に高い特権モードで実行される．以下代表的なデーモンについて説明する．

(1) スワッパ：多くのUNIX系OSでは仮想記憶を実現しているが，仮想記憶の容量が実記憶の容量に比べて大きくなりすぎるとページングが多発する．この状況を回避するために，プロセスの多重度＜マルチプログラミングの多重度＞を低下させる目的でプロセスに割り付けられたメモリ領域を2次記憶に退避する．この操作をスワップアウトという．逆に実記憶に空きが多くなりスワップアウトされているプロセスがあるならば，それを実記憶に読み込む必要がある．これをスワップインという．このような操作を行うのがスワッパである．

(2) ページャ：仮想記憶において利用度の低いメモリ領域を2次記憶に書き出し（これをページアウトという），参照されたが主記憶になく2次記憶に存在するメモリを読み込む（これをページインという）などを行う．ページャはこの機能を分担している．

(3) プリンタデーモン：一般的にプリンタは低速な装置である．そこでプリントアウトするときは磁気ディスク上にスプール（spool）ファイルを用意し，プリンタ出力情報をファイルにいったん格納しておく．その後にファイルからプリンタへの出力を専用に行うプロセスがプリンタデーモンである．図**4·14**にはプリンタデーモンとスプール処理の関連を示す．

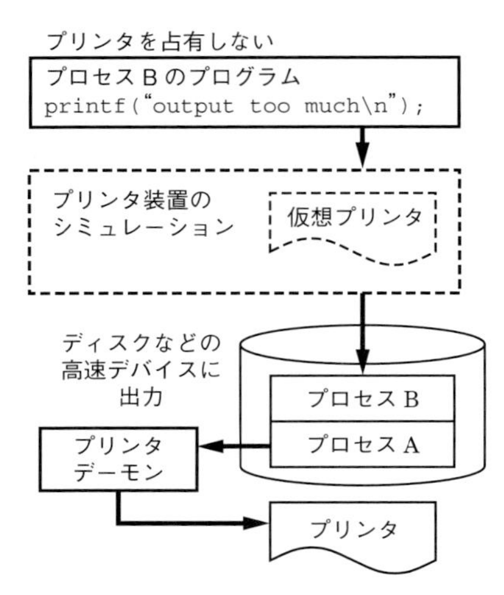

図4・14　プリンタデーモンによるスプール処理

こうすることでプロセスがプリンタへの出力時に生じるプリンタ占有の問題が避けられる．つまりプロセスが1行出力した後に長い計算を行うと，次の出力までほかのプロセスはプリンタを使用することができない．そこでプリンタデーモンはプリンタへの出力要求が生じると仮想的プリンタであるスプールファイル内にプリンタイメージ情報を出力しておく．このことで各プロセスは出力時間が大幅に短縮され計算が高速になるばかりでなくプリンタの占有も避けることができる．

プリンタデーモンはプロセスが完了したときに各プロセスのスプールファイルを閉じプリンタに出力を行う．このようにプリンタデーモンは一般のプロセスからの出力要求をあたかもプリンタに出力したように見せかけ，実際にはスプールファイルに書き込むというシミュレーションを行い各プロセスのプリンタ占有問題を解決する．そしてプリンタを占有管理し休ませることなくその能力を100％活用することが可能となる．

4-3 プロセススケジューリング

4-3-1 プロセスの状態と遷移

プロセスは基本的に以下の三つの状態をもつ．これらの状態遷移を図**4・15**に示す．

・実行状態（running state）
・実行可能状態（ready state）
・待ち状態（waiting state）

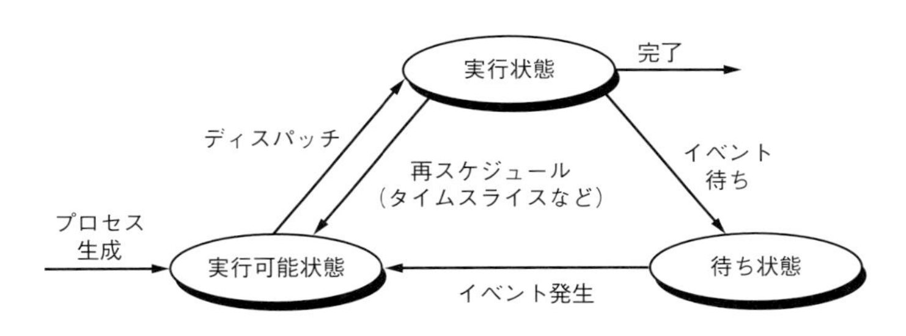

図４・15　プロセス状態の遷移

(1) 実行状態

プロセスがCPUを割り付けられ，プログラムを実行している状態である．コンピュータシステム内に存在するCPUの数だけこの状態のプロセスが最大限存在する．2台のCPU構成のコンピュータならばこの状態になりうるプロセス数は最大2である．

プロセスが実行状態になるのは実行可能状態にあるプロセスから実行優先順位にしたがって選ばれたときである．このCPUを割り付ける操作をディスパッチ（dispatch）あるいはスケジュール（schedule）とよびOSの重要な役割である．

(2) 実行可能状態

CPUの割付けを待っている状態である．各プロセスはCPUの割付けを競っているとみなされる．この状態のプロセスは実行優先順位が付けられている．fork( ) でプロセスが生成されると最初はこの状態になる．

(3) 待ち状態

プログラムが何らかのイベント（event）を待っている状態をいう．UNIX系OSではブロック状態（blocked）ともいう．典型的な例はファイルの入出力待ちであり完了までCPUの割付は待たされる．端末からユーザの入力を待つ状態も同一である．待ち状態は入出力の完了や他のプロセスあるいはカーネルからのイベント通知などにより解除される．次章で説明する排他制御によるイベントの通知もこの部類である．

プロセスは上記の3種類のいずれかの状態にあるがこれらの状態を遷移して最後は仕事を完了し消滅する．プロセスは生成されると実行可能状態に入り，CPUの割当てを待ち実行状態に入る．CPUだけを利用するプログラムの場合はこれで完了する場合もある．一般的には何らかのイベント（入出力要求や他プロセスからの通知など）を待つ操作を行い待ち状態に入る．

イベントの発生で当該プロセスは待ち状態が解除され実行可能状態に移る．このとき，実行可能状態になったプロセスには実行優先順位が付く．各種のアルゴリズムによって実行優先度が決定される．これをプロセススケジューリング（process scheduling）と呼び各種のアルゴリズムが考案されている．

プロセスは実行可能状態からスタートして実行状態，待ち状態そして再び実行可能状態を繰り返して完了する．この過程において図4･15に示されるように実行状態から再び実行可能状態に遷移する場合がある．例えばタイムスライス（time slice）完了という事象がその例である．

タイムスライスとは時間を一定の区間に分割した単位（例えば20ミリ秒など）でありタイムクオンタム（time quantum）ともいう．各プロセスが連続して使用できるCPUの最長時間とするスケジュール方式であり1960年代の後期に発明されたタイムシェアリング（TSS：Time Sharing System）のスケジュール方式として発案された．この方式により複数のプロセスにCPUを割り当てる機会を平等にすることができた．

TSSは1台のコンピュータを複数の端末ユーザに対話形式で同時にサービスできる環境を提供した．TSSはプログラム開発を端末から行うことが重要な使命であった．通常，テキスト編集は少ないCPUの消費で処理ができるためタイムスライス以内で処理が完了する．このため別のユーザの端末処理が可能となる．**図4･16** にタイムスライス制御のイメージを示したがこのように常に各プロセスがCPUをタイムスライスいっぱい使い切るわけではなく入出力要求によりプロセスが待ち状態になりプロセススイッチが起こる場合もある．

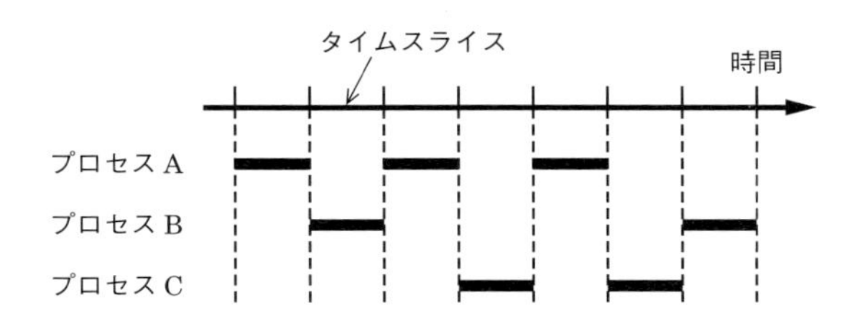

図4・16　タイムスライス制御のイメージ

4-3-2 ◎ スケジューリング方式

(1) 基本的な考え方

ある目標達成のために限られた資源の利用順位と使用量を決めることをスケジューリングと呼ぶ．コンピュータにおける性能目標は二つである．その第一は単位時間当たりのジョブ処理件数であるスループットであり，第二は対話処理における応答時間（response time）の保証である．応答時間とは端末からの処理要求に対して最初のメッセージが端末に出力されるまでの時間である．

上記のスループットと応答時間という二つの性能目標を設定し，有限のコンピュータ資源を用意するのがコンピュータ管理者である．このため資源の割当て方針をOSに指示できることが望ましい．この種の優れた機能をもつOSの代表はIBM社MVSのSRM（System Resource Manager）であるがここではCPU 資源に限定したプロセススケジューリングについてのみ説明する．

プロセススケジュールとは実行可能状態にあるプロセスに対してCPU割付け順位を決定することである．プロセススケジューリングの使命はスループットの向上と応答時間の保証にある．したがってマルチタスキング環境においてある特定のプロセスが資源を独占的に使用してしまうとこの目標の達成が困難になる．**図4･17** に示すように一般的に入出力装置の数はCPU数よりも多い．このためシステム内で重要な資源であるCPUを特定のプロセスが独占するとほかの入出力装置を活用できず性能上の隘路となってしまう．

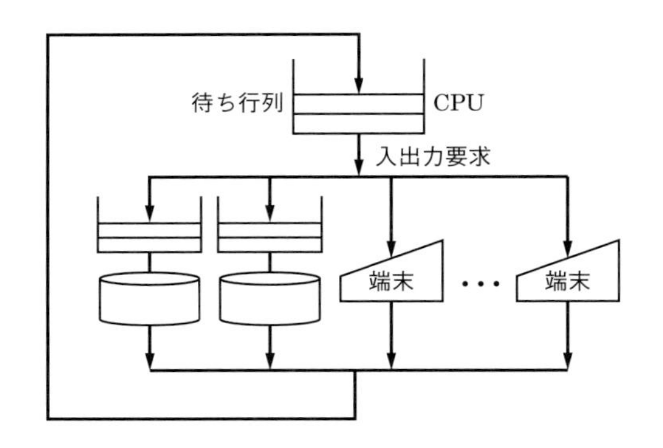

図4・17　プロセスの処理過程における資源要求の循環

このためスケジューリングの基本的な考えはCPUを独占するプロセスを排除することならびに入出力装置を使用するプロセスにCPU資源を優先的に割り付けることである．これが実現できればシステム内のCPUならびに入出力装置がフルに活用され，スループットと応答性能をともに満足するスケジューリングが可能となる．以下CPUスケジューリングの説明を行うが各々のアルゴリズムに対する評価は上記の観点からなされる．

スケジューリングアルゴリズムを大別するとプロセスにCPUを割り付けた後にそのプロセスが完了もしくはCPUを自ら使用放棄する（例えば入出力要求する）までCPUを使用させるノンプリエンプティブスケジューリング（non-preemptive scheduling）と，逆にOSの方針によりプロセスの意に反して強制的にCPUの使用を中断し，ほかのプロセスに切り換えるプリエンティブスケジューリングがある．プリエンプティブは横取りスケジューリングと呼ぶこともある．FIFOやSPTFはノンプリエンプティブスケジューリングであり，ラウンドロビンや優先度スケジューリングはプリエンプティブスケジューリングの代表である．現代のOSでは一つのスケジュール方式だけを採用していることは少なく，ここに説明されている方式を組み合わせていることが多い．

(2) FIFO（First In, First Out）

初期のバッチ処理ではジョブがコンピュータに投入されると，その順にジョブが実行された．これが先入れ先出し，FIFOあるいはFCFS（First Come, First Served）である．この方法は実現が簡単であるがCPUを独占するプロセスが一つでもあればほかのプロセスがすべてCPU待ち状態に陥り性能の低下要因となる．しかし資源割付けが公平になる利点がある．この方式は典型的なノンプリエンプティブスケジューリングである．

(3) 優先度スケジューリング

プロセスに処理優先順位を与える方法である．この方法もFIFO同様の欠点を備えている．優先的に処理を行いたいプロセスは性能が保証されるという利点がある．この方式は優先度の高いプロセスの入出力が完了すると直ちにプロセススイッチが生じてプロセスが再開するのでプリエンプティブスケジューリングである．

(4) ラウンドロビン

TSSの出現により考案されたスケジューリング方式でありタイムスライスを導入している．図**4·18**に示したように実時間を短く区切りCPU割付け時間の上限値とする方法である．タイムスライスを使い切ったプロセスは図4·18 に示すように処理が中断され実行可能待ち行列の最後に並び次のCPU割当てを待つ.

ラウンドロビン法（round robin）はCPUを独占使用するFIFOや優先度スケジューリングの欠点を解決する. CPUを短く使い，入出力を多用するプロセスは処理が進みやすくなりスループットや応答性能の向上が期待できる. ラウンドロビン法は典型的なプリエンプティブスケジューリングである.

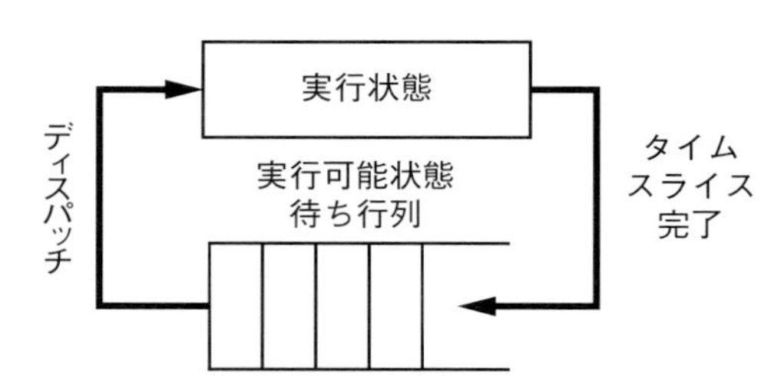

図4・18　ラウンドロビン法のスケジューリング

問題はタイムスライス値の設定にある. タイムスライスが短いとタイマ割込みやスケジューリングの管理オーバヘッドが大きくなる. 逆に長いタイムスライスではラウンドロビンの効果が期待できない. コンピュータの利用形態とCPU性能により決定すべきであるが具体的には20ms（ミリ秒）ぐらいが使用されている.

（5）SPTF（Shortest Processing Time First）

CPUは数少ない装置であるためCPUがシステムボトルネックになりやすい. そこでCPUを多用するプロセスをCPUバウンドプロセス（CPU bound process），入出力を多用するプロセスをI/Oバウンドプロセスと区別するとCPUバウンドプロセスの優先度を低くするのが好ましいと考えられる.

ラウンドロビン法は上記の考え方に基づいたスケジューリング方式の1種といえる. プロセスの資源要求の循環を図4·17に示したがネックとなりやすいCPUバウンドプロセスほど優先度を低くし，I/Oバウンドプロセスほど処理優先度を高くするならばCPUがボトルネックになることがなく，スループット，応答時間の向上が期待できる. SPTFはラウンドロビン法を発展させた方式といえる.

このような方法を実現するにはOSが実行状態にあるプロセスのCPU消費時間を記録し，CPUを割り付けた過去の平均時間をモニタリング（monitoring）

情報として蓄積する必要がある．この時間が長いほどCPUバウンドプロセスと判断し優先度の基準とする．

(6) デッドラインスケジューリング

アプリケーションプログラムによっては限られた時間内に処理を完了しなければならない処理がある．時間の制約があるリアルタイム処理がその代表例でありネットワークを利用した動画像再生や音声処理などのストリーミングサービスがその典型的な例である．例えば30fps（frames per second）のフレームレートならば1/30秒ごとに画像再生処理をする必要がある．このような実時間に正しく処理すべき処理に向いている．

締切り時間（deadline）が近づくにしたがって処理の優先順位を上げるのは試験が近づくと該当科目の勉強優先度が高くなるのと似ている．

4-4 プロセス管理情報，タイマ機能

4-4-1 プロセス管理テーブル

プロセスは「プログラム実行の抽象化された実体」としてOSに管理されている．ここでは図4·1に説明したプログラム実体としてのプロセス管理テーブル（PCTと略す）の概略を説明する．

図4·19には主たる管理情報を示した．OSの設計法にもよるがブートストラップのときに生成可能な数だけPCTの原型をカーネル領域に作成する．これらPCTは未使用状態のPCT管理リスト（チェイン）にする．PCTのチェインはプロセスが実行可能状態やイベント待ち状態のリスト作成に使用される．

プロセスが生成されると空きのPCTが選ばれユニークなプロセスIDが付与される．プロセスが仮想計算機と呼ばれる所以はCPUの状態を保持している点にある．プロセスがイベント待ちや実行可能状態にある場合は，処理が中断した時点のレジスタ値，プログラム状態語（PSW：Program Status Word）などがPCTに格納されている．PSWにはプロセスを再開するときの次に読み出す命令のアドレス，CPUの各種動作モードが含まれている．

PCTの状態：未使用/使用中
PCTのチェイン（ポインタ）：空き，実行可能状態，イベント待ち，などのPCTを示す
プロセスID
プロセス中断時の演算レジスタ保存領域
プログラム状態語：再実行時の命令アドレス，CPU状態など
メモリ割付け情報：テキスト，データ，スタックなどのメモリオブジェクトの管理
プロセスの状態：イベント待ち要因など
シグナル情報：イベント待ちマスクなど
時間に関する管理情報：自プロセス，子プロセスの使用した計算時間など
プロセス間通信バッファ/メッセージ情報など
ファイル記述子テーブル管理情報

図4・19　プロセス管理テーブル（PCT）の主情報

その他，メモリ，ファイルなどの資源割付け管理情報をPCTに格納する必要がある．プロセスあるいはその子プロセスが使用したCPUに関する統計量を格納するエントリも必要となる．またシグナルのようなソフトウェア割込みは各プロセスに設定された機能であるためこれらもプロセス管理テーブルに格納しておく必要がある．仮想記憶を実現している場合は仮想記憶を実記憶にアドレス変換するページテーブルへの起点アドレスなどもPCTに必要となる．

4-4-2 ◎ タイマ機能

以下の時間に関するカーネルサービスがある．

(1) 使用したCPU時間：stimes( )

プログラムの性能測定，コンピュータの使用料金計算などのためにUNIX系OSではシステムコールstimes ( ) が用意されている．仕様は図**4·20**に示すとおりであり，四つの情報を含む構造体へのポインタを引数とする．これらには，自プロセスの使用したCPU時間だけでなくカーネルの使用した時間も得ることができる．また自分の生成した子プロセスのCPU時間も得られる．

```
#include <sys/types.h>
#include <sys/times.h>

struct tms {
   time_t tms_utime;  // ユーザ使用CPU時間
   time_t tms_stime;  // システム使用CPU時間
   time_t tms_cutime; // 子プロセスユーザ使用CPU時間
   time_t tms_cstime; // 子プロセスシステム使用CPU時間
}
   long times(struct tms *tbuf);
// 返り値：−1 エラーの場合
```

図4・20　システムコールtimesの仕様

times ( )で返される値の単位はクロックティック（clock tick）値であり，UNIX系OSのインプリメンテーションにもよるが1/100秒であることが多い．したがって秒で値を得るにはCLK_TCKの値で除算する必要がある．

(2) 時刻を設定，取得する：stime( ), time( )

システムの時刻を設定するシステムコールがstime( )である．システムワイドな資源に値を入れるためスーパユーザにだけに許されるシステムコールである．stime( ), time( )の仕様を図**4・21**に示す．

```
long time(long *timep);
// 返り値：−1 エラーの場合
```

図4・21　システムコールtimeの仕様

UNIXでは1970年1月1日午前0時グリニッチ標準時（GMT：Greenwich Mean Time）からの秒経過時間で内部の時（カレンダー時間）を刻んでいる．stime ( )ではパラメータをカレンダー時間に変換しておく必要がある．逆にtime ( ) ではGMTをライブラリ関数ctime ( ) あるいはlocal ( ) を使ってローカルタイム（local time）に変換した方が理解しやすい．

(3) 時間の経過でソフトウェア割込みを発生させる：alarm( )

時間を指定して事象を捕える場合に使用する．例えば，端末からの入力打切り時間の設定などに使用する．本機能は第5章のプロセス間通信において詳しく説明する．

4-5 演習問題

(1) プロセススイッチを頻繁に行うと何が問題かを考えその対策を考えよ．

(2) 図4･11のサンプルプログラムを動かしてみよ．親プロセスは最後に子プロセスの終了コードを表示しているが図4･9の上位バイトの数値ではない．これを修正して分かりやすい表示に改良せよ．＜付録D＞

(3) プロセス生成の具体的な方法としてUNIX系OSにはforkがある（本章4-2-1）．子プロセスは親プロセスと全く同一のクローンであるがその利点と欠点について考察せよ．

(4) 日付・時間を表示するプログラムを作成せよ．ただし日本時間とすること．＜付録E＞

(5) 一つの仕事を分担し並列処理する方法は情報システム構築に有効である．図4･3と図4･4のようにタスクもしくはプロセスがアドレス空間を共有するスレッド方式と独立したプロセスファミリー方式がある．そこでそれぞれの利点と欠点について現在のCPUの仕組みなども考慮して論ぜよ．

★ 演習問題の略解はオーム社Webページに掲載されているので参考にされたい．

5章　プロセス間通信

一つの仕事を複数のプロセスが機能分担して並列実行するマルチタスキングは，高効率・高信頼化が期待できる．この場合，プロセスが相互に協力した処理を誤りなく実行するためにプロセス間の通信機能が必要となる．ここでもUNIX系OSをケーススタディにとりあげてプロセス間通信と排他制御方式について説明する．

最初にプロセス間で情報を共有する際にプロセス間通信機能を必要とする例を示す．そこに資源共有時の問題が存在することを見る．この問題解決のためにOSがプログラマに提供する排他制御を解説し，この機能を使うことによりプログラマは高信頼な並列処理のプログラミングが可能となることを示す．また排他制御による問題の理解を深めるためにデッドロック問題とその回避策を説明する．具体的なプロセス間通信と排他制御の機能について，UNIX系OSの機能であるパイプの解説をする．さらに現実の情報システム設計時に必要とされる並列処理の基本であるシグナルについても説明する．

5-1　基本的な考え方

5-1-1　プロセス間通信の必要性

複数のプロセスが共同作業するにはプロセス間通信が必須となる．これは我々が共同作業する場合に相互の連絡手段をもつのと全く同じである．例えば図**5·1**に示すように，複数のプロセスで処理を進めるとき，あるプロセスが仕事を完了したことをほかに知らせる必要がある．図5·1の右側の例は二つのプロセスからそれぞれ完了通知を受けた後に次の処理が始まる場合である．

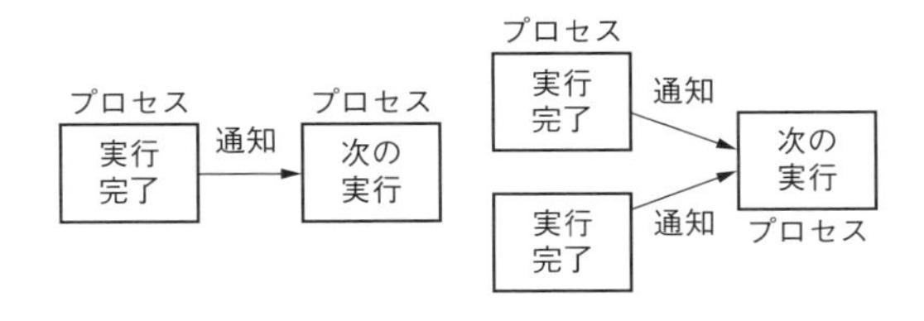

図5・1　プロセス間通信による処理の進行

このようにプロセス間通信は並列処理の基本機能であるためOSがその手段を提供する．これをプロセス間通信（IPC：Inter Process Communication）と呼びOSでは同期制御（synchronization）と呼ぶこともある．図5･1では矢印で通知を示しているが，ネットワークを利用するアプリケーションでは通信回線を媒体としたプロセス間の通信である．

5-1-2 ◎ 共有資源

複数のプロセスで仕事を進める際にもう一つ重要な機能がある．複数のプロセスで処理を分担する際にはデータを相互に共有あるいは共用することが多い．このとき，共有データを同時に更新する競合の問題が発生する．図**5･2**では二つの独立したプロセスが共有データを何の規則もなく更新する様子を示している．

図5・2　プロセス間共用データの同時更新

図5･2においてプロセスAが一度ディスパッチされてプロセスの実行が完了するまでプロセス切換えが起こらなければ問題は生じない．しかし現代のOSではプロセスの切換えは任意の時点で発生すると考えるべきである．例えば入出力完了割込みやタイマの割込みなどはアプリケーションプログラムの実行とは無関係に発生し，その結果プロセス切替えが起こる場合がある．プロセス切換えが発生した時に矛盾を引き起こす例を図**5･3**に示す．

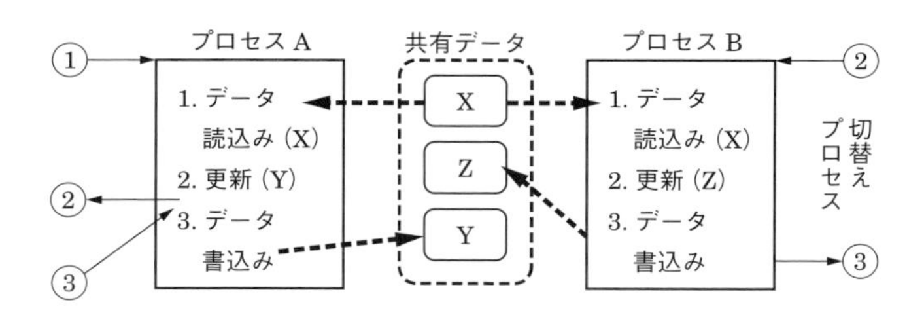

図5・3　共用データの同時更新時に生じる不都合

この例では同一動作をするプログラムを二つのプロセスが実行している．このような例は預金の引出し業務などに見られる．プロセスA がまず共有データを読み込む（①）．このときの値をX とする．つまり処理開始時の預金残高である．そこで処理（例えば預金の引出し）を進めて結果Y を書き込もうとしたときにプロセス切換えが起きたとする（②）．そこで次にプロセスB が実行され，データを読み込む．まだプロセスA による書込みが済んでないので値は最初のX のままである．ここでプロセスB は処理（例えば預金の積立て）を行い，計算結果がZ になり書込みを完了する．その後，プロセスA が再開され処理を完了する（③）．つまりプロセスA が求めた計算結果（預金を引出した結果）の Yを書き込むことになる．

上記の例は明らかに矛盾が生じている．結果的にはプロセスBの計算結果は無視され積み立てた金額は反映されない．

プロセスが任意の時点で切り換えられても矛盾のない処理とならねばならない．図5･3 に示した問題は，共有データに対するアクセスルールがないために生じた．人間社会では共有物を使うときは使用することを宣言し，その順番を守るというルールがある．そこでコンピュータシステムにおいても共有資源の使用を宣言し，使用の独占権を得る機能が必要でありこれを排他制御（Serialization）あるいは相互排除（mutual exclusion）という．

5-1-3 ◎ クリティカルセクション

図5･3 では複数のプロセスでデータベースをアクセスする銀行システムの預金システムを単純化した例を引用した．この例では預金の残高照会の処理ならば複数のプロセスが同時に同一のデータベースを読み出しても問題はない．しかし預金の預け入れ，引出しのようにデータベースを更新するような処理，つまり書込みを行うプロセスが一つでもあるときは，その処理の間，ほかのデータベースへのアクセスは抑止されねばならない．

図5･3 は更新処理をほぼ同時にきわどいタイミングで行うために生じた矛盾の例であり，このような矛盾が生じるプログラムの処理区間をクリティカルセクション（critical section）あるいはクリティカルリージョン（critical region）と呼ぶ．この矛盾を生じる操作を避けるためのいくつかの方法が考案されている．コンピ

ュータは人間が想像する以上に高トラフィック処理をするため，たとえ短いプログラムの実行区間であってもクリティカルセクションの操作ルールを守らないと必ずといってよいほど矛盾を引き起こす．

5-2 排他制御

5-2-1 排他制御によるプロセス状態の遷移

共用資源を操作するクリティカルセクション内のプログラム実行はほかのプロセスからの共用資源へのアクセスを抑止する必要がある．このためにOSが提供しているシステムコールをlock ( )*1と仮定する．つまり共用資源を独占的にアクセスする区間に入る前に鍵（ロック）をかけ，処理が完了した時点で鍵を解放する（unlock ( )*2）という手順を守る必要がある．鍵をかける対象は様々である．lock ( )，unlock ( )のパラメータは資源名称が一般的である．したがって共有資源にそれぞれ名称を付けておく必要があるがOSの仕様によって名称付けのルールが定まっている場合もある．

図**5･4**にはそのひな形のプログラムを示す．ここでresは資源名である．このようにルールを守ってアプリケーションプログラムを作成すればプロセススイッチが起きても共用資源へのアクセスは矛盾なく操作され計算結果は保障される．

```
while(TRUE) {
   lock(res);             // 鍵を取得する
   critical_section(); // クリティカル
                          // セクションの実行
   unlock(res);           // 鍵を解放する
   non_critical_section(); // クリティカル
                          // セクション外の実行
}
```

図5・4　クリティカルセクションの実行前に鍵を取得する

---

*1, *2　lock ( ), unlock ( )：OSによりいろいろなシステムコール名称があるのでlock ( )は仮の名称である．UNIX系OSではファイルのロックはflock ( )，スレッドプログラミングではミューテックス操作としてpthread_mutex_lock ( ), pthread_mutex_unlock ( )ならびにセマフォとしてsem_init ( ), sem_post ( ),sem_wait ( ), sem_destroy ( )などがある．

図5·3 の処理を改善したプログラムが図**5·5**である．改良されたプログラムではクリティカルセクションに入る前に共有資源のロックをかけている．ここでの動きを詳細に見ていく．プロセスAが先にクリティカルセクションに入りlock(res)を実行する（①）．その後共有データを読み込み更新するが図5·3同様にその直後に割込みが発生し（②），プロセススイッチが生じプロセスBに制御が渡る（③）．プロセスBはクリティカルセクションに入るのでシステムコールlock (res) を実行するが，既にプロセスAに共有資源のロックは与えているのでOSはプロセスBにロックを渡せない．そこでOSはロックが解放されるまでプロセスBをブロックする．

この結果プロセスAに制御が戻り（④）クリティカルセクション内の処理が再開され，共有データの内容が書き込まれる．プロセスAはクリティカルセクションの処理を完了するとunlock (res) でロックを解放する．

OSは unlock (res) によりロックを解放するが，このときロック待ちのプロセスの有無を調べ，存在すれば待ち状態のプロセスを実行可能状態にする（⑤）．この結果プロセスBは実行可能となり再度lock (res) を試み（⑥）この時点で共有資源のロックを取得することができ，クリティカルセクションの実行が可能となり正しく処理を完了する（⑦）．

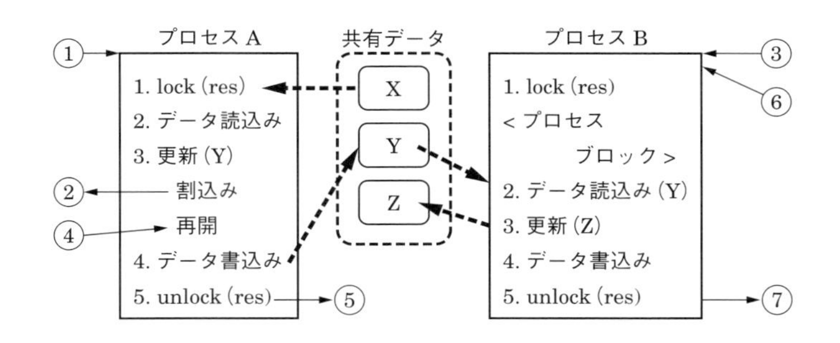

図5・5　矛盾を回避する排他制御による共有データの操作方法

5-2-2 ◎ OSの排他制御方式

ロック取得と解放の原形を図**5·6** に示す．

(1) ロック取得時のOSの処理：lock ( )

(a) LOCKの値が0ならばLOCKは空いていると仮定する．まずロックがほかのプロセスに取得されているか調べる（LOCK != 0)．

(b) もしほかのプロセスに取得されている場合はlock ( )システムコールを実行したプロセスを待ち状態にする（make_block ( )を呼び出す）．

(c) ロックが解放されていればこの後で説明するアトミックオペレーションによりロックの取得を試みる（atomic (LOCK)を呼び出す）．

(d) その結果ロックの取得が確認できたなら（図5･6 ではatomic (LOCK)を呼び返り値がゼロの場合）処理は完了する．

(e) ロック取得に失敗したとき（atomic (LOCK)の返り値がゼロでないとき）はプロセスをブロック状態にする（make_block ( )を呼び出す)．

```
int LOCK = 0;  // 変数：鍵の宣言　初期値セット
lock() {       // 鍵取得処理開始
   if (LOCK != 0){// 既に鍵が取得されているか
     make_block();// プロセスをブロックする
   } else {       // 鍵の取得を試みる
     if (atomic(LOCK) == 0) return;
     make_block();// 鍵の取得に失敗
     }
}
unlock() {        // 鍵の解放処理
   LOCK = 0;
   rel_process(); // 排他制御待ちプロセスを
                  // 実行可能状態にする
}
```

図 5・6　OS の排他制御方式

(2) ロック解放処理：unlock ( )

(a) 排他制御変数を解放状態にする（LOCK=0）．

(b) ロック待ち状態にあるプロセスの存在を調べ，もしあればそれらのプロセスを実行可能状態にする（rel_process ( )がこれらの処理をする）．

そこで最も重要なatomic (LOCK)の処理を少し詳しく説明する．

5-2-3 ◎ アトミックオペレーション：atomic (LOCK)

上記のlock ( )処理では LOCK の値が最初にチェックされゼロであるならば

atomic (LOCK)を呼び出しその返り値によりロックが得られたか否かを判定している．atomic (LOCK)では再度LOCKの値がゼロであるかを調べる．この短い処理の中で2度もLOCKの値を調べる理由は，直前に別のCPUで実行しているプロセスがlock ( )を実行し，最初のチェックを行った結果LOCKの値がゼロであるためatomic (LOCK)を既に呼び出している可能性があるためである．つまり複数のプロセスがほぼ同時にlock ( )関数を実行しておりレーシング状態になっている可能性がある．

そこでatomic (LOCK)の処理をさらに詳しく説明する．図**5·7**はatomic (LOCK)の処理の概略である．この処理はメモリアクセスに特殊な機能をもったシリアリゼーション命令が使われている．対象となるメモリは（例えば4バイトの）LOCKである．

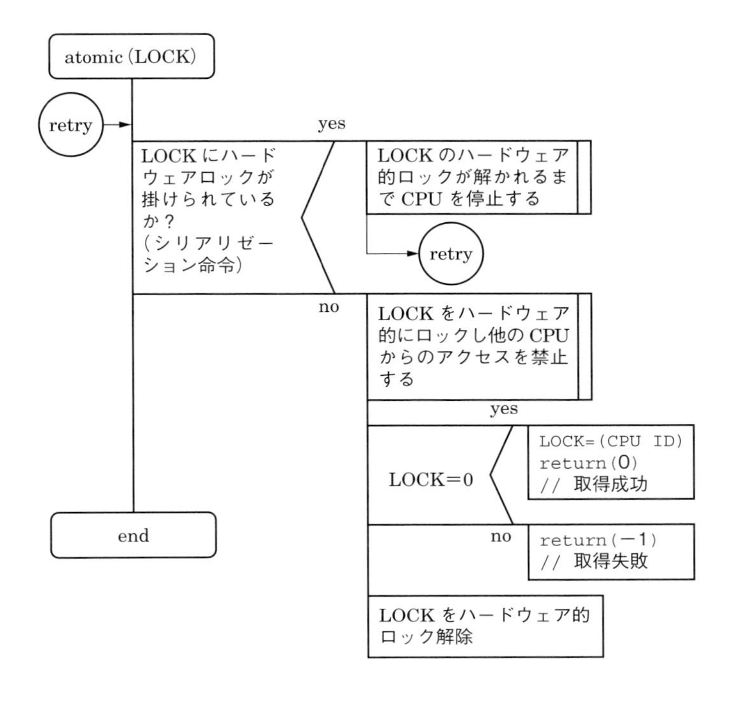

図5・7　ハードウェアのOSの排他制御方式

シリアリゼーション命令は対象としているメモリ領域（ここではLOCK）をアクセスするときにほかのCPUがアクセスしているか否かを調べ，ほかのCPUがアクセスしている間は，先にアクセスを開始しているCPUがメモリへの操作が完了するまで停止する．図5·7では最初にシリアリゼーション命令によりメモリ(LOCK）にハードウェア的なロックがかけられているか，つまりほかのCPUがLOCKをアクセス中か否か調べる．アクセス中ならばLOCK領域のアクセスが完了するまでCPUを停止する（命令実行が止まる）．図ではretryに分岐してメモリロックの解消されるまで待つのでビジーウェイトのように外からは見える．

LOCKを先に参照したCPUはLOCKのメモリをハードウェア的にロックし，ほかのCPUからのアクセスを禁止できる．これによりLOCKを独占して操作可能となる．そこで改めて2度目のLOCK値の判定を行う．atomic (LOCK)が呼ばれる前はLOCKがゼロであったが直前にほかのCPUによって変更されている可能性がある．もしLOCKの値がゼロならばLOCKは解放されているのでLOCKにlock ( )を呼び出したCPUのID（≠0）などを代入し，atomic (LOCK)の返り値をゼロとする．逆にLOCKがゼロでないならば既にLOCKがほかのプロセスにより保有されているので，返り値を－1としlock ( )が失敗したことを知らせる．これにより一連のLOCK領域へのメモリ操作が完了するのでハードウェア的なロックを解除する．

このようにatomic (LOCK)の操作は複数のメモリ操作を中断されない一つの命令として実行するためにアトミック（これ以上分けられない）オペレーションと呼ばれている．コンピュータにはこのようなアトミック操作命令が用意されている．代表的なコンピュータであるIBM社の汎用コンピュータにはCS(Compare and Swap）命令が，またPCやサーバに使われているIntel社のマイクロプロセッサにはCMPXCHG（Compare and Exchange）などがある．

5-2-4 ◎ セマフォ

ある一つの資源がロックできたか否かを示す排他制御を考えてきた．これをより一般的な問題として考える必要がある．その代表的な考えに基づく排他制御がE.W. Dijkstra（ダイクストラ）によって提案されたセマフォ（semaphore）である．セマフォの本来の意味は鉄道の単線区間に進入許可を示す腕木信号である．

セマフォではプロセス間の通信として整数値をイベント（事象：event）変数として使用する．イベント変数はクリティカルセクションにプロセスが入ったり出たりすることや，資源を使用したり解放したりなどを記録する状態を示す整数値である．このイベント変数に対する二つの操作命令を用意する．これらは前記のlock ( ), unlock ( ) の機能を含んだものでP(sem)とV(sem) 操作である．ここで，sem は整数値のイベント変数であり初期値は資源数であり，それらへの操作は以下のとおりである．

（1）P(sem) の手順

（a）sem が1以上ならsem 値を－1して処理を完了する

（b）上記以外はP(sem) を実行したプロセスを sem 待ち行列に入れブロックしスケジューラに制御を渡す

（2）V(sem) の手順

（a）sem値を＋1する

（b）sem 待ち行列にブロックされているプロセスがあればそれら実行可能状態としスケジューラに制御を渡す

（c）待ち行列がなければ処理を完了しV(sem) を呼び出したプロセスを続行する

P(sem), V(sem) 命令におけるイベント変数sem の初期値は資源数である．したがって，lock ( ), unlock ( ) は sem = 1 の例でありバイナリセマフォ（binary semaphore）と呼ぶことがある．またセマフォ操作のことをPVオペレーションと呼ぶこともある．PVはオランダ語のP(passeren), V(verhoog) とされている．この処理でイベント変数のsem の操作はアトミックオペレーション（図5·7を例にすればatomic(sem)）されねばならない．

5-2-5 ◎ 生産者と消費者問題

情報システムの設計では性能と信頼性は重要な課題であり並列処理と密接な関係がある．並列処理できる部分はマルチタスキングが可能な設計にしておくべきであるがそこで直面する問題の一つに「生産者と消費者の問題（producer and consumer problem）」がありセマフォを使う例である．

図**5·8**に示すように複数のプロセスが共通のデータ領域にレコードを書き込み，書き込まれたレコードを複数のプロセスが読み出すというモデルが「生産者

と消費者問題」である．ポインタはNの次に1に戻る．この場合，生産者と消費者は各々一つのプロセスのこともある．このモデルのポイントは三つある．

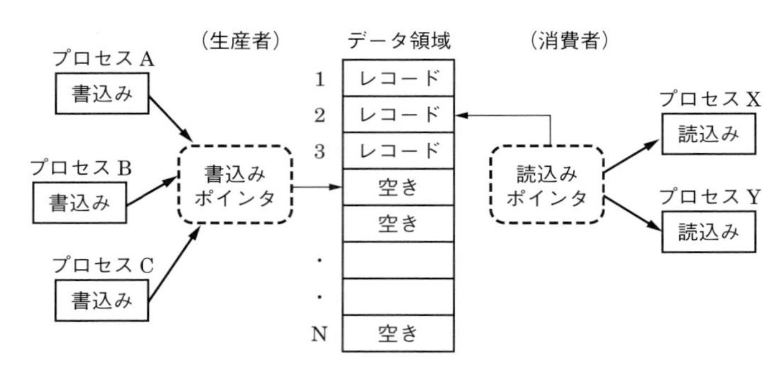

図5・8　生産者と消費者問題

(1) データ領域は各プロセスがアクセスし，レコードを取り出したり書き込んだりする共用領域であるので操作は排他的に行う必要がある．
(2) 読出しポインタ値は書込みポインタ値を追越してはならない．つまり生産者がレコードを書き込んでいない部分を消費者は読み込めず待たされる．
(3) 逆に読出しポインタを書込みポインタは追越してはならない．つまり消費者の処理が遅い場合には生産者は待ち状態になる．
(4) 上記の待ち状態は生産者，消費者がレコードを生産し消費した場合に解除される．

5-2-6 ◎ デッドロック問題

排他制御においてプログラマの注意すべき点がいくつかある．その代表的なものがデッドロック（deadlock）である．図**5・9**にデッドロックの例を示した．この例では二つの共有資源をR1, R2とし，デッドロックに至る過程を説明する．
(1) プロセスAが最初に実行を開始しlock (R1)によって資源R1を確保する．
(2) その後，何らかの割込みが発生しプロセススイッチが生じる．図中の①
(3) その結果プロセスBが実行し資源R2をlock (R2)で確保する．図中の②
(4) 再び割込みが発生しプロセススイッチにより制御がプロセスAに戻る．図中の③，④

(5) そこでプロセスAは共通資源R2を確保すべくlock (R2) を実行する．

(6) しかしR2はプロセスBにより既に確保されている．このためプロセスAは待ち状態になる．

(7) そこでプロセスBが実行再開され資源R1を確保するためにlock (R1) を実行する．図中の⑤

(8) しかし資源R1はプロセスAにより既に確保されているのでプロセスBは待ち状態に陥る．

(9) この結果プロセスAとプロセスBはお互いが資源を待ちあい永久に待ち状態が解除されなくなる．この行詰り現象をデッドロック状態と呼び，現実にコンピュータシステムで生じる問題である．

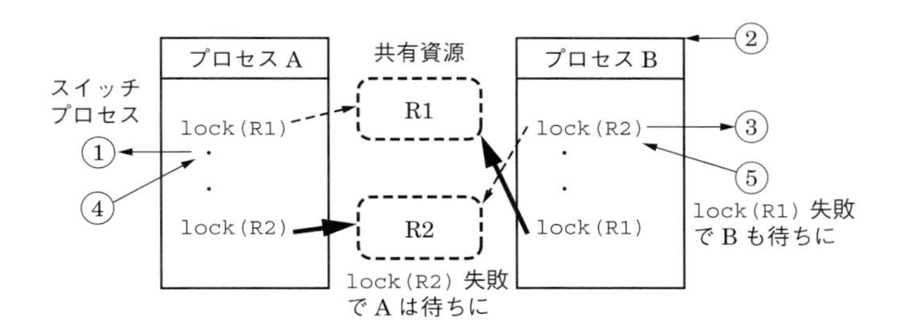

図5・9　排他制御で生じるデッドロック現象

5-2-7 ◎ デッドロックの回避

上記（図5·9）がデッドロック状態に陥った理由は明白である．両プロセスは二つの資源を必要としているが資源確保の順序が逆になっているためである．プロセスAはR1, R2 の順に確保し，プロセスB はR2, R1 の順に確保している．つまりこの問題の解決は以下のとおりである．

(1) 複数の資源を必要とするときは資源を確保する順序を同一方向にすべきである．

(2) または複数の資源を必要とする処理では一度にまとめて資源の確保を行うべきである（この例ではR1とR2を同時に確保する）．

上記はデッドロックを回避する基本的な事項であるが，以下の点も設計上重要である．

(3) 使用済みの資源は直ちに解放すること，

(4) 資源を排他的に使用するときは，ほかのプロセスが使用していないことを確認してから確保の要求を行うこと，そして，

(5) 資源を排他的（exclusive）に利用するのか共用（share）かをはっきりと区別して要求を行う，などである．

5-3 プロセス間通信の具体例

ここでは具体的な例としてUNIX系OSのプロセス間通信の基本機能を説明する．

5-3-1 ◎ コマンドインタープリタの並列処理

Linuxを含むUNIX系OSは多くの開発者により発展を遂げたカーネルである．そのためかプロセス間通信に関する機能は実に豊富である．ここでは各UNIX系OSに共通する機能を説明するがネットワークを介したプロセス間通信は10章で扱う．

元祖UNIXの代表的なプロセス間通信の発明はパイプ（pipe）である．UNIXはプログラマのためのOSとして生まれ，プログラマに有益なコマンドが用意され新しい価値を生んできた．これらのコマンドを実行するのがコマンドインタプリタあるいはシェル（shell）と呼ばれるアプリケーションプログラムでプログラマの道具（環境）である．GUIとなってアプリケーションプログラムの入出力をつかさどる窓（ウィンドウ）はシェルの発展形であり，この窓をOSと誤解している場合もある．

シェルの原型は1章1-1-1で説明した文字ベースのCUIコマンドシェルである．各コマンドは単一の機能であるためそれらを連携させることで一連の処理を効率よく行える．例えば，「yasuというログイン名の人が現在このUNIXマシンを利用しているか知りたい」というときは，*who*というコマンドの実行結果を*grep*（global regular express printer）の文字検索の入力とすれば効率的である．そこで端末からは以下のように入力する．

```
who | grep "yasu"
```

二つのコマンドは縦棒｜で連携すればよく*who*の出力はディスプレイには出力されない．*who*の出力を内部メモリに貯めておき*grep*がそれらを読み出していく．このようにコマンドの実行結果を一時的に蓄えておくのがパイプである．このとき*who*と*grep*コマンドを実行する二つのプロセスは並列動作が可能であることに気づく．

そこで上記の縦棒｜は「*who*の出力をパイプに流し，*grep*の入力をパイプとする」と解釈する．さらに「*who*と*grep*を並列に実行せよ」とも指示している．以下本節ではUNIX系OSの代表的な並列プロセスの実行をシェルの作り方を例として説明する．

5-3-2 ◎ パイプ

二つのコマンドをパイプ ｜でつなぐ処理を図**5·10**に示す．パイプは二つのプロセス間の情報路であり，あたかも水道のパイプである．UNIX系OSにはこのような現実社会の道具を連想させるシステムコールがいくつもある．fork ( )も食事用のフォークからの連想で1本から複数の子プロセスを生成するイメージである．

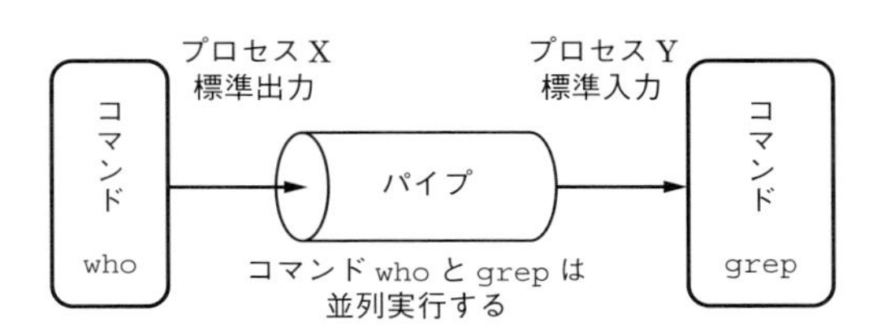

図5・10 シェルのパイプによるプロセス間通信

図5·10はシェルによってコマンド*who*の実行結果をコマンド*grep*の入力に使用する例である．プロセスXが*who*を実行し文字列を標準出力としてパイプに流す．一方プロセスYはパイプを標準入力として*grep*を実行する（標準入力，標準出力については3章3-6-4参照）．

パイプは二つのプロセス間の情報の入出力をメモリ上で行い，並列動作の高性能化を図っている．入出力操作をメモリ上でシミュレート（simulate）する入出力の仮想化というOSのテクニックをここに見ることができる．図**5·11**にその概念的なモデルを示す．パイプの実体はメモリでありそれを二つのプロセスが共有している．write システムコールを実行するプロセスAが生産者であり，read システムコールを行うプロセスBが消費者という関係である．OSはこの両プロセス間の同期を取っている．

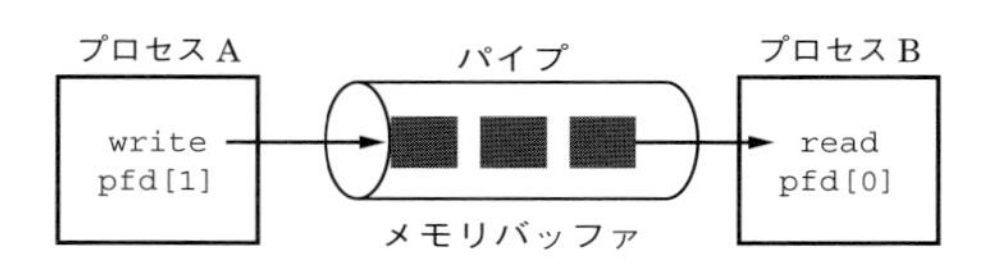

図5・11　入出力をメモリ上でシミュレートするパイプ

5-3-3 ◎ パイプを作る：pipe

UNIX系OSにはパイプ作成のシステムコールが用意されている．パイプは親子間及び子供間のプロセス間通信に使用される．原則としてユーザIDが同じプロセスどうしのプロセスファミリ内部の通信手段である．親プロセスはシステムコールpipe ( )を実行してあらかじめパイプを作成しその後fork ( )により子プロセスを生成する．この結果同一のパイプを親子で共有できるため交信が可能になる．本章5-3-5では親が2回fork ( ) を実行し，兄弟プロセスどうしの通信を実現する並列処理法を説明する．

図**5·12**にパイプシステムコールの仕様を示す． pipe (pfd)はファイル記述子の対が作成される．つまり2本のパイプが同時に作られる．パイプには情報を1方向にしか流さないという理由であり，上下水道と同じで上水道を下水道に使わないのと同じ理屈である．そこで図5·11では読込み用にpfd[0]が，書込み用にpfd[1]とする方法を示してある（ファイル記述子は3章3-4-1 (6)で説明した）．

```
int pipe(pfd); // パイプを作る
int pfd[2];    // パイプ記述子
// 返り値： 0  成功の場合
//         −1  失敗の場合
```

図5・12　システムコールpipeの仕様

パイプは一方通行の通信チャネルとして使用して親から子に情報を流すとき，親プロセスはpfd[1] に書込みを行いパイプにデータを流す．子プロセスはpfd[0]を通してそのデータを取込む．このためにパイプから読込みを行わない親のpfd[0] と書込みを行わない子のpfd[1] は無用となる．これらの無用となったファイル記述子はfork ( )の後で，親子のプロセスはそれらをクローズ（close）して使用不可能にしておくことが望ましい．

パイプを作成してからfork ( )を実行し，その後パイプを1方向のデータチャネルとするために親のpfd[0] と子のpfd[1]をクローズした様子を図**5·13** に示す．

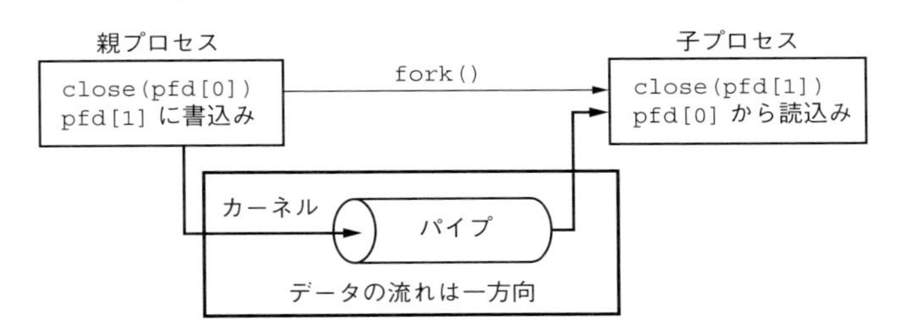

図 5・13　パイプは一方向のデータチャネル

5-3-4 ◎ 双方向パイプ

パイプは一時的な情報をプロセス間で容易にかつ高速に交換する手段である．UNIX系OSのプログラミングでは頻繁に利用される．しかし一つのパイプは1方向の通信チャネルであるため相互に通信するためにはもう一つのパイプを必要とする．

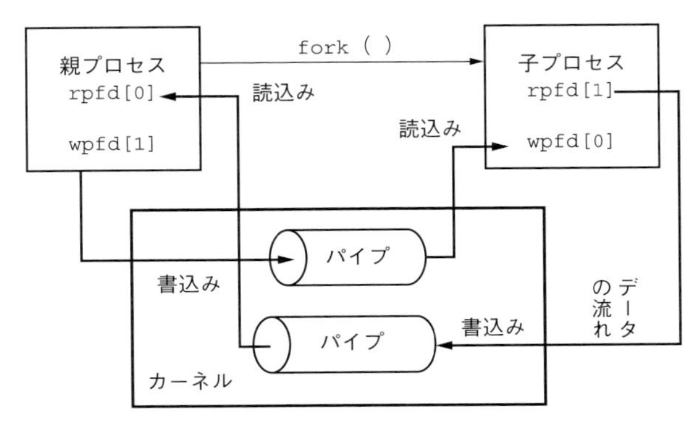

図 5・14　双方向パイプの実現方法

この場合は子プロセスを生成する前に2本のパイプを作り，親子で送信，受信のパイプを相互に約束しておく．そして不要なファイル記述子をクローズして破棄することが望ましい．このようなパイプの利用方法を双方向パイプと呼ぶ．図**5･14**に双方向パイプのイメージを示す．

5-3-5 ◎ ファイル記述子のコピー：dup

UNIX系OSのシェル実行環境ではユーザがログインすると三つのファイルが使用可能状態になっている．それらのファイル記述子は0が標準入力（多くはキーボード），1が標準出力（ディスプレイ）であり2が標準エラー出力（システムコンソール）である．そこで本章5-3-1で説明した *who | grep "yasu"* のコマンド処理を考える．

この処理は図5･10に示すように二つのプロセスにより並列処理されるが，*who*の処理プロセスの標準出力はパイプへの出力であり，*grep*の標準入力はパイプである．つまりログイン後の三つのファイル記述子をパイプの記述子に変更する必要がある．このトリックを実現するには，*who*のファイル記述子1をパイプへの出力とし，*grep*の標準入力0をパイプからの入力にしなくてはならない．この処理形態を示したのが図**5･15**である．

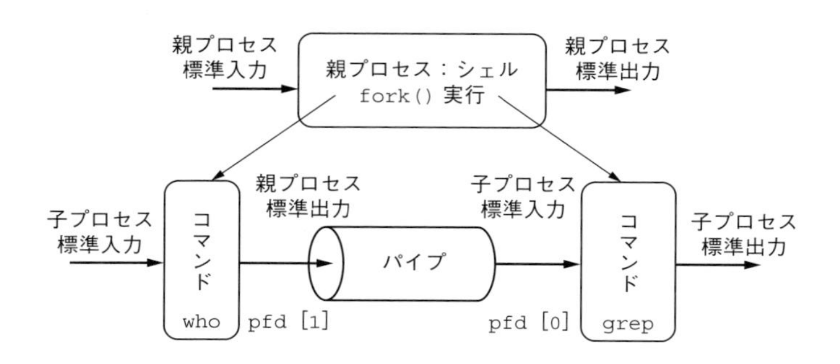

図5・15　シェル実行におけるパイプと標準入出力の関係

図5･15では親プロセスがパイプを生成した後に二つの子プロセスを生成し，*who*と*grep*を実行させている．このとき，親プロセスが生成したパイプは子プロセスどうしの通信に利用され，そのパイプは*who*の標準出力と*grep*の標準入

力に使われる．つまり，パイプのファイル記述子のpfd[1] が*who*の標準出力となり，pfd[0] が*grep*の標準入力となるようにしなければならない．このトリックを実現するのがシステムコールdup である．

dup を使って図5·15 のような環境が整えば，*who*や*grep*のプログラムは標準入出力を前提にしたプログラムのままでよく，パイプ利用のために特別な変更をせずに済む．シェルのプログラムがその環境をdup を使って整えるだけでよい．以下このトリックを説明する．

(1) ファイル記述子とファイルポインタ[*1]

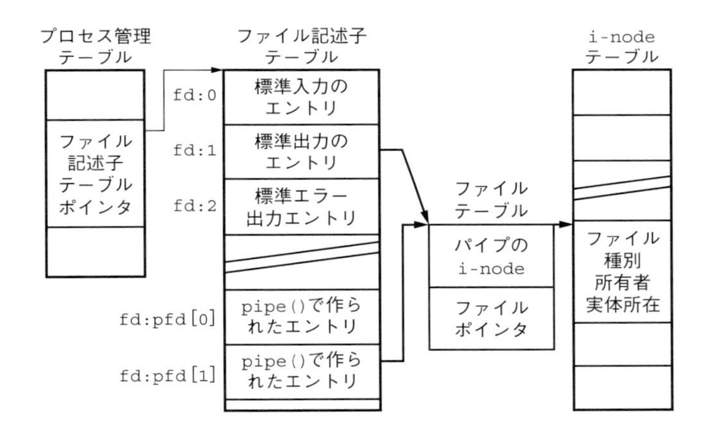

図5・16　プロセステーブルとファイル記述子の関係

図5·16にファイルがオープンされたときのプロセステーブルとファイル記述子テーブル，ファイルテーブルそしてi-node テーブルの関係を示す．ファイルをオープンするとファイル記述子を返り値として得る．この値はカーネルがファイル記述子テーブルの先頭から空きのエントリを探し，最初に見つかったエント

*1　ファイルポインタは2種類の意味で出てくる．一つは図5·16 のファイル記述子テーブルが示しているファイルテーブルへのポインタのことである．もう一つは図5·16に示したファイルテーブル内のデータとしてのファイルポインタである．この値はファイル内の読出し，書込みの先頭バイトアドレスである．つまりアクセスポインタである．lseek ( )システムコールではこの値を求め新たな値を設定できる．

リの番号とする約束になっている．ログイン後のシェル実行環境ではファイル記述子テーブルのエントリ番号0, 1, 2がstdin, stdout, stderr の値である．各エントリにはファイルテーブルへのポインタ（アドレス）が入っている．このため最初にファイルをオープンするとそのファイル記述子の値は3である．先に説明したpipe ( )システムコールはパイプというファイルを作成（creatに相当）するので i-node が作られる．

pipe ( )の返り値はファイル記述子でその番号は pfd[0], pfd[1] である．これらは図5·16 に示すようにファイル記述子テーブルのpfd[0] とpfd[1] 番目に連続したエントリが作成される．

who | *grep "yasu"* の処理では*who*を実行するプロセスの標準出力をpfd[1] としなくてはならないが，そのためには図5·16に示すようにファイル記述子1のエントリがパイプのファイルテーブルを示しているpfd[1] のエントリと同一のファイルテーブルへのポインタになる必要があるためこの操作をdup ( ) で行う．

（2）ファイル記述子をコピーする：dup( )

図5·16 のようにpfd[1]を標準出力とするためにUNIX系OSにはdup ( ) システムコールが用意されている．dup ( )は引数に指定されたファイル記述を空いている最も番号の小さいファイル記述子テーブルエントリにコピーする．dup ( ) システムコールの仕様を図**5·17** に示す．

```
int dup(fd); // fdをコピーする
int fd;      // original fd値
// 返り値： 新fd値
//          −1 失敗の場合
// 空き状態の最小値のfdを割当てる
```

図5・17　システムコールdupの仕様

（3）標準出力をpfd[1] にする手順

図**5·18** に *who* を実行する子プロセスの処理の概略を示した．親プロセス（シェル）はpipe ( ) を実行し，あらかじめパイプを作成する．その後 *who* を実行するためにfork ( ) により子プロセスを生成する．

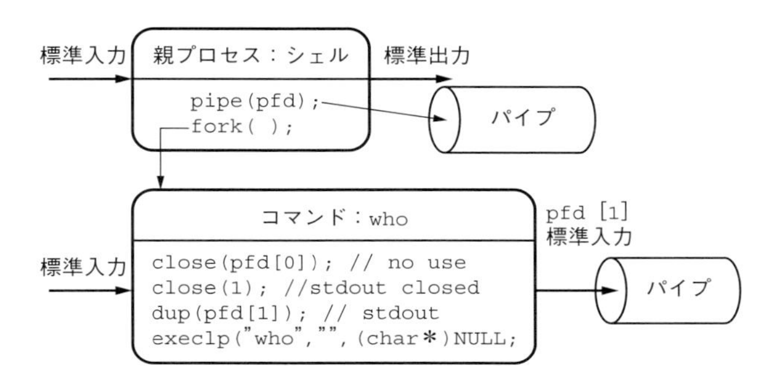

図5・18　whoを処理するプロセスの生成とパイプの関係

*who*を実行する子プロセスは標準出力をclose (1) することでファイル記述子1を未使用状態とする．この結果，最も小さな未使用のファイル記述子エントリは1となる．ここでdup (pfd[1]) を実行することでファイル記述子 1 の部分にpfd[1] のファイルポインタがコピーされる．これにより*who*のプログラムを一切変更することなくstdout に出力した情報がパイプに出力されることになる．

(4) 標準入力をpfd[0] にする手順

*who*を処理するプロセスと同様に grep を処理するプロセスは標準入力のファイル記述子のエントリを pfd[0] のファイルテーブルへ dup ( ) を使用してコピーする．その手順は図**5・19**に示すとおりである．

親プロセスは*who*を実行する子プロセスを生成した後に，grepを実行する子プロセスをfork ( ) する. 親プロセスは使用しないパイプをclose ( )により解放し，両子プロセスの完了をwait ( ) システムコールで待つ.

*grep*を実行する子プロセスは不要であるファイル記述子をclose (pfd[1])する. そして標準入力をパイプにするために close (0) を行い未使用となった標準入力にdup (pfd[0]) を実行する．その返り値が0であることを確認できれば準備が完了し *grep* のプログラムをexeclp ( )にてローディングし処理を実行する.

これら一連の処理によりパイプを使って二つの子プロセス間の情報通信を効率的に行うことが可能になる．つまり機械的な動作を伴うことなくパイプというメモリ上に作られた仮想的な装置で入出力をシミュレーションする仮想化技法である．

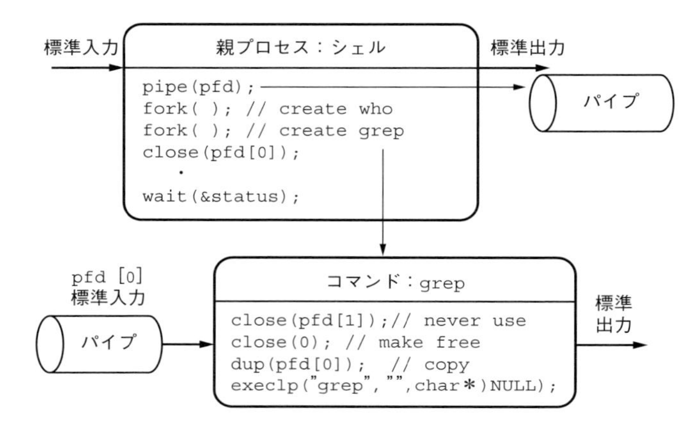

図 5・19　grep を処理するプロセスの生成とパイプの関係

(5) dup( ) の拡張機能

上記のように dup ( )は指定したファイル記述子のファイルテーブルへのポインタをコピーすることができるが，欠点はプログラマが未使用のファイル記述子番号の最小値をいつも意識していなければならないところにある．標準入出力だけを取り扱っているときはそれで十分かもしれないが一般的ではない．

そこでコピーしたいファイル記述子を明示的に指定する機能としてdup2 ( ) システムコールが用意されている．その仕様は図**5・20** に示すとおりである．dup2( ) では指定した oldfd のファイル記述子がオープンされた状態であるとカーネル内でclose (oldfd) を実行するので注意が必要である．返り値については dup ( )と同一である．

```
int dup2(newfd, oldfd); // duplicate fd
int newfd;      // original fd
int oldfd;      // destination fd
// 返り値：  新 fd 値
//           −1 失敗の場合
```

図 5・20　システムコール dup2 の仕様

5-4 シグナル

社会のインフラストラクチャとなっているサーバや企業活動の中枢となっているコンピュータシステムなどは，意図しないシステムダウンを避けねばならない．大規模なシステムではシステムに全くバグがないことを前提に運用することは不適切であり，バグが露呈することを前提としたシステムとすべきである．このためにはバグが露呈したときに一部の機能を切り離すなどでシステムの運用を継続しシステムクラッシュを避ける必要がある．

シグナルは上記のようなフェールソフトの情報システムを構築するためにOSがシステム設計者に提供する信頼性向上の機能の一つである．それ以外にもシグナルはプロセス間の通信手段としての機能もあり，マルチタスキングを効率よく実現する手段でもある．

5-4-1 シグナルの目的

パイプはプロセス間の明示的通信手段である．しかし並列処理では必ずしも明示的な通信が行えないときがある．一例として，あるプロセスが永遠にCPUを使う無限ループに陥ってしまったときは，そのプロセスに明示的な通信手段がない．このような場合はカーネルが該当プロセスにシグナルを送り，プロセスを強制的に中断させる手段が必要となる．シグナルはプロセス間の割込みであり「ソフトウェア割込み」とも呼ばれる．

プログラマはシグナル割込み関数を作成し，その関数のアドレスをカーネルにあらかじめ通知しておくことでプロセスにシグナル割込み機構を組み込むことができる．この機能がsignal ( ) であり捕獲（catch）するシグナルとそれを受取り処理する関数を引数にする．

ほかのプロセスにソフトウェア割込みを発生させるのは kill ( ) である．kill( ) はシグナルを送るターゲットのプロセス識別子（PID）とシグナルの種別を指定する．ほかのプロセスから kill ( ) が実行されたとき，該当する割込み関数をあらかじめカーネルに通知しておかないと未定義の割込みとなり，カーネルによりプロセスは終了（kill）となる．

図5·21 にsignal ( )とkill ( )システムコールの関係を示す．この図では捕獲するシグナルはSIGaaa, SIGbbb, SIGcccである．各シグナルの処理をする関数がそれぞれa( ), b( ), c( )であることをカーネルに伝えている．シグナルSIGdddは処理をカーネルのデフォールト（default）に任せること，SIGiiiはシグナルが発生しても無視することをそれぞれSIG_DFL, SIG_IGNでカーネルに宣言している．

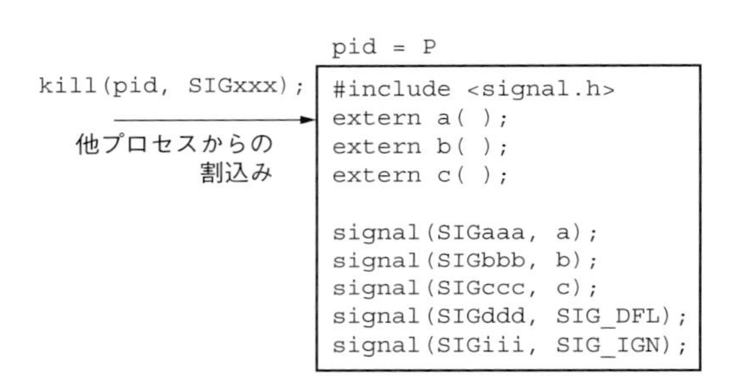

図5・21　シグナルの送信と捕獲，デフォールト，無視の指定例

5-4-2 ◎ シグナル受信と送信

プロセスはシグナルに対して以下の3種類の処理を指定できる．この指定はsignal ( )の第2パラメータで指定する．

・捕獲する：関数へのポインタを指定する

・無視する：SIG_IGNを指定する

・デフォールトの処理にまかせる：SIG_DFLを指定する

上記の具体的な指定法は図5·21に示したとおりである．

「無視する」を指定すれば該当するシグナルが送られてきたときにプロセスの終了を防げる（killされない）．また，「デフォールト」という処置はUNIX系OSカーネルの標準的な処置であり，一般的にプロセスの終了となるが，なかには無視と同じ処置の場合もあり，プロセスがブロック（待ち状態にする）となる場合もある．ただしシグナル番号9のSIGKILLは捕獲ならびに無視ができずプロセスの終了となる．

UNIX系OSのシグナルの代表例を以下に示す．

(1) ハードウェア的に過ちが検出されたときカーネルよりkill ( )が実行される
<浮動小数点演算誤りのSIGFPE, メモリ例外のSIGSEGV, SIGBUSなど>
(2) killコマンド処理プログラムの中で実行される：SIGKILL
(3) 端末からの特定の文字入力により実行されるkill ( )
<割込み文字：SIGINT，中断文字SIGQUIT, SIGTSTPなど>
(4) カーネルがソフトウェア的な処置として実行する場合
< alarm ( )によるタイムアウトのSIGALRM >
(5) POSIXでは未定義であるがUNIX系OSには他プロセスとの通信用のシグナルが用意されている．<ユーザ定義シグナル：SIGUSR1, SIGUSR2 >

5-4-3 ● シグナルの仕様

signal ( )とkill ( )のシステムコールの仕様を図**5・22**に示す．signal ( )では，第1パラメータsignumはシグナル番号[*1]である．また第2パラメータは先に述べた3種類で各々，無視する処理のSIG_IGN，カーネルのデフォールト処理のSIG_IDFL，シグナル処理関数へのポインタである．

```
#include <sys/types.h>
#include <signal.h>
typedef void(*signalhandler_t)(int);
signalhandler_t signal(int signum, signalhander_t hander);
int kill(pid_t pid, int sig);
```

図5・22 システムコールsignalとkillの仕様

システムコールkill ( )で正のPID値を指定した時は実効ユーザIDが同一のプロセスにしかkill ( )を送れない．例外はスーパーユーザだけである．つまりスーパーユーザはすべてのプロセスに対して任意のシグナルを送れる．

kill ( )の実行は一つのプロセスファミリ内が原則である．しかしこの原則ではkill ( )の使用範囲が限定されてしまう．そこで，kill ( )には，プロセス識別子(PID)の指定により特定の機能が用意されている．表**5・1**にその一覧を示した．

---

*1 signumに関する具体的な説明はUNIX系OSのマニュアルやオンラインマニュアルを参照されたい．シグナルはヘッダーファイル<signal.h>内に定義されている．本章5-4-2で説明したSIGFPE, SIGSEGVなどである．

プロセス識別子がゼロ，－1，負の値のときに特別の意味をもたせている．ここで意図していることは，マルチタスキングの環境でのプロセス間シグナル通信であるため，プロセスファミリ内に対してシグナルを送る機能やスーパーユーザの絶対的な権限の発揮などにある．

表5・1　kill ( ) の pid 指定とその意味

pid の値			kill (pid, signum) の機能
正			指定した pid のプロセスにシグナルを送信するが実効ユーザ ID が同一でなければならない．例外はスーパーユーザ．
0			全プロセスグループに対してシグナルを送る．これによりバックグラウンドプロセスを殺すことができる．
負	−1	SU	pid=0, 1 (スワッパー，init) 以外の全プロセスにシグナルを送れるため SIGTERM を全プロセスに出し shutdown が可能．
		非 SU	同一のユーザ ID を持つすべてのプロセスにシグナルを送る．ユーザ自身のプロセスファミリーのすべてを殺せる．
			絶対値に等しいプロセスグループの全てのプロセスにシグナルを送る．サブシステムの終了に使える．

5-4-4 ◎ 関連システムコール

シグナルに関係したシステムコールはpause ( ), alarm ( )である．図**5・23**にその仕様を示す．ファイルの読出しのread ( )は読出し完了までカーネルによりブロックされる．またwait ( )も子プロセスの完了までブロックされる．しかしpause ( )システムコールは自分でプロセスを待ち状態にする機能であり，それ以外の目的はない．

```
#include <unistd.h>
int pause(void); // シグナルを待つ
                 // 返り値：常に －1
unsigned int alarm(unsigned int nsec);
// SIGALRM のシグナルを nsec 秒後にセット
// nsec = 0 を指定すると以前の全 alarm() は無効
// 返り値：直前の alrm() で設定した nsec の残り時間
//         alarm() を実行していなければ 0
```

図5・23　シグナル関連システムコールの仕様

つまりpause ( ) は何らかのイベントをシグナルで受け取ることを前提に使う．この場合イベントが発生してシグナル捕獲関数が完了しリターンするとpause( ) は解除され次のステートメントに制御が移る．もしイベントを繰り返して待ちシグナル捕獲関数を再度実行したいならば再度pause ( )を実行する．

システムコールalarm ( ) はアラームクロックであり引数nsecで指定された秒数の時計をセットする．指定した実時間（real time）が経過すればsignal ( )で指定したSIGALRMの捕獲関数に制御が渡ってくる．この時間は実時間であって当該プロセスがCPU消費した時間ではない．本システムコールは自分自身にシグナルを送る代表例である．

時計の割込みイベントはプロセスに一つしか許されないので，alarm ( ) を最後に実行したnsec 値が有効となる．したがってnsec = 0 を指定すると本プロセスのアラームクロック設定はすべて破棄される．

複数のalarm ( )を実行すると前回alarm ( )で指定したnsecの残り時間が返り値となる．この値をalarm ( )に用いれば前回設定したnsecの残り時間をあらためてセット可能である．このよい例がライブラリsleep ( )の処理である．sleep (nsec) は指定したnsec 秒間プロセスをブロック状態にする．sleep ( ) の処理はシステムコールalarm ( ) を使用している．以下，具体的な例で説明する．

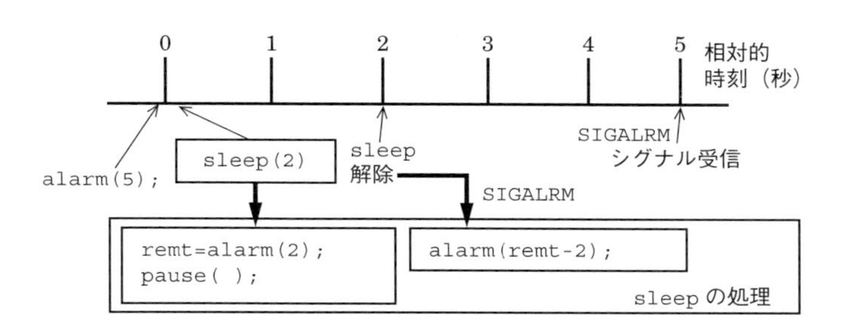

図 5・24　alarm ( ), sleep ( ) のアラームクロック関係

図5・24 に示すように，はじめにalarm (5)で5秒後にアラームクロックをセットしたとする．その直後にsleep (2) で2秒間プロセスをブロックする．このような場合 sleep 内の処理で，remt = alarm (2) を実行するが，その返り値は remt = 5 となる．次に sleepの処理は pause ( )を実行し2秒後にSIGALRMの

割込みで再開する．そこで最初の alarm (5) を続行するために残りの時間として remt-2（つまり3秒）のタイマをセットし（alarm(remt-2);）処理を完了させる．この結果図5·24 のように初期の目的どおり5秒の時点でSIGALMのシグナルを受信でき，sleep (2)による妨げを受けない処理となる．

5-5 演習問題

(1) 生産者と消費者問題（本章5-2-5）では排他制御すべき変数はどれか考察せよ．またこの問題に該当するアプリケーションを想像してみよ．

(2) ログイン直後にファイルをオープンするとファイル記述子が3であることを確認するプログラムを作成せよ．＜付録F＞

(3) 親のプロセスが端末から入力メッセージ（例えば英単語）を受け取り，その情報を子に転送する．子はその英単語を端末に表示し，それに対する日本語を入力し親に伝える対話プログラム（人間・英和辞典のような）を作成せよ．親子でパイプを通して相互通信するので双方向パイプである（図5·14）．（※注意として親子の入出力が分かるように工夫すること）＜付録G＞

(a) fork ( )で子プロセスを生成する基本プログラムを作る（図4·11）．

(b) 親プロセスと子プロセス間の通信用パイプ2本を作る（rpfd, wpfd）．

(c) 親プロセスは入力用パイプ rpfd[1], wpfd[0] を使用しないので close する．

(d) 端末から stdin から文字を読み込む．（空文字入力で処理の完了とする）

(e) 端末入力文字を子プロセスに送る (wpfd[1] にて write を使用)．

(f) 翻訳結果を得るために rpfd[0] にて read で待つ．

(g) 子から翻訳結果を得たら端末に表示し，次の単語入力のため (d)へ．

(h) 子プロセスは使用しない rpfd[0], wpfd[1] を close する．

(i) 親プロセスから英単語を受取るため wpfd[0] で read する．

(j) read の内容を端末出力し，日本語に翻訳して入力する．

(k) 日本語翻訳結果を親プロセスに rpfd[1] を使い write する．

(l) (i) へ．

(m) 終了方法はどのようにするか考えてプログラムする．

（4） 本章5-3ではパイプの使用例として（who|grep yasu）を説明した．そこでこの処理を実行するプログラムを作成せよ．＜付録H＞

（a） 実行プログラム名をpipe5とするときプログラムの実行は: $./pipe5 yasu とする．

（b） argc, argv[] によりパラメータ（上記の yasu ）が入力されている確認する．

（c） pipe(pdf)を実行する．システムコール実行後は正常終了を確認する．

（d） whoを実行するプロセスを生成する．whoは使用しないpdf[0]をcloseする．

（e） 次にstdoutにpdf[1]をコピーするのでcloseする．そしてdup (pdf[1])を実行する．

（f） 準備が出来たのでwhoを実行する（execlp ("who", "",char(*)NULL))．

（g） 親プロセスはgrepを実行する子プロセスを生成する．

（h） grepのプロセスを実行するにあたり使用しないpdf[1]をcloseする．

（i） 次にstdinをpdf[0]にコピーするためにcloseしその後dup (pdf[0])を実行する．

（j） grep実行の準備をしたのでgrepを実行する．execlp ("grep", "",・・・)．

（k） このときwhoの出力を検索するためにargv[1]をパラメータに指定する．

（l） 親プロセスはgrepのプロセスを生成したら二つの子プロセスの完了を待つためにwaitを実行する．

（m） 両子プロセスが完了するのを確認し処理を完了する．このとき各々の子プロセスが使用したpfd[0],pfd[1]をcloseしておく．

★ 演習問題の略解はオーム社Webページに掲載されているので参考にされたい．

6章　メモリ管理

多重プログラミングが発明されコンピュータの生産性は飛躍的に増大した．これを実現するメモリ割付け方式を最初に説明する．メモリ不足の時代であり初期のメモリ割付け法には深刻な課題があったが創意工夫の末にページ化されたメモリならびにオンデマンドページングの２大発明が仮想記憶を実現する．仮想記憶方式の実現はそれまでのメモリ管理の課題を抜本的に解決した．また仮想記憶はプログラマから記憶容量の制約を解放した．

本章では，具体的なメモリ割付け法を説明し各々の課題を明らかにする．ページ化されたメモリ出現の背景を述べ，そこにおけるハードウェアとOSの工夫を段階的に説明する．またコンピュータの利用拡大に伴い主記憶容量のサイズを越えたソフトウェア開発がなされ計画オーバレイの技法が発案されたが根本的な解には至らなかった．この問題を解決したのが仮想記憶である．OSの発展過程にはコンピュータ資源の論理化の流れにあるが仮想記憶はメモリの論理化という意義がある．

6-1　基本的な考え方

6-1-1　多重度の向上をめざして

コンピュータが誕生して以来メモリ不足が性能上のボトルネックでありハードウェア，ソフトウェアのエンジニアはその拡大と使用法の工夫，などに多大の努力を重ねてきた．半導体記憶が1970年代に利用可能となったがメモリ容量の制約は1980年代後半まで続いた．ここではメモリが不足していた時代の創意工夫を通して今日の仮想記憶の出現に至る経緯を理解することにする．

CPUの性能向上に比べて利用可能なメモリ容量は釣合いが取れていなかった．つまり性能のボトルネックは主としてメモリ不足にありCPUを100％利用できない状況であった．具体的にはジョブ（2章でも述べたとおり本書ではプロセスとほぼ同じ意味である）の多重度を高めることができずCPUが遊んでしまうという現象が起きる．そこでメモリ管理の初期の目標はいかに多重プログラミングの多重度を高めCPUを100％使用できるようにするかという課題克服にあった．

6-1-2 ◎ パーティション

IBM社OS/360によって1960年代の中頃に多重プログラミングが考案され実用化された．多重プログラミングは複数のプログラムを主記憶内にローディングし同時に実行させる技法である．図**6･1** はメモリ分割による多重プログラミング実現方法を示している．各プログラムの実行をジョブと呼び各ジョブにメモリ領域が与えられる．この領域をパーティションと呼ぶ．

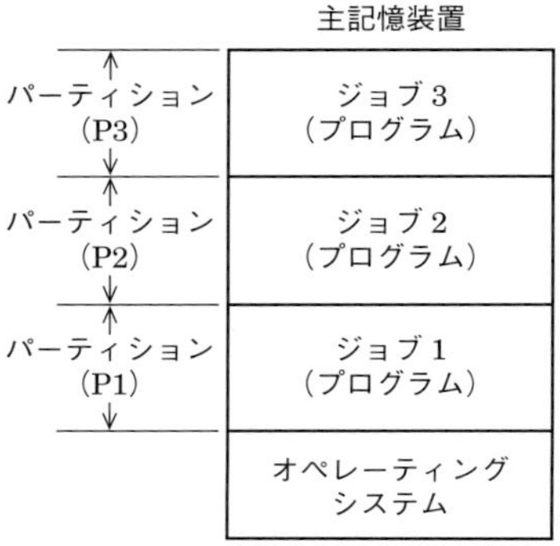

主記憶装置

パーティション（P3）	ジョブ3（プログラム）
パーティション（P2）	ジョブ2（プログラム）
パーティション（P1）	ジョブ1（プログラム）
	オペレーティングシステム

図6・1　メモリパーティション（静的分割による多重プログラミング）

一般的にジョブ実行にはいくつかの資源が必要である．その第1はジョブの要求するメモリであり第2はジョブが使用する入出力装置である．パーティション方式ではジョブの要求するサイズ以上のパーティションを探して割り当てねばならない．

6-1-3 ◎ 3種の未参照メモリ領域の課題

限られた主記憶を可能な限り有効に利用することがメモリ管理の基本である．コンピュータ内には割付け法にもよるが図**6･2**に示すような未使用領域が必然的に生まれてしまう．ここでいう「未使用領域」とは正確には「プログラムを実行しても参照されることのない領域」という意味である．それらは以下の部分でありメモリ節約の課題(a)，(b)，(c) と呼ぶ．

(a) パーティション内未参照領域

(b) ジョブ要求領域内未参照領域

(c) プログラムやデータ領域内未参照領域

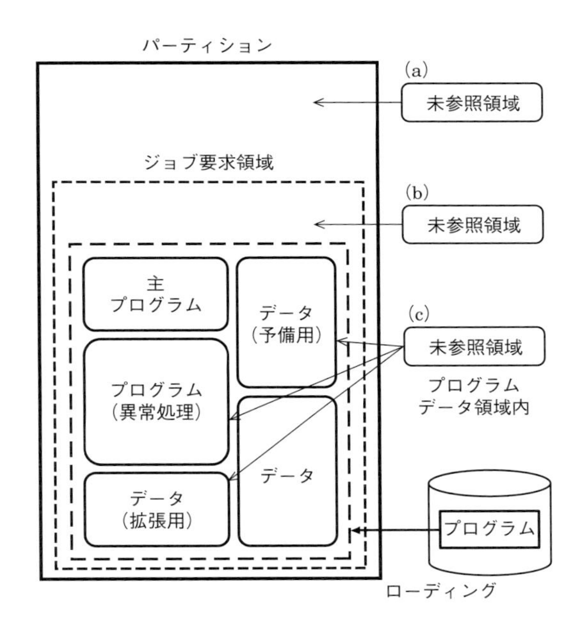

図6・2　パーティション内に存在する未参照領域

ジョブ開始時にジョブの要求サイズを満たすパーティションが選択されるため固定長のパーティションには必然的に(a)の領域が生まれる．

次に(b)の部分について説明する．初期のOSではジョブの要求するメモリサイズをプログラマが制御文で自分のジョブを実行するために必要なサイズを指定していた．通常プログラマはプログラム開発過程では，将来の拡張のために余裕を持ったサイズを指定するのが常であった．したがって実行するロードモジュール（プログラム）をローディングするとジョブ要求領域内に必然的に(b)の領域が生まれる．

最後の(c)の未参照領域はプログラムやデータ内に存在する．プログラムの実行は外部から渡されるパラメータやそのときの入力データなどにより一定ではない．図6·2 に示した例は，OLTP（On Line Transaction Processing）を想定しているが，信頼性確保のためにエラー処理など異常処理のプログラムを多く含んでいる．通常それらのプログラムはほとんど動作しないであろう．しかしハードウェア，ソフトウェアにおける異常への対応あるいは入力情報の誤りなどへの処理プログラムは主記憶内に常駐させておかねばならない．

また実用されているソフトウェアは新機能の追加や機能改善の要求が常にありプログラムの拡張が頻繁に行われる．したがってソフトウェア設計者は将来を見通してデータ領域を大きく確保し，また将来予定されている機能拡張のデータ領域などを確保しているため(c)の領域は削減できない．

このようにプログラムならびにデータ領域には通常の処理では未参照となる領域を含むのが一般的である．これらを理解した上でメモリ管理は上記3種類に分類された未参照領域のすべてをジョブに割り付けることなくメモリ節約を達成し多重プログラミングの多重度向上に寄与することが究極の目的となる．

6-2 プロセスへのメモリ割付け

6-2-1 静的分割方式

多重プログラミングを実現するには主記憶内に複数のジョブ領域を確保する必要がある．このときシステム起動直後に固定的なパーティションを作成し運用中は固定のパーティションを保持する方法がIBM社のOS/360によりMFTとして提案された．この方式は図6·1 に示すとおりであり，静的分割方式（static partitioning）と呼ばれている．最も容易に多重プログラミングを実現できる利点がある．しかし本章6-1-3で説明した未参照領域の三つの課題 (a)，(b)，(c)すべてを含んでいた．

パーティションが固定的であるため広いメモリ領域を必要とするジョブの実行が困難となる欠点もあった．例えば図6·1 においてパーティションP2とP3を合わせた大きなパーティションを作り，大きなジョブを実行しようとしてもその時点で実行中のジョブ2とジョブ3がいつ完了するかは不明であること，ならびに一方のジョブが完了してももう片方のジョブが完了するまで待たねばならない，などによりメモリを活用できない時間帯が生まれてしまう．このように固定パーティションの再構成はオペレータの勘や熟練度に頼り安定的でなく非効率という課題もあった．

6-2-2 ◎ 動的分割方式

静的分割方式は多重プログラミングを実現する偉大な発明であった．しかし未参照領域に関するすべての課題を含んでいた．そこで本章6-1-3の課題 (a)を解決する方式が最初に発案された．この方式はジョブが要求するメモリ容量と同一のパーティションを実行時に作成する動的分割方式（dynamic partitioning）であり IBMのOS/360系のMVTとして実現された（付録A-8参照）．

この方式はジョブの要求する領域サイズを満たす空き領域を探し，オーダーメードでパーティションを作る．図**6·3**にその様子を示す．ジョブ2が完了すると隣接する空き領域があればそれらを併合して大きなパーティションとする．ここに大きなジョブ5を割り付け実行する．

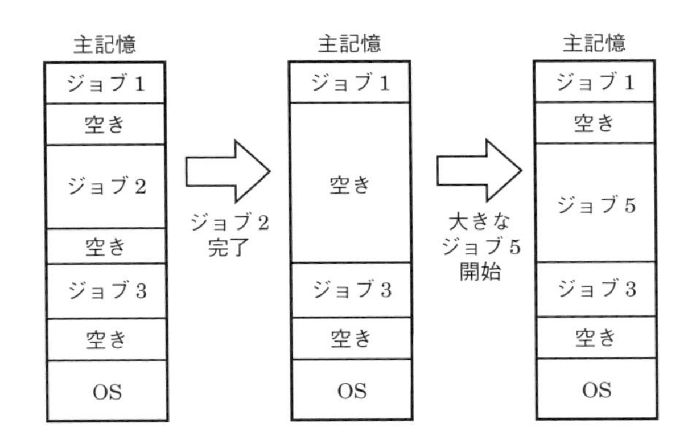

図6・3　動的分割方式のパーティション構成法

この方式では，要求されたジョブ領域と同じサイズのパーティションを作成するのでパーティション内に無駄な領域がない．これでメモリ節約の課題 (a) を解決できる．しかしまだ (b)，(c) の課題は解決されていない．しかし課題 (a) は解決できたが動的割付方式はフラグメンテーションという新しい問題に直面する．

当時コンピュータの利用法はジョブをため込んで一括処理するバッチ処理が主流であった．そこで図**6·4**に示すようなジョブの要求する資源量（CPU時間，メモリ容量，プリンタへの出力数など）に応じてジョブクラスを作りジョブ待ち行列を作る．

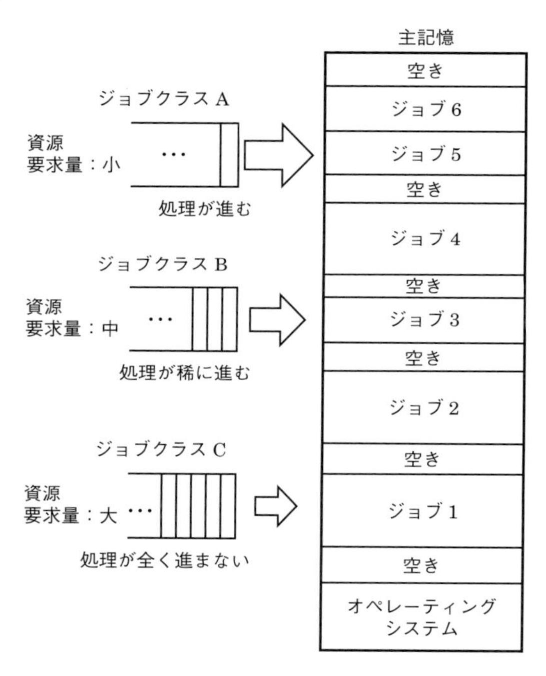

図6・4　動的分割方式のフラグメンテーション問題

ジョブクラスを設定する目的は資源要求量の小さなジョブを優先処理し，ジョブを投入してから終了するまでの時間であるターンアラウンドタイムの短縮を図るサービスの向上にある．しかしこのような運用を行うと図6·4に示すように小さなジョブクラスAの処理は進むが，ジョブクラスCのような資源要求量の大きなジョブはいつまでも実行されない．動的分割により小さなジョブが実行されるとその結果，小さな空き領域が主メモリ内に増えてしまう．小さな空き領域がメモリ内に多くでき，どのジョブも利用できない領域が増えることをフラグメンテーション（fragmentation）問題と呼び，動的分割方式の欠点となった．この問題を解決するには実行中のジョブ領域を移動させて空きの領域を拡大するコンパクションという方法が考案されたが，実行中のプログラムをメモリ内で移動しても正しく実行できるハードウェアは限定されており解決が困難であった．

6-2-3 ◎ 大容量記憶への願望

コンピュータの利用が普及するにつれ，記憶容量の制限はソフトウェア設計・開発上の制約になってきた．物理的なメモリ容量が実行できるプログラムの限界サイズであった．大きなプログラムは一般的に複数のサブルーチンから作られ，サブルーチンはいくつかがまとまって一つの機能となっている．また各機能は相互に独立に動いたり選択的に使われたりすることが多い．このようなプログラム動作を考察すると必ずしもすべてのサブルーチンが同時に主記憶に常駐する必要がないことが分かる．

例えば図**6·5**に示すような主記憶容量を超えたプログラムがあるが，このプログラムはS1, S2, ..., S5の機能からできているとする．このプログラムのS1は主プログラムであるので主記憶に常駐しなくてはならないが，それ以外のプログラムは必ずしも主記憶に常駐しなくてよい．この例ではS3とS4は同時に主記憶に常駐する必要がない．S2とS5は同時に常駐する必要があるがそれ以外のプログラムと同時に常駐する必要はない，などである．

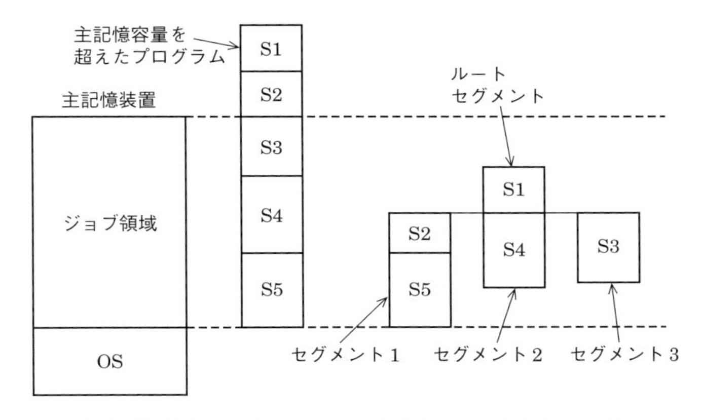

図6・5　計画オーバレイによる主記憶容量以上のプログラム実行

このようにプログラムが主記憶上に同時に常駐する必要性を分析すると図6·5の右に示す木構造にしたプログラムの構成が考えられ，これを計画オーバレイ構造（planned overlay structure）と呼ぶ．主記憶にローディングする単位をセグメントと呼び主記憶に常駐して各セグメントを主記憶にローディング制御をする部分をルートセグメントと呼んでいる．ルートセグメントはプログラムの進行に合わせてセグメントを主記憶に読込む制御を行う．このためにOSはルートセグメントのプログラムがオーバレイを実行できるシステムコールを提供するだけで済む．

計画オーバレイ方式は大きなプログラムの実行に有効で1960年代の後半にトータルバンキングシステムに代表される省力化や巨大な科学技術計算プログラムなどに使用されてきた．しかし実用度の高いソフトウェアは機能拡張が頻繁的に行われるのが宿命であり，そのたびにオーバレイ構造の変更に伴う妥当性を検討しなければならなかった．つまりセグメント長の見積りや，最終的にできあがったセグメントが図6·5のメモリ領域に入るか否かの検討などである．これらの作業にはプログラムの保守・拡張という本来の問題解決作業以外の工数を要するという欠点があり，それが無視できなくなってきた．このための抜本的な解決が望まれてきたがそれは仮想記憶の実用化まで待たされることになる．

6-3 ページング機構

6-3-1 メモリ割当ての制約

多重プログラミングでは多重度向上による性能向上がOSの使命である．本章6-2-2で述べた動的分割方式ではメモリ節約の(a)の問題を解決した．しかし (b), (c) の問題は未解決でありフラグメンテーションという問題に直面していた．

フラグメンテーションは深刻な問題であり，この問題の本質的な原因が「ジョブへの記憶割付けは連続的な領域でなくてはならない」という制約にあった．もしこの条件が打破できれば主記憶上にちらばった小さな空き領域を寄せ集めて活用し多重度の向上が可能になる．

6-3-2 ◎ ページ化されたメモリの発明

そこで最初から主記憶を固定長の小さな単位（これをページ：pageと呼ぶ）に分割し主記憶の要求に応じてページを割り付けるという発想の異なるコンピュータが発明された．これが，1960年英国マンチェスター大学とFerranti社が共同開発したATLASコンピュータである．

ページ化されたメモリのアイディアをまとめると以下のとおりである．

(a) メモリを一定のサイズ（ページ）に区切る

これでメモリ内の空き領域をページサイズよりも小さくできる

(b) アドレス変換テーブルを用意する

物理的に離れているページを論理的に連続領域にする

(c) アドレスを論理化する

論理アドレスを物理アドレスに変換する

上記のアイディアを理解するために図**6･6**にページ化されたメモリの概念的なモデルを示す．メモリがページ化されてもプログラマには連続したアドレス領域（空間）があると認識させる．したがってプログラマは従来とおり一次元に連続したメモリが存在すると仮定してプログラミングすればよい．このように記憶領域を物理的な番地としてではなく論理的なアドレスとする考え方を導入した．一般的に論理化された領域にはテキスト＜プログラムの手続き部分＞，データ領域，スタック領域が存在する．ここではページサイズを4KB（4,096バイト）と仮定する．

図6･6においてプロセスAが必要とするメモリは18KBとする．その内訳はテキストが8KB，データが4KBそしてスタック領域が6KBである．プロセスAに割り付けられた論理アドレスを4KB単位に区切って考えるとテキストは，A0，A1の8KBでありデータはA2の4KB，そしてスタックはA3，A4となる．

ここでページ化されたメモリにこれらの各領域が割り付けられている様子をみる．論理アドレスの0番地に位置するテキストのA0は物理アドレスの4K番地（正確には4,096番地）にその内容がある．この4K番地のアドレスはアドレス変換テーブルの最初の（第0）エントリに書かれている．そしてデータのページA2は物理アドレスの12K番地（$49,152 = 12 \times 4,096$）に存在し12K番地がアドレス変換テーブルの第2エントリに書かれている．

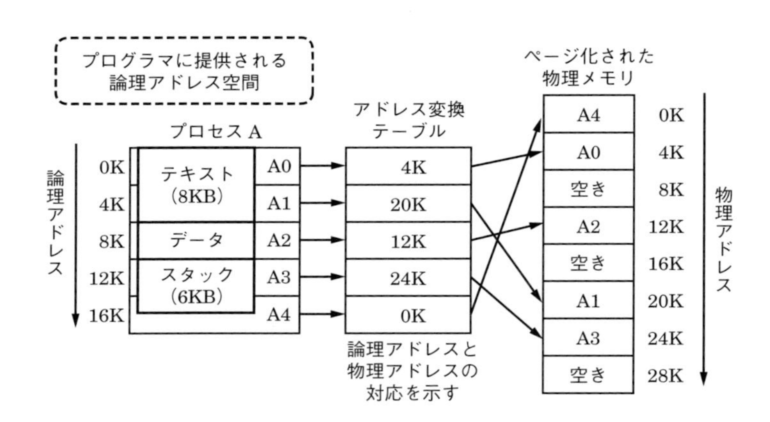

図6・6　不連続な物理メモリを連続したアドレスに変換する方法

上記のようにアドレス変換テーブルの第0エントリは論理アドレスの第0ページに割り付けられた物理アドレスを示し，第2エントリは論理アドレスの第2ページに割り付けられた物理アドレスを示すようにする．つまり論理アドレスに対応してアドレス変換テーブルのエントリに物理アドレスを書き込んでおけばよい．これで不連続な領域を物理アドレス上に割り付けてもアドレス変換テーブル上で論理アドレスの連続性が保たれる．

そこでページング機構のメモリ管理はメモリ要求に対して以下の処理を行う．

(a) 要求されたメモリサイズからページ数を計算する

(b) 空き状態にあるページ数を確認する

(c) 必要となるページ数のエントリをもつアドレス変換テーブルを作成する

(d) 空き状態のページを割り付け，物理ページアドレスをアドレス変換テーブルの各エントリに書き込む

以上の手順により主記憶上の不連続の領域をあたかも連続的に見せる準備ができる．次にアドレス変換テーブルをもとにして物理アドレスを求めるハードウェア機構が必要となる．

6-3-3 ◎ アドレス変換機構

図6･6に示したようにページ化されたメモリはプログラマに論理的な連続アドレスを提供するが，割り付けられる主記憶空間は不連続である．そこで論理アドレスを物理アドレスに変換する機構が必要になる．この役目を果たすのが動的アドレス変換機構（DAT：Dynamic Address Translator）であり図**6･7**にその機能を示す．

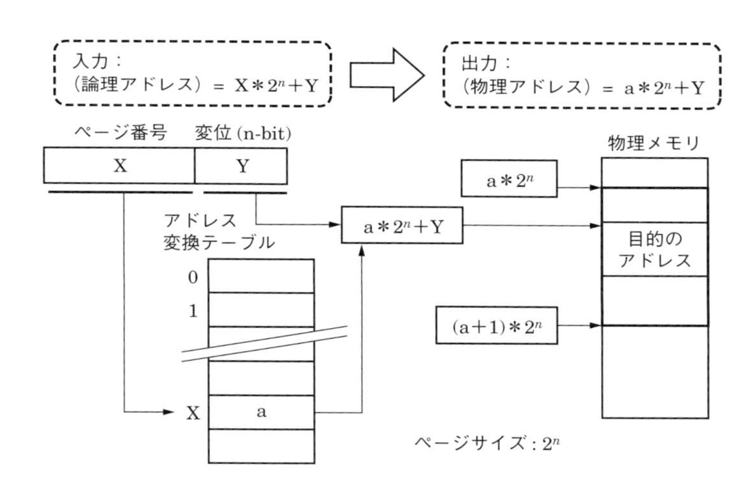

図6・7 アドレス変換機構（DAT）の機能

DATはCPU内の機構でありCPUのメモリへのアクセスは必ずDATを経由する．例えば命令を読み込む（フェッチ：fetchという）際には命令の論理アドレスをDATへ送る．DATはOSが作成したアドレス変換テーブルを参照することで物理アドレスを求めメモリユニットに出力する．この結果，メモリユニットは主記憶から内容の読出しを行いCPUにデータを送ることができる．

DATのアドレス変換過程は図6･7に示すとおりである．入力は論理アドレスである．ここではページサイズを2の n 乗とすると（論理アドレス）＝ X ＊（ページサイズ）＋ Y と表すことができる．ここでXをページ番号（Logical Page Number）と呼びYを変位（displacement）という．

Xをアドレス変換テーブルのエントリ番号（インデックス）としてDATはア

ドレス変換テーブル内の主記憶ページ番号aを得る．aにページサイズをかけたアドレスが物理ページアドレスである．したがってページ内の変位であるYの値を加えることで目的のアドレスを得ることができる．このようなアドレス変換はCPUのメモリアクセスのたびに行われ，そのたびに論理アドレスから物理アドレスへの変換がなされるためダイナミックリロケーション（dynamic relocation）と呼ぶこともある．

論理アドレスを32ビットとするとXの最大値は$2^{32-n}-1$である．ページ長が4KB（n=12）であると$0 \leqq X < 2^{20}$となる．つまり図6·7のアドレス変換テーブルのサイズは1エントリが4バイトとすると最大4MBになる可能性がある．4MBの連続した実メモリ確保するのは困難である．この問題を解決するために複数段のページテーブルが実用化されている．例えばIntel Architecture 32（IA32）のアドレスは図**6·8**に示す32ビットのリニアアドレスであり最大4GBの空間が利用可能である．巨大となるアドレス変換テーブルを縮小しメモリを節約するために，ページアドレス部の20ビットを2分割し上位10ビットをページディレクトリ，下位10ビットをページテーブル部とする2段のアドレス変換テーブルを構成する方法を採用している．

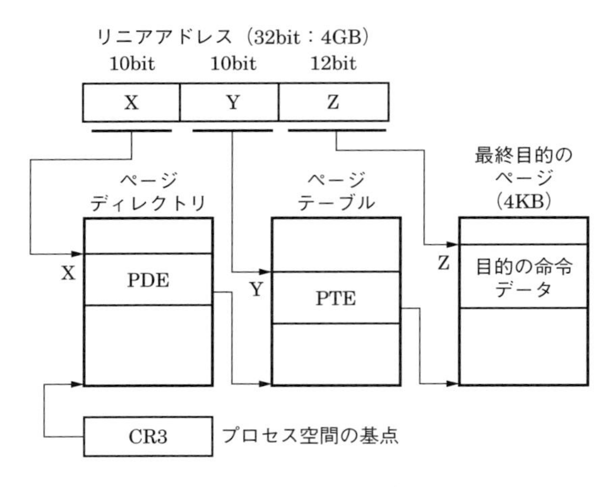

図6・8　2段のアドレス変換表を使うIA32

6-3-4 ◎ ページングの利点と欠点

論理アドレスは命令の読出しやオペランドのアクセスのたびに必要とされる．このため従来なかった操作を必要とするためCPUは減速する．また，アドレス変換テーブルのように今までになかったメモリ領域も必要となる．

ページ化されたメモリ機構には上記のような欠点があるが動的分割方式によるフラグメンテーションを解決する唯一の方法であること，また明らかに不要となるメモリ領域も1ページ以内になる，などのメモリ節約が達成できる．またアドレス変換を高速化するTLB（Translation Look aside Buffer，7章7-2-2 参照）機構による問題解決が進みDATの欠点を解消する技術が進んだ．

さらにページ化されたメモリではメモリ節約の課題(a)，(b)，(c)のすべてを解決するオンデマンドページングが発案され（本章6-4-1参照）アドレス領域の制限を解消する仮想記憶方式ができるようになり，上記の欠点を補って余りある利点が生まれた．

6-4 仮想記憶方式

6-4-1 ◎ 仮想記憶の原理

仮想記憶方式は実装された主記憶容量以上のメモリを提供する機構である．この利点は主記憶のサイズを越えたプログラムを実行できるばかりでなくOSにとっては多重プログラミングの多重度向上が可能になりコンピュータの生産性の向上が期待できる．

仮想記憶を実現するにはDATにページフォールト割込みを起こす機能ならびにメモリ管理の大幅な拡張が必要となった．この新しい割込みはアドレス変換テーブル内にページフォールトフラグ（page fault flag）を設けることで実現できる．この拡張はページフォールトフラグがオンであるアドレス変換テーブルエントリをDATが参照すると割込みが発生する．

DATの拡張機能により命令実行過程で参照したページのみ主記憶ページを割り付けるというアイディアが生まれた．このアイディアがオンデマンドページング（on demand paging）であり画期的な発明であった．拡張されたOSのメモリ管理はこのためにプロセス開始時に以下の処理を行う．

(a) 要求されたメモリサイズからページ数を計算する

(b) 必要となるページ数のエントリをもつアドレス変換テーブルを作成する

(c) このときアドレス変換テーブル内のページフォールトフラグをすべてオンとし，DATが参照した時に割込みが発生するようにしておく

(d) 主記憶のページは割り付けない（注：説明の都合上現実とは異なるがこのように仮定した）

プロセス開始直後のアドレス変換テーブルの状態を図**6·9**に示す．つまりプロセス実行開始前は主記憶のページが割り付けられていない．この状態でOSはこのプロセスをディスパッチする．つまりプロセスには仮想的にメモリ領域を与えるが，実際の主メモリを割り当てることなくプロセスを実行させる．

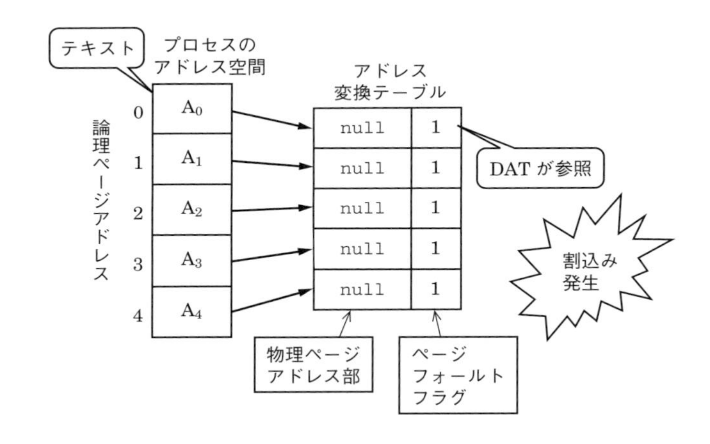

図6・9　オンデマンドページングによるプロセス生成時の状態

プロセスがディスパッチされると図6·9のテキスト（命令が存在する領域）が読み出される．この命令読み出しのためにDATは命令の論理アドレスを物理アドレスに変換を試みる．DATはページフォールトフラグがオンのエントリを参照するのでページフォールト割込みを発生し制御がメモリ管理に渡る．

6-4-2 ◎ オンデマンドページングの処理

ページフォールトの割込みによりメモリ管理に制御が渡ってくる．図**6·10**にページフォールト割込みを処理する拡張されたメモリ管理の動作を示す．主記憶ページを実ページと呼ぶこともあるが同じ意味である．メモリ管理の手順は以下のとおりである．

(a) 未使用の実ページ（これを空きのページとも呼ぶ）があるか調べる

(b) 未使用の実ページを割付けアドレス変換テーブルの物理ページアドレス部に設定する

(c) 必要に応じてページフォールトを起こした論理ページの内容（プログラムやデータなど）をファイルから読む（これをページイン：page inという）

(d) アドレス変換テーブルのページフォールトフラグをオフとしテーブルエントリを有効とする（validateという）．この操作により以降DATがこのエントリを参照しても割込みは起こらず実ページアドレスに変換ができる

(e) OSはディスパッチャを経由しプロセスを再開させる

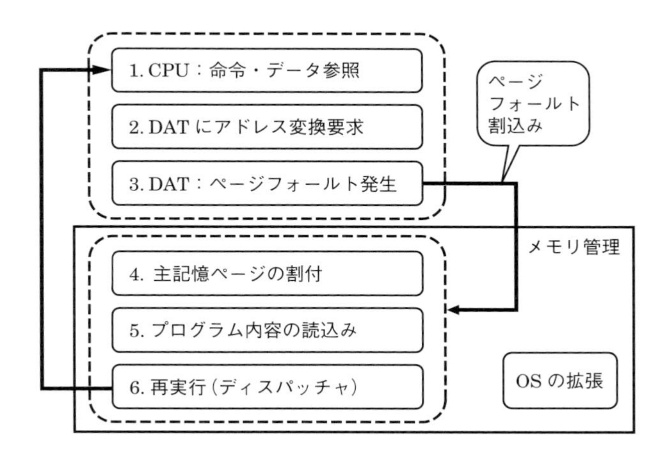

図 6・10　オンデマンドページングにおけるメモリ管理の処理

上記の処理を行った直後のアドレス変換テーブルの様子を図**6·11** に示す．プロセスが再実行されるとDATはページフォールト割込みを起こすことなくアドレス変換を行うので実ページアドレスの1（ページサイズが4KBの場合はページ

アドレス1が4096番地になる）の該当するメモリ内容をCPUは読出し命令を実行できる．このようにオンデマンドページングでは，参照された論理アドレスのページだけが実ページとして割り当てられるようになるので，6章6-1-3におけるメモリ管理の(b)，(c)の課題を解決できるようになる．

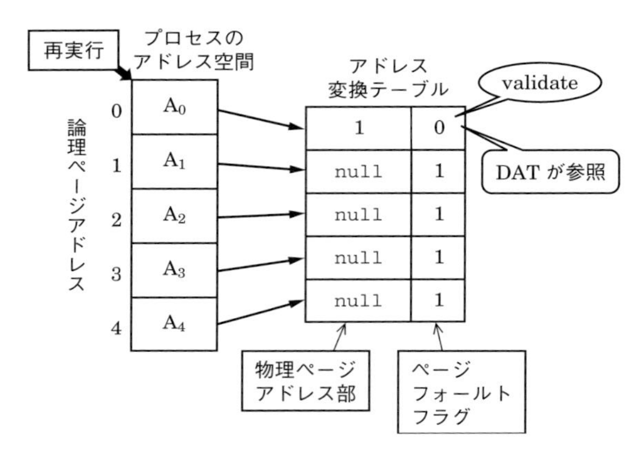

図6・11　ページフォールト処理後の状態

6-4-3 ◎ オンデマンドページングの効果

オンデマンドページングによる実ページ割付けをし，プロセスが完了する直前の状態を図**6·12**に示す．この図からは未参照の論理ページに実ページが割り付けられない．したがってメモリの節約は明らかである．

オンデマンドページングを行わない方式（本章6-3-2の図6·6）ではプロセスの開始時に全論理ページに実ページを割り付けていた．このような方式をオンデマンドページングに対してプリページング（pre-paging）と呼ぶ．

そこでオンデマンドページング方式を別の角度から考察してみる．プロセスの要求する論理記憶容量をVとしプロセスが完了するまでにオンデマンドページング方式で割付けられた主メモリ量をRとする．プロセスが実行完了までに参照する論理記憶は常に全領域を参照するとは限らないため $V \geqq R$ の関係が成立つ．つまりオンデマンドページング方式ではプロセスの要求するメモリよりも少ない主メモリでプログラムの実行が可能となる．このため主メモリよりも大きなプログラムを実行できるという意味で画期的な発明である．

図6·12の例では，$V = 5, R = 3$ である．ここで論理記憶サイズと実記憶サイズの比を求めると $V/R \fallingdotseq 1.67$ である．この値は主記憶の約1.67倍大きなプログラムを実行できたことを意味する．オンデマンドページングは仮想記憶の基本的な手法であることを意味している．

オンデマンドページング方式の利点は以下に要約できる．

(1) 参照された論理ページだけが実ページとして割り付けられ，必要最小限のメモリ消費でよい．

(2) 主記憶容量よりも大きなプログラムの実行が可能になる．

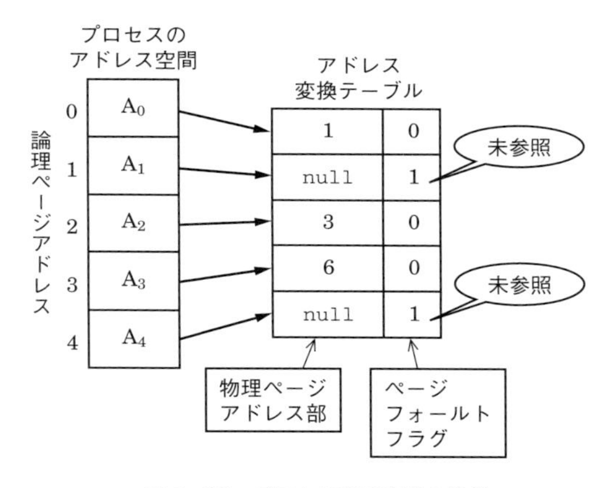

図6・12　プロセス完了直前の状態

6-4-4 ◎ 仮想記憶を支えるメモリ階層

オンデマンドページング方式ではページフォールト割込み時に未使用の実ページ割当を行うが，その直後に必要に応じてページの内容を読み込まねばならない．例えばテキスト部分はその内容を読み込む必要がある．読込みの方法はOSの実現方式に依存しているが[*1]ここではページングファイルから読み込む場合を

---

*1　仮想記憶でのプログラムローディング：OSによっては，プログラムローディングの要求が発生したときにファイルシステムからすべてを読込んでしまう場合がある．このときはローディングしたプログラムの内容が一度は実ページ上にロードされているがその後は，ページングファイルにページアウトなどで出力される．もう一つの方法はページフォールト発生時にファイルシステムからページフォールトを発生したページの部分だけをロードする方法がある．後者は仮想記憶により整合した方法である．

考える．

この操作はページインと呼ばれる．仮想記憶の一部あるいはすべてが格納されているファイルをページングファイルあるいはスワップファイル(swap file)と呼んでいるがページインはこれらのファイルへのアクセスである．通常は磁気ディスクを利用することが多く他のファイルシステムと区別して扱うことがあるので磁気ディスク上の別パーティションとすることがある．

図6･13には，プロセスAの実行時の状態を示している．アドレス変換テーブルには（0から数えて）第1と第4エントリにはまだ実ページが割り付けられていない．それらに該当するページ内容はページングファイルの中にある．

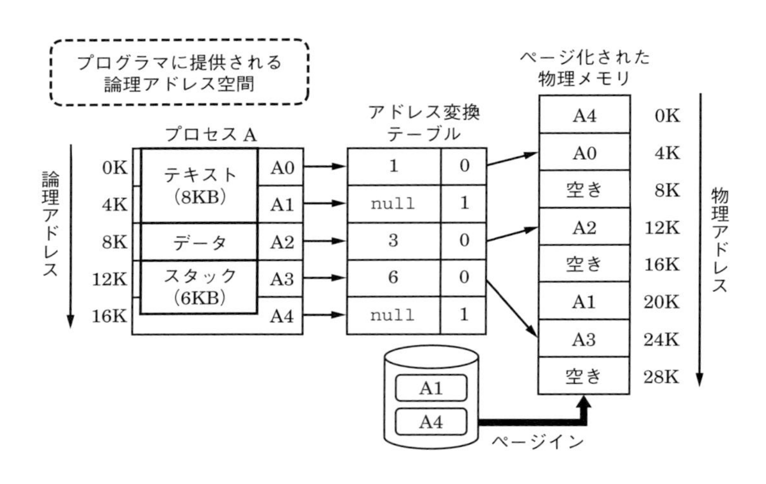

図6・13　仮想記憶を支える2次記憶装置

ページフォールト割込み時にページインするページはその内容が存在する場合である．上記の例でテキストはその代表である．またデータなど内容が格納されている領域もページインする必要がある．ページインが不要な領域の代表は作業領域でありプログラムの処理過程で（一時的に）動的にメモリ領域を確保する場合などが該当する．例えばUNIX系OSでの malloc ( )や共通メモリの shmget( )などで確保した領域（dynamic storage allocation）などが典型的な例である．またプログラミング言語Cにおける自動変数の領域なども同じである．これらの領域には実ページフレームだけを割り付ければよい．

仮想記憶は主記憶とバッキングストア（backing store）としてのページングファイルで支えているという考えもあるが，その逆の見方もある．つまりコンピュータの提供する記憶はすべてが仮想記憶であり，CPUがアクセスできるのは主記憶なので仮想記憶の一部をキャッシュして主記憶に読み込んでいるというモデルである．この考え方を図**6·14**に示す．

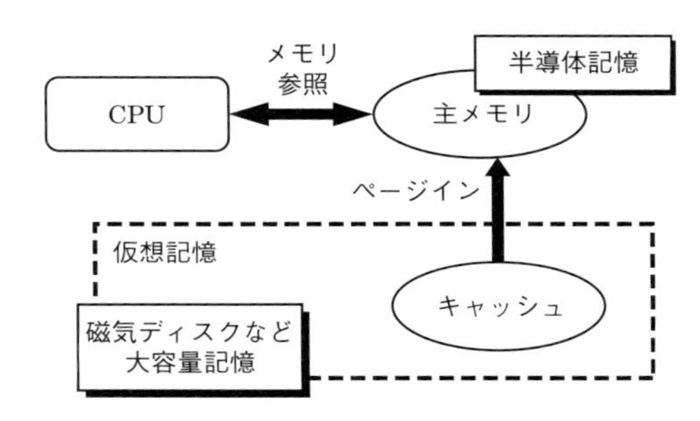

図6・14　主メモリは仮想記憶を参照するキャッシュメモリである

6-4-5 ◎ ページングとスワッピング

オンデマンドページング方式ではページフォールト時に空きの実ページフレームを割り当て，必要に応じて内容をページインする．つまり仮想記憶は実記憶と磁気ディスクなどの2次記憶により支えられている．この2次記憶をバッキングストアと呼ぶ．

実記憶容量以上の仮想記憶を実現しているときページフォールトにより実ページを割り当てていくといつか実記憶がいっぱいになってしまう．このようなときは，実記憶領域から近い将来参照がないと思われるページを探し出し解放する必要がある．このとき，書込みのあったページの内容は再び参照されたときに内容を保証する必要があるため，補助記憶に書き込む必要がある．これらの操作をページアウト（page out）と呼ぶ．

図**6·15**には実記憶と2次記憶の間でページ単位の転送を行うページイン，ページアウトの様子を示した．ページイン，ページアウトはプロセス固有領域内の実ページをページ単位で入出力する．仮想記憶方式では実装された主記憶容量以

上の仮想記憶を作れるので，多重プログラミングの多重度を向上させることが可能である．しかし過度に多重度を上げるとページングが多発し，性能低下に陥る．このような状況をスラッシング（thrashing）状態と呼ぶ．OSはスラッシング状態と判断するとマルチプログラミングの多重度を下げる必要がある．

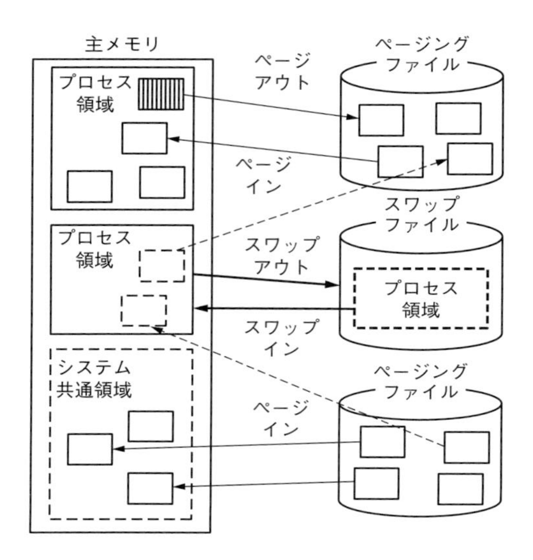

図6・15　ページングとスワッピング

実行可能状態にあるプロセス空間をスワップアウト（swap out）すればプロセスの多重度は下がる．スワップアウトはプロセスに割り付けられた全実ページをバッキングストアに吐き出す．この操作により一度に多くの空きページを確保することが期待できる．多重度を下げることで未使用ページが増え，ページフォールトが発生時に実ページの割当て待ち状態が解消される．

逆に未使用の実ページが増大しページフォールトの発生も少なくCPU利用率が低い場合，スワップアウトされているプロセスがあるならば多重プログラミングの多重度が低いとみなされる．OSがそのように判断したときスワップアウトされているプロセスを主記憶内に読み込み，実行可能状態とし，多重度の向上を図る．この処理をスワップイン（swap in）と呼ぶ．

このようにスワップイン，スワップアウトの操作は多重プログラミングの多重

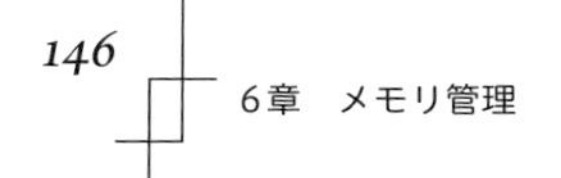

度制御の一貫として使用される．OSの設計にも依存するが1ページ単位に行うページングとプロセスの全領域を対象にするスワッピングを区別してバッキングストアのファイルを構成する場合がある．

図6·15にはページング，スワッピング，およびシステム共通領域の各々に対してページングファイルを作成するシステムの例を示した．大規模なサーバではこれらのページングに関係したファイルを別々のデータバスならびに複数の装置上に配置して性能の確保を図っている．

6-4-6 仮想記憶利用上の注意点

オンデマンドページングにより，必要最小限の実ページ割当てが可能になり主記憶の節約が可能となった．さらに主記憶サイズ以上の仮想記憶を提供でき，多重プログラミングの多重度向上が果たせるようになった．これらから主記憶不足を理由にCPUの利用率を100％稼働できないという状況は回避できる．

しかし以下の欠点が仮想記憶方式にはある．

(a) ページフォールトの発生はOSオーバヘッドになる

(b) 大容量の仮想記憶を提供する（*V*/*R*の比率を大とする）とページフォールトの発生頻度が一般に高くなり性能が低下する場合がある

上記 (a) はページフォールト割込み処理に使われるCPUとページイン入出力バスと装置の消費を伴う．これらをOSオーバヘッドと称している．(b) は *V*/*R* 比が大きくなってページフォールトの発生頻度が極度に高くなると，(a) のOSオーバヘッドが無視できない状況に陥りページフォールト処理にほとんどのCPUならびに入出力資源が消費されてしまい，ユーザプロセスに資源の分配がなされなくなる．このように仮想記憶方式には利点もあるが欠点もありメモリ管理の複雑化となっている．この問題については7章で説明する．

6-5 演習問題

(1) 動的分割方式（本章6-2-2）ではジョブが完了した後に空き領域ができる．これらの未使用領域を管理する以下の方法がある．各々について考察せよ．

(a) 空きができる順に並べて管理し，そのサイズは無視する．パーティション作成は空きの先頭からサイズの条件を満たした未使用領域を割り当て，余分な領域は先頭の空きパーティションとする．

(b) 空きの領域はサイズの小さな順に並べて管理する．パーティション作成は上記（a）と同じであるが，余分な領域は再びサイズの小さな順に並べて管理する．

(c) 上記（b）とは逆に空きの領域はサイズの大きな順に並べて管理する．パーティションの作成は（a）と同じであるが，余分な領域はサイズの大きい順に並べて管理する．

(2) 動的分割方式におけるフラグメンテーション問題を解決するコンパクション方式がある．ジョブのパーティションを移動して空き領域をまとまる方法であるが，なぜこの方法は実現が難しいのか考えよ．

(3) ページ化されたメモリが一般的になっているが，ページサイズを決定する要因は何か考えよ．ヒントとして4KB /ページを基準としたとき1KB /ページと16KB /ページとした場合，何がどのように変わり，その利点と欠点を考えてみるとよい．

(4) ページサイズが4,096バイトで論理アドレスが35,594番地のとき，論理ページ番号はいくつか．またページ内オフセット値はいくつか．

(5) 複数のユーザが1台のコンピュータを対話モードで共同利用しているが主記憶が不足しておりメモリがボトルネック（スラッシング状態）になっている．仮想記憶をサポートしているこのOSは現在利用中の全ユーザのプログラムやデータ領域を主メモリ内に保持しているが，メモリネックのため多重度を下げる手段を考えている．このときどのユーザ領域をスワップアウトすれば良いのか考えよ．

(6) プリページングを行うのに適したプログラムにはどのようなものがあるか．

★ 演習問題の略解はオーム社Webページに掲載されているので参考にされたい．

7章　仮想記憶制御方式

ページ化されたメモリによる仮想記憶では実メモリの徹底した節約と実装されたメモリよりも大きな記憶域が使える利点がある．しかしオンデマンドページングによるOSオーバヘッドが課題となる．さらに実記憶サイズに対する仮想記憶の適切な制御はいかにあるべきかという難しい課題も新たに生まれた．この課題の本質はプログラムのメモリ参照動作に依存することが分かってきた．そこでプログラムのメモリ参照の局所性，ワーキングセットの概念について解説する．これらの概念に基づいて実記憶内に保存するページと外部記憶に追い出すページを決定するページリプレースメントアルゴリズムについて説明する．またシステムプログラマのためにOSが備えている仮想記憶制御の機能について解説する．

本章では最初にプログラムの動作に伴うメモリ参照動作を説明する．OSはプログラムのメモリ参照動作を予測してページリプレースメント方式を実装している．ここでは代表的なアルゴリズムとその具体的な実現法を説明する．最後に仮想記憶を用いた情報システム構築に有益な機能を解説する．

7-1　基本的な考え方

6章ではメモリ管理の基本的な技法を説明し仮想記憶の発明に至る過程を述べた．さらに仮想記憶方式の利点・欠点も示した．ここではそれらの知識をもとにして仮想記憶方式が性能に及ぼす影響について説明する．

7-1-1　プログラムのメモリ参照動作と性能

多重プログラミング環境で仮想記憶を利用する際に全プロセスのメモリサイズ（V）が実記憶（主記憶と同じ意味）容量（R）を越えると未使用の実ページが極端に少なくなる．そのようなときにページフォールトが発生すると，ページインのためにほかのプロセスの実ページを取り上げて未使用ページにする必要がある．未使用ページを作るにはページアウト（6章6-4-5）が必要となる場合があるため高速な処理はできない．このような観点からページフォールト発生時にはページインに備えて未使用の実ページをあらかじめ備蓄しておく必要がある．つまりページフォールトのたびにページアウトとページインの入出力を繰り返すのはプロセスの進行を妨げてしまう．

このため仮想記憶を実現するには，各プロセスに割り付けた実ページの活用度を評価しページアウトを適宜実施することによって，適切な量の未使用ページを用意しておく必要がある．近い将来参照されることがない実ページをページアウトできれば限られた主記憶を有効に使える．ここで重要となるのはプロセスに割り付けた各実ページの活用度を評価する方法にある．

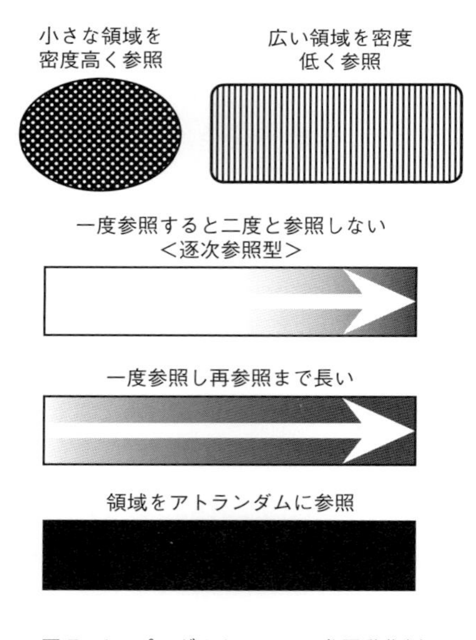

図7・1　プログラムのメモリ参照動作例

プログラムのページ参照にはいくつかのパターンが予想される．図**7·1**にその典型的なパターンを示す．小さな領域を密度高く参照するプログラムは主記憶を有効に使っているとみなされる．逆に主記憶を浪費しているメモリ参照は，異なる多くのページを参照しページ内の一部（例えば数バイト）だけを参照する場合である．また一度は参照するが同じ領域を二度と参照しないような場合も有効なメモリ利用とみなされない．このような例は領域を逐次参照する場合に見られる．そのほか一度参照した領域を再参照するまでの時間が長い場合，また広い領域をランダムに参照するパターンなどがある．

図7·1にはいくつかのメモリ参照パターンの例を示したがプログラムがこのどれかにいつも当てはまるということはなく，むしろ時間とともにこれらのメモリ参照パターンが変化すると考えられる．そこでメモリ管理には時々刻々と変化するプログラムのメモリ参照動作を監視して再参照の可能性が低い実ページを検出し，それらをページアウトの候補とする役目がある．

6章6-1-3では主メモリ内の3種の未参照領域を指摘しメモリ管理の課題であることを説明した．これらの課題はオンデマンドページングの発明によりすべて解決されたが，ここで述べるページリプレースメントアルゴリズム（page replacement algorithm）は当初の課題克服をさらに一歩進める方法である．つまり一度参照されたメモリ領域であっても参照アクティビティをページ単位で常時監視し，アクティビティが低いと判断したならば該当のページをプロセスから取り上げ，実記憶の使用効率をより高める．

7-1-2 ◎ ワーキングセットと局所参照性

ページ参照のアクティビティを測定するための尺度として，P.J. Denningは1968年にワーキングセット（working set）の考えを発表した．ワーキングセットとは，その名のごとく活動しているメモリの集合という意味である．この定義はプロセスのページ参照列（page reference string）（命令ならびにそのオペランドなど）を観察したとき，現在の時刻をtとして，過去のτ時間の間$[t-\tau, t]$に参照する相異なるページの集合である．ここでτはウィンドウサイズ（window size）と呼ばれ，ワーキングセットを定めるパラメータである．

ワーキングセットは各プロセスのページ参照アクティビティとして測定するため，プロセスjのワーキングセットを$W_j(t, \tau)$と表記する．具体的なイメージを**図7·2**に示す．この例ではワーキングセットは$W_j(\tau, t) = \{a, b, c\}$であり3ページからなる．

図7·2から明らかなようにワーキングセットはプロセスが現時点で参照しているホットスポットである．このような測定を行う理由はメモリ参照動作の予測が

可能になると考えるためである．つまり図7·2の例でいうならば，次の時点$(t+1)$に参照されると思われるページは$W_j(\tau, t)$内に存在する確率が高いと予測できるためである．

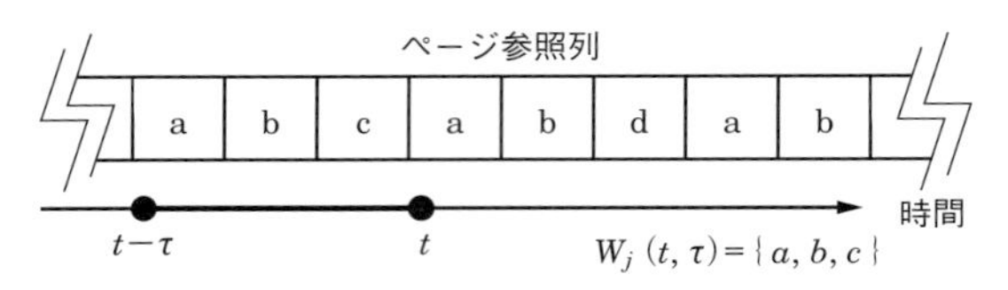

図7・2　プロセスjのワーキング・セット

プログラムのメモリ参照については多くの研究がなされてきたが，この中で以下の二つのことが確認されている．

(a) ワーキングセット内のページは近い将来再参照される確率が高い

(b) プログラムの実行過程で参照されるページの範囲は特定の部分に集中する

上記(b) はプログラムの局所参照性（program locality）と呼ばれるもので，概念的には図**7·3**に示すような特性を意味している．つまりプログラムを実行させるとメモリ領域のある特定の部分に参照が集中するという性質である．上記の二つの特性は多くのプログラムに当てはまるが，もちろん例外的なプログラムも存在する．それらは局所参照性のないプログラムとよばれ仮想記憶方式では取り扱いにくく，性能を保証することが難しい．

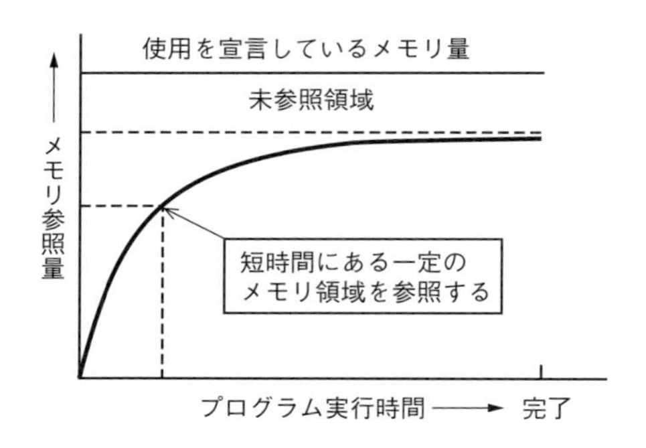

図7・3　プログラムの局所メモリ参照性

ワーキングセットは常に定まっているわけではなく，一般的にプログラムの実行過程で変化する．概念的な表現をすると図**7·4**のようになる．プロセスは複数のプログラムを次々と実行していくのが一般的である．例えばコンパイラはソースコードを読み込み，その後シンタックスチェックをして中間語を生成し，最終フェーズでオブジェクトコードの生成とコードの最適化を行うなど異なる処理をする．したがってワーキングセットはプログラムのフェーズが変わることにより変化する．

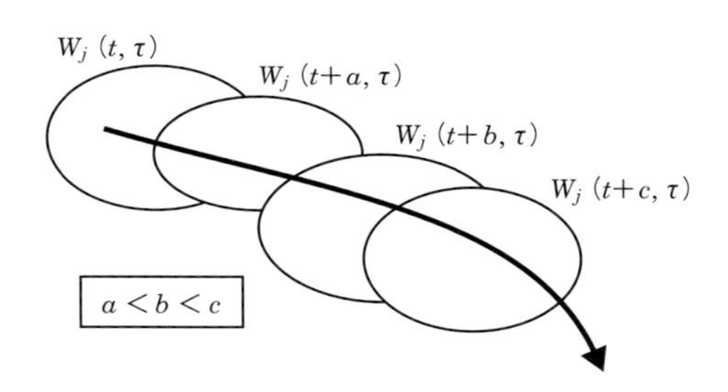

図7・4　ワーキングセットの移動

7-2 ページリプレースメント

7-2-1 代表的なアルゴリズム

ページリプレースメントの目的は本章7-1-1でも説明したように近い将来参照される確率が最も低いと判断されるページを求め，未使用ページの候補を得ることにある．ページリプレースメントは将来の実ページ参照の予測であるため常に予測どおりになることはないであろう．したがって各OSの設計者はプログラムのメモリ参照モデルを仮定しリプレースメントアルゴリズムを実現している．ここでは上記のワーキングセットの考え方とプログラムの局所参照性が存在することを前提に実現されている代表的な3種のページリプレースメントアルゴリズムを説明する．

(1) LRUアルゴリズム

メモリ内で最も昔（遠い過去）に参照されたページをページアウトの候補とす

るアルゴリズムである．この方式は最後に参照されてから最も長い時間を経ているページは，近い将来再参照される確度が低いと判断するモデルである．本方式をLRU（Least Recently Used）方式と呼び，この名のごとく最も「最近でなく」使用されたページという意味である．

メモリ管理は図**7·5**に示すような管理テーブルによってLRUを実現する．ここでは各実ページを管理するテーブルを作成し，該当ページの最終参照時刻を入れておく．この時刻をもとに実ページ管理テーブルを昇順にソート（sort）することにより先頭のエントリが最も昔に参照されたページとなる．LRUアルゴリズムではページアウトすべきページ数を，このリストの先頭から取り出し未使用ページの候補とする．このようにプロセスに割り付けられた実ページをページアウトの候補とすることをページスチール（page steal）と呼んでいる．

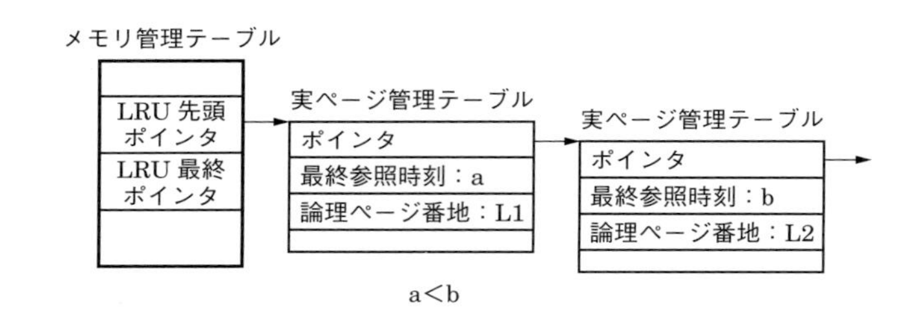

図７・５　LRUによるリプレースメント方式

現実のコンピュータでは実ページを参照した時刻を記録する機構を備えているものは極めて少ない．そこで実ページを参照（読込みや書込み）した際に該当ページへの参照を示すビット[*1]を利用する．メモリ管理はこの参照ビット（reference bit）がオンかオフかを定期的に検査することでページ単位のアクティビティを計測する．このデータを図7·5の実ページ管理テーブルに記録しLRUアルゴリズムを疑似的に実現している．

*1　参照ビットは当該ページがCPUによって参照された記録となる．同様に実ページに書込みを行うと変更ビット（change bit）がオンになるコンピュータもある．OSはこれらの情報をもとにリプレースメントやページアウトなどの決定を行う．

(2) ワーキングセットアルゴリズム

ワーキングセットの概念を基本とするアルゴリズムである．先に（本章**7-1-2**）示したように，プロセスjのワーキングセット$Wj(t, \tau)$は各プロセスの実行時間tにより定まる論理ページの集合である．プログラムのワーキングセットを実記憶上に割り付け保証することでページフォールトの発生を最小化できるという考えに基づいている．

上記の考えから本アルゴリズムではプロセスに割り付けられている実ページの中で，ワーキングセットの外に出たページをページアウトの対象とする．ワーキングセットアルゴリズムの概念的な説明を図**7·6**に示す．

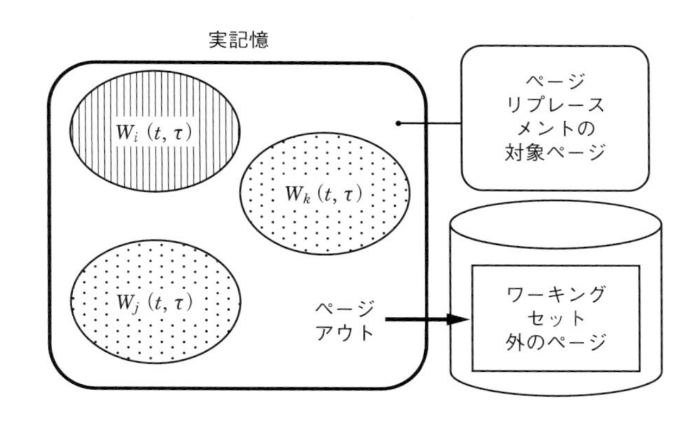

図7・6　ワーキングセット法によるリプレースメント方式

ワーキングセットアルゴリズムを実現するにはプロセスに割り付けた実ページの最終参照時刻に相当する情報が必要になる．LRUとワーキングセットアルゴリズムとの基本的な違いは，この最終参照時刻の定義の違いにある．LRUでの時刻は現実の時間，つまりリアルタイム（real time）である．したがってLRUでページスチールの対象となるページは実時間上で最も昔に参照されたページということなる．

一方ワーキングセットの時間はプロセスに与えられたCPUの時間である．つまりプロセスがディスパッチされてCPUを消費した時間軸上での最終参照時刻である．したがって各プロセス固有の時間軸が基本となる．ワーキングセットアルゴリズムはこのようにプロセス固有のページ参照動作を基本にしているためローカルポリシィ（local policy）のアルゴリズムと呼び，LRUのようにプロセス個々のページ参照特性は考慮しないアルゴリズムをグローバルポリシィ（global policy）として区別している．

（3）FINUFOアルゴリズム

LRUやワーキングセットアルゴリズムの実現は最終参照時刻に相当する情報収集を頻繁に行う必要があり，メモリ管理のオーバヘッド要因である．そこで実ページのアクティビティを単純に測定する方法として考案されたのがFINUFO（First In Not Used First Out）アルゴリズムである．

本アルゴリズムではCPUが実ページを参照したとき参照ビットをオンにするハードウェアが前提となる．参照ビットをRとすると参照時にオンとなりR＝1となる．このビットは特権命令によってオフにすることができる．

図7･7のa, b, c, ... は各実ページを管理するテーブルを示している．各管理テーブルはリスト構造になっている．また左のポインタは実ページのアクティビティを検査するために設けられており，このポインタはページスチールの要求時に検査を開始する実ページ管理テーブルを指している．

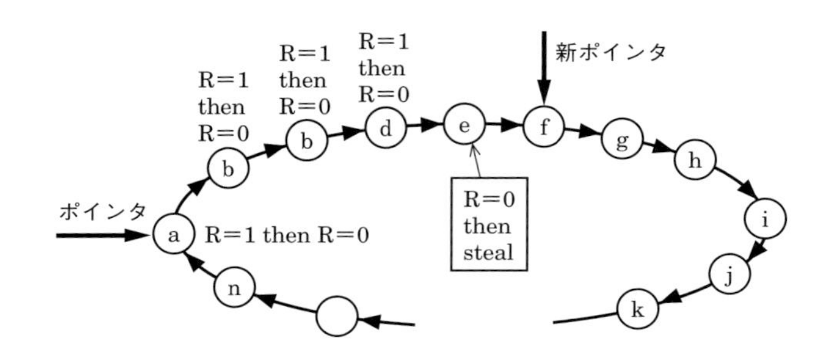

図7・7　FINUFOによるリプレースメント方式

空きの実ページ候補を求めるために，まず検査を開始するポインタの示す管理テーブルから参照ビット（R）がオンか否かのチェックから始める．各実ページにはCPUから参照されるとR＝1とするハードウェアがある（本章7-2-1参照）．

この例ではページaの参照ビットRはオン（R = 1）であり，参照があったことを示している．したがって実ページaのアクティビティは高いと判断し，ページスチールの対象外となる．その代わりページaの参照ビットはオフにされる（R = 0）．つまり今回の検査ではページスチールされなかったが，ポインタがもう一周してくる間にページ参照がなければ（R = 0の状態のままなら）次回の検査時にはページスチールされることを意味する．

aの次の管理テーブルをたどりページb, c, dの検査を行うが，これらもR = 1なのでスチールの対象外であり参照ビットはゼロにリセットされる．次のeは参照ビットR = 0であるため，このページはポインタが一周する間に一度もCPUから参照がなかったことを意味し，アクティビティが低いとみなされる．したがって実ページeはページアウトの候補となる．仮にページスチールの要求が1ページならば検査ポインタは次のページfを示すようにして操作を完了する．

FINUFOアルゴリズムは実現が容易であり，正確なLRUではないが類似の考えであるため利用可能なメモリ管理である．

7-2-2 ◎ ハードウェア機構とページング処理

（1）仮想記憶を実現するハードウェア機構

以下の機能を備えたハードウェアが必要となる．

・動的アドレス変換機構（DAT）

・TLB（Translation Lookaside Buffer）による高速アドレス変換

・ページ参照記録（読出し，書込みを区別できる機能）

DATはページ化された記憶を用いる際の最低限のハードウェアであるが，その処理過程においてアドレス変換テーブルを参照する遅延がある．そこで主記憶参照時間を短縮するためにTLBが考案されている．

図**7･8**にTLBを単純化した概念を示す．TLBはアドレス変換テーブルを参照してアドレス変換を行った結果の論理ページアドレスと物理ページアドレスの対を格納するCPU内キャッシュメモリである．この図では論理ページ2に物理ページ3が割り付けられていることを示している．したがってDATは変換要求時にTLBから論理ページアドレスを探索することで高速に物理ページアドレスを得ることができる．TLBはCPUチップの中にあるため大量のエントリを用意で

きない．また短時間に論理ページアドレスとTLBエントリの対応づける方法，その他多重仮想記憶や共通領域への対応など技術的な課題も多くありプロセッサ設計の重要なポイントになっている．

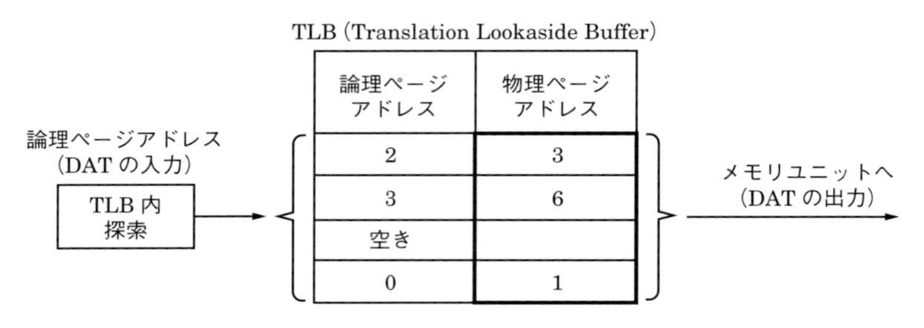

図7・8　TLBによるDATの高速化

仮想記憶実現には先に述べたページリプレースメントアルゴリズムの実現が必要であり，いずれも各実ページのメモリ参照アクティビティを測る参照ビットが必要となる．ページ参照ビットは命令フェッチやメモリ参照時にオンとなるが，各ページへの参照における書込みと読出しを区別するメモリ書込みフラグ（C：change bit）も必要である．書込みの場合は参照ビット（R）と書込みフラグ（C）がともにオンとなる．書込みフラグはページアウトを行う際の判断に使われる．

（2）ページング処理

（i）ページインの処理

ページングの処理はページインとページアウトである．ページインはページフォールト割込み後に必要に応じて行われるが，その概要は6章6-4-3で説明したとおりである．ここでは図**7·9**を用いてより正確な処理を説明する．

DATが参照したアドレス変換テーブル（ここではPGTE：page table entryと呼ぶ）のページフォールトフラグがオンになっていたため割込みが発生したと仮定する．この場合メモリ管理はPGTEのページアドレス部にある実ページがページアウトの候補もしくはページアウト中であるか調べる．つまりこの実ページの参照アクティビティが低いために，ページスチールの対象となっているのか否かを調べてみる．もしその状態であるならばページフォールトを起こした論理ページに対応する実ページはまだ内容が実ページ内に保存されているので，直ちに再利用(reclaim)できることを意味している．したがってPGTEを有効化(validate：ページフォールトフラグをオフ）とすることで，入力操作を行うことなくページフォールトの処理が完了する．

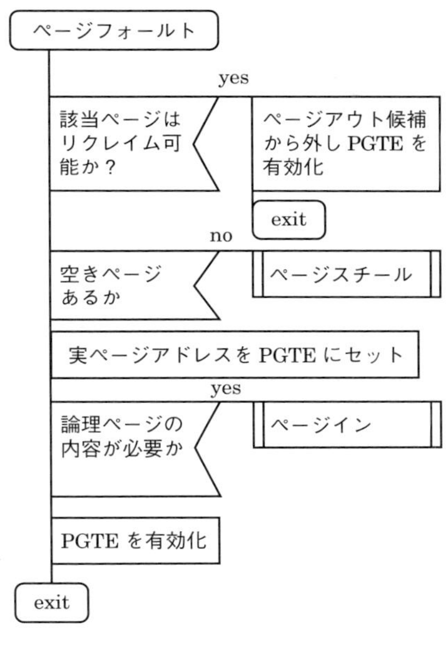

図7・9　ページフォールトの処理

上記のリクレイムができなかったときに未使用の実ページを求め，もしないときはページスチールを実施し，未使用の実ページを作成する．こうして得た実ページアドレスをPGTEにセットし，次に論理ページの内容が必要か否かを判定する．プログラムやデータを必要とする場合はページインの入力操作により，内容を実ページにローディングしその後PGTEを有効化する．以上でページフォールトの処理が完了する．

(ii) ページアウトの処理

ページリプレースメントアルゴリズムではスチールするページを選びその後，実ページの書込みフラグ（C）により以下の処理をする．

(a) C＝0：ページ内容に変更がないので直ちにページを未使用ページ状態とする

(b) C = 1：ページングファイルにページアウトを開始しページアウト状態とする

上記(a)は内容に変更がないためページアウトの必要はない．一方 (b)はページングファイル内の該当ページが変更されているため書き戻しをする．

図**7･10** にはページフォールトに伴うページリクレイムとページイン，リプレースメント処理に伴うページスチールとページアウトなどによる実ページの状態遷移を示した．

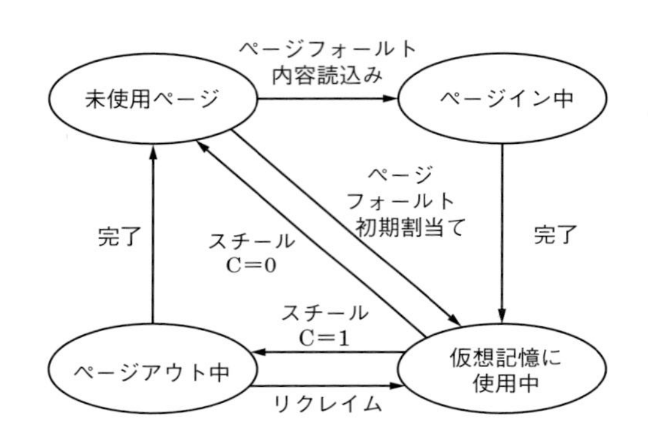

図 7・10　実ページの状態遷移

7-2-3 ◎ 実現方式の概要

(1) 実ページ管理テーブル（RPCT：real page control table）

ページリプレースメントを行うためにはページ参照のアクティビティを測定する必要がある．参照アクティビティの測定は参照ビットのオン・オフ状態を調べることである．これらの情報がページテーブルに格納されているときはページテーブル内を調べるが，特定の命令を実行してチェックするマシンもある．

そこで実ページごとに図**7･11**に示すRPCTが必要となる．先頭は本テーブルをリスト処理するポインタである．第2のエントリはプロセス識別子で実ページが割り当てられているプロセスを示す．UNIX系OSではPIDである．次のエントリにはこの実ページがどの論理ページに対応しているかを格納する．

本テーブルで大切なのは未参照カウンタ値である．この値は，この実ページのアクティビティを示すものでLRU法やワーキングセットアルゴリズムにおけるページアウト候補の判断基準となる．ここではこの値をURC（Un-Referenced

Counter）とする．つまりURCの値が大きいほど未参照間隔が長いことを意味しアクティビティが低いとみなす．最後のエントリは実ページの状態でありページアウトの候補，ページング入出力中，またはページが利用されている目的などの情報表示である．先に述べたページフォールト処理におけるリクレイム可能か否かはこの実ページ状態により判断できる．

実ページ管理テーブル（RPCT）

実ページ管理テーブル（RPCT）	
テーブルポインタ	テーブルの並び替え用
プロセス識別子	ページテーブル操作とリクレイム処理等に使用
仮想記憶アドレス	
未参照カウンタ（URC）	URC 値が大ほど未参照間隔は長い
各種管理用フラグ	ページング I/O，ページ使用目的，共用領域，などの管理に使用

図 7・11　実ページ管理テーブルエントリの構成例

ワーキングセットアルゴリズムではRPCTを個々のプロセス管理テーブルからチェインさせる．図**7·12**にはその様子を示した．このように管理することでプロセスに割り当てた実ページ数やページの実体などが管理できる．URCの値の順にRPCTを並べればページアウトの候補を迅速に選ぶことができる．

一方LRUやFINUFOなどではRPCTがメモリ管理のテーブルからポイントされシステム全体として管理される（本章7-2-3 (3)参照）．

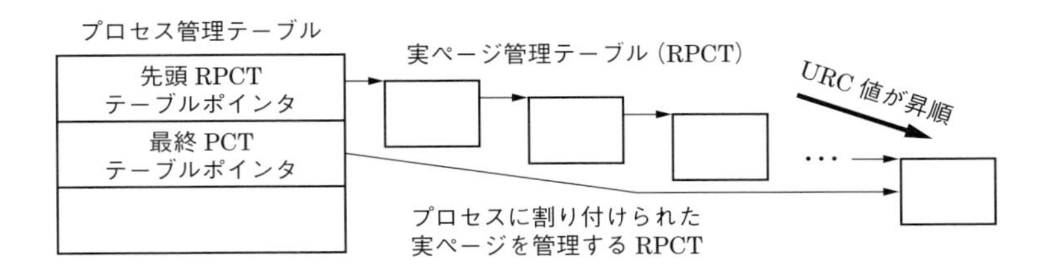

図 7・12　ワーキングセット法の実ページ管理テーブルの構成例

(2) 未参照カウンタの更新

上記のようなRPCTによって各ページのアクティビティの測定が可能となる．

基本的にはある時間間隔で（タイマ割込みを使い）実ページの参照ビットを調べる．手順は以下のとおりである．

(a) 実ページの参照ビットがオンならばURCの値をゼロとする．そして参照ビットをオフにする．その後URC値をゼロとしたRPCTを図7･12 リストの先頭に移動する．LRUも同一の手順である．

(b) もし参照ビットがオフであるならばURCを1増加する．

上記の方法によりURCが更新され，プロセスの管理テーブルからチェインしているRPCTはURCが昇順に並べられたリストになる．つまり最後のエントリが最も参照アクティビティが低いと判断できる．次にLRU法とワーキングセットアルゴリズムにおけるアクティビティの測定方法を説明する．

(3) LRUの測定方法

LRUでは図**7･13**に示すように全RPCTをリスト構造とする．一定時間間隔で未参照カウンタの更新を行い，その値で管理テーブルをソートすれば最後のエントリは最大のURC値をもったページとなる．つまり最もメモリ参照アクティビティの低い実ページが分かる．したがってページリプレースメントの際には本リストの最後から必要なだけページスチールし，必要に応じてページアウトすれば未使用ページを確保できる．

LRUはこのようにシステム全体での実ページのアクティビティを測定しているのでグローバルなリプレースメントアルゴリズムである．測定間隔はOS設計によって決められる．

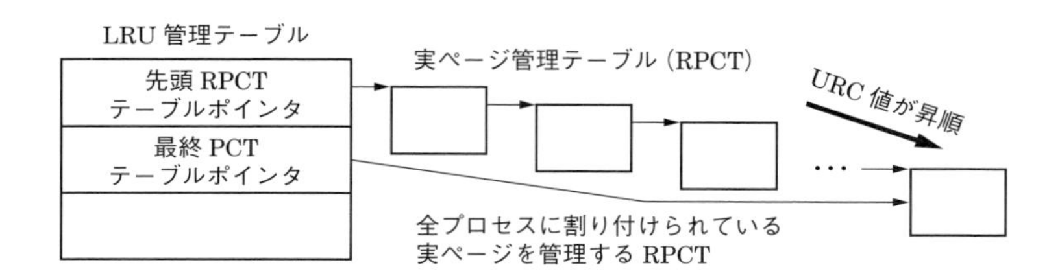

図7・13　LRU 法の実ページ管理テーブルの構成例

(4) ワーキングセットアルゴリズムでの測定

ワーキングセット法では図7·12に示したように各プロセス単位にRPCTのリストを作る．プロセスごとに割り付けられた実ページの管理が基本となっている．URCの測定もプロセス単位に行われる．測定時間のインターバルはプロセスのCPU使用時間を単位とする．つまりプロセスがCPUを使用する時間を単位として実ページのアクティビティが測定される．このため実時間ではないので仮想時間と呼ぶ．

ワーキングセットは7章7-1-2で説明したウィンドウサイズ（τ）内に参照されたページの集合である．このためプロセスがCPUをτ時間使用するたびにURCの更新をする．このインターバルでURCを更新したときURC値が0ならばワーキングセット内のページであり，1以上ならばワーキングセット外と判定される．

実際にはτの単位で測定せずに，例えばτ/3単位に測定を行う．このようにするとURCが2以下のページはワーキングセット内と判定され3以上がワーキングセット外となる．ウィンドウサイズの数分の1単位に測定することにより，より正確なワーキングセットの判定が行える．

このようにワーキングセットアルゴリズムではプロセス単位にページのアクティビティを測定するのでローカルストラテジィと呼ばれる．LRUとワーキングセットアルゴリズムでのページアクティビティの測定方法の具体的な方法を示してきたが，これらは厳密には真のLRUやワーキングセット法ではない．定義によると1命令単位で参照されたページのアクティビティを求めることになるがそのような測定は非現実的である．このため上記のような測定手段を用いている．この意味で現実されているLRUやワーキングセット法は疑似LRUとか疑似ワーキングセット法と呼ばれることがある．

7-3 仮想記憶の構成法

7-3-1 単一仮想記憶

仮想記憶の利用法に2通りある．その一つが単一仮想記憶方式である．この方式はコンピュータに許される最大のアドレス範囲を仮想的に実現する．例えば

32ビットのアドレス空間が利用可能なコンピュータならば4ギガバイト（GB）つまり2^{32}のアドレスまで利用可能とする方法である．

単一仮想記憶方式では実装された実記憶容量以上のアドレス空間が利用可能なのでより多くのパーティションを作り，マルチプログラミングの多重度向上が実現できる．動的分割にはフラグメンテーションの問題はあるが仮想記憶を用いているので，論理空間上の空き領域が発生しても実ページが割り付けられないため実メモリの損失を小さくできる．

仮想記憶が商用コンピュータとして利用された1970年代のはじめには大半の汎用コンピュータにこの方式が採用された．仮想記憶を備えた世界初の商用マシン用のOSはIBM社のOS/VS1である．当時IBM社のSystem/370シリーズは24ビットマシンであり実装される主記憶容量は数メガバイトであったが，単一仮想記憶により16メガバイト（MB）の仮想記憶領域を利用できる利点があった．

7-3-2 ◎ 多重仮想記憶

プログラマにとって記憶容量の制限はわずらわしい．この問題を解決するには各プロセスにアーキテクチャとして許される最大のメモリ領域を割り付けることである．例えば32ビットマシンならば2^{32}バイトつまり4GBのメモリ空間を各プロセスに割り付ける方法である．これが多重仮想記憶方式であり日本ではHITAC5020/TSSなどにより研究開発されたが，商用化に初めて成功したのはIBM社のMVS[*1]である（付録A-8参照）．

多重仮想記憶方式は各プロセスに対して独立したプロセス固有領域を与える．そのサイズはアーキテクチャの許す最大容量である．例えばアドレス幅が32ビットマシンならば4GBを各プロセスに与えることができる．図**7･14**にはその概念図を示す．

論理アドレスから物理アドレスへの変換に必要となるアドレス変換テーブルは

---

*1　IBM社MVS：System370用のOS．System370は32ビットマシンであるがアドレス幅は31ビットである．理由は，従来（System360）のマシンが24ビットであり既存のソフトウェアとの互換性を保つために，アドレスの先頭1ビットを24/31ビットモードを表示するために使用せざるを得なかったためである．この方式により24/31ビットモードの混在するプログラムの実行が可能となった．これをbimodal operationと呼んでいた．したがって，初期のMVSは2GBまでのアドレス空間であった．

特定の制御レジスタが示している．図7·14に示したこのレジスタを空間起点レジスタという．この制御レジスタはアドレス変換テーブルの先頭アドレスを示し，DATはアドレス変換テーブルのアドレスをもとに6章6-3-3 図6·7の変換を行う．Intel社IA32では制御レジスタ3が空間起点レジスタになっている．

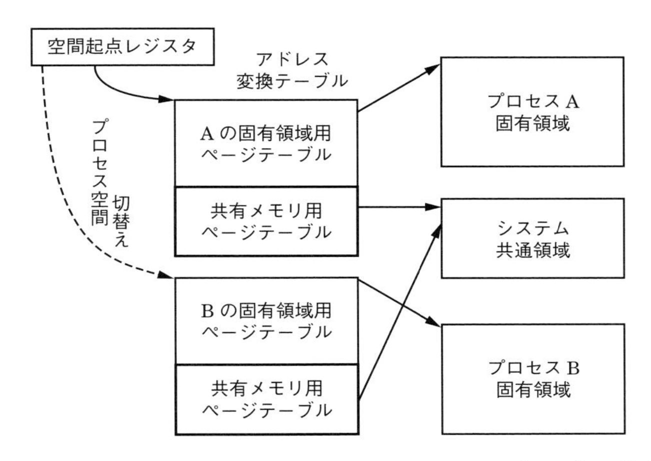

図7・14　システム共有領域をもつ多重仮想記憶方式のページテーブルの構成例

OSは新しいプロセスを生成するときにアドレス変換テーブルを新規に作成する．このアドレス変換テーブルの先頭アドレスをプロセス制御テーブル（PCT）内に格納する．したがってプロセスをディスパッチする際に空間起点レジスタをセットすればCPUはそのプロセスの再開命令アドレスから命令フェッチを行うことができる．

図7·14から明らかなように各プロセスの仮想記憶領域は完全に独立している．このことから多重仮想記憶方式は各プロセス領域がハードウェア的に完全に保護されるという利点がある．また各プロセスは最大限のメモリ領域を利用できることも利点である．しかし複数のプロセスが協調して一つの仕事を並列実行するには相互の情報交換が効率良く行われる必要があるため，図7·14に示したようなシステム共通領域を使用し空間間の独立性の弊害を緩和している．本章7-4-3ではこの仕組みを説明する．

上記のように多重仮想記憶には利点があるが欠点もある．大容量のメモリが使用されると，それに応じた大容量実装メモリやDATの高速化に必要な大きなTLBも必要となる．プロセスの多重度を高くし過ぎるとページングが多発し，性能が劣化するスラッシイングが発生しやすくなるためOSは複雑な制御機能を備えねばならない．

以上から多重仮想記憶を実現し，それを運用管理していくには性能評価を慎重に行う必要がある．近代のOS，例えば大型メインフレームコンピュータにおいて1970年代の後半から企業の情報中枢として利用されているIBM社のMVSは多重仮想記憶を採用している．また半導体の実装密度が高くなったためにマイクロプロセッサによるUNIX系カーネルも多重仮想記憶方式を採用し，サーバとして利用されるようになっている．パソコン系のOSも廉価になった半導体メモリや高性能なCPUが利用可能となったため多重記憶の利用が一般化している．

7-4 システムプログラムとメモリ管理

メモリ管理はOSの資源管理機能として重要であるが，システム運用や高度の設計ならびにプログラミングを担うシステムプログラマとのインタフェースが主であり，一般のアプリケーションプログラマとのインタフェースは少ない．

7-4-1 ◎ 動的メモリ割付け

高度なプログラミングでは以下のような場合にプログラム内で領域を確保・解放する必要が生じる．

・プログラム実行前に作業領域の必要性が不明の場合

・実行中に領域のサイズが決定する場合

・実行中に領域を作成することで性能向上が図れる場合

上記の場面をメモリの動的記憶割付け（dynamic memory allocation）と呼ぶ．UNIX系OSではmalloc ( )というライブラリやbrk ( )，sbrk ( )などのシステムコールがある．

7-4-2 ◎ 仮想記憶制御インタフェース

仮想記憶環境ではプログラムの性能が保証されない．つまりオンデマンドページングによる実ページの割付け方法はページフォールトが確率的に発生するためプログラムの実行時間が一定ではない．性能保証を行わねばならないシステムプログラムでは大きな課題となる．

そこで以下の機能をシステムプログラマに提供する必要がある．

(a) プロセス空間の仮想アドレスと実アドレスを一致させて実行する（V = R）機能

(b) 実ページをプロセス空間のすべてに割り当てページフォールトを発生させない（プリページングという）方式

(c) 指定した一部の領域を実ページに固定しページアウトの対象外にする

(d) 指定した仮想領域をあらかじめ実ページにローディングする

(e) 指定した領域が近い将来参照しないときは自主的にページアウトする

(f) 仮想記憶の指定した領域は今後参照しないため，その内容を解放する

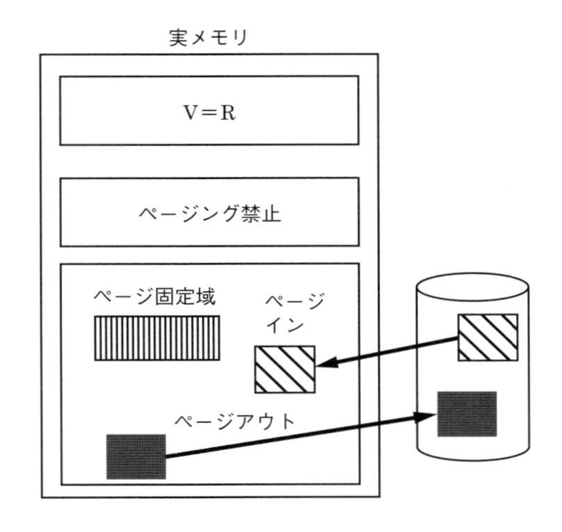

図 7・15　仮想記憶方式における領域制御機能

(a)，(b)のような要求は仮想記憶方式以前のプログラムを実行させるためや，入出力装置との制約でページフォールトの遅延が許されない場合などのために用

意されることがある．UNIX系OSには plock ( )がスーパユーザ向けに提供されており(b)またはセグメント単位に(c)を可能にしている．また十分な実記憶を装備したリアルタイム処理の応用にも利用される．(c)はある特定の処理のためにページフォールトの遅延を防止する効果がある．(d)もページフォールトの遅延を防止するために行う要求である．(e)の機能は，プログラマの判断によりある領域を再参照しないことが明らかな場合に実記憶を積極的に解放するために使用する．(f)は(e)と同様の効果となる．図**7·15**に上記の機能の概念図を示す．

7-4-3 ● メモリの共用機構

多重仮想記憶のもとで複数プロセスにより一つの仕事をするために，情報交換を効率高く進める必要がある（本章7-3-2）．しかし多重仮想記憶では各プロセスが独立したメモリ空間であるためプロセス間でメモリを共有する特別な仕組みが必要となる．

そこで図**7·16**に示したようにプロセスAとBがプロセス間で同一の論理アドレスとなるシステム共有領域をOSは提供する．この仕組みを実現するには図7·14に示したようにプロセス生成時にシステム共有領域に相当するページテーブルを同一にしておく．しかし共有メモリのページテーブルを個々のプロセスごとに設定すると（図7·14），あるプロセスのページテーブルの更新によりほかのプロセスのページテーブルも修正しなければならないことになる．この問題を解決するためにページテーブルを共有する2段のページテーブル構成が望ましい．

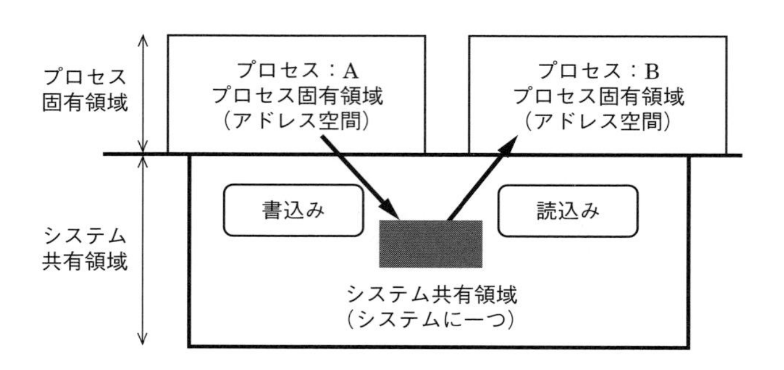

図7・16　共有メモリによるプロセス間情報共有方法

多くのコンピュータは共有領域だけの目的ではないが，ページテーブル領域の節約のために複数段のページテーブル構成になっている．6章6-3-3において説明したようにIntelのIA32は2段のアドレス変換テーブルを構成している（図6・8参照）．

そこで各プロセスの固有領域にページ単位のウィンドウを設定する改善方法がある．当該プロセスの未使用状態にある仮想記憶領域をウィンドウとする方式である．**図7·17**に示すようにプロセスAの共有メモリ参照用ウィンドウのアドレスをa，一方プロセスBの同一内容を参照するアドレスをbとする．$a \neq b$ であってもよい．OSは図7·17に示すとおり共有メモリのページテーブルにウィンドウの実ページアドレスを同一とする．このことで両プロセスからは別々の論理アドレス（a および b）を参照するが，実際には同一実ページを参照することになるため両プロセスから情報の共有が可能となる．

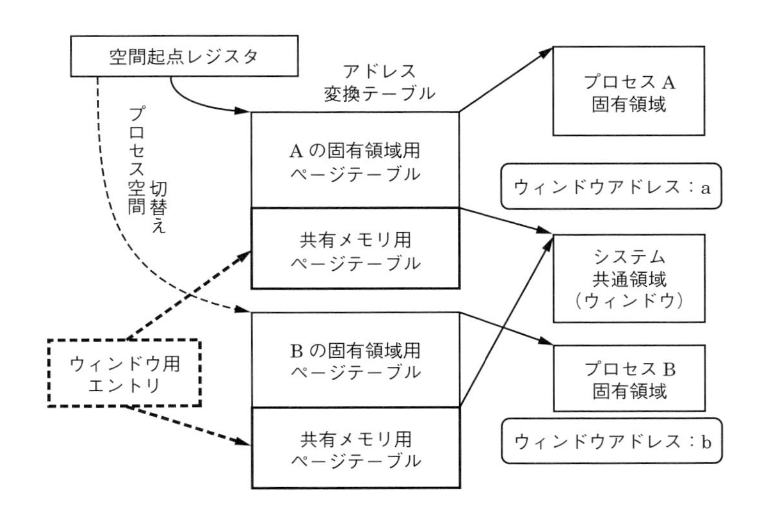

図7・17　ウィンドウを通した共有メモリの仕組み

7-5 演習問題

(1) LRUアルゴリズムが有効なメモリ参照と無効なメモリ参照はいかなる場合か説明せよ.

(2) 図7·11に示した4KBごとに実ページを管理するテーブル（RPCT）が32バイトとすると1GBの実記憶管理に必要なメモリはいくらか. このことから大容量の実記憶の場合の仮想記憶を管理するメモリオーバヘッド（管理コスト）が増大する問題について考察せよ.

(3) プログラムはメモリを参照することで処理を進めるが, 命令ならびにデータのメモリ参照に特徴がありそうなプログラムの例を想像してみよ.

(4) ワーキングセットのサイズが小さいと思われるプログラム, 逆に大きくなりそうなプログラムの例を考えてみよ.

★ 演習問題の略解はオーム社Webページに掲載されているので参考にされたい.

8章　OSの構成法と仮想計算機

ハードウェアとアプリケーションプログラムとの接点をもつOSの構造設計法について本章では解説する．各種のOSが開発されているが，その実装モデルは大別すると3種類になる．ここでは構成法として単一構成方式，マイクロカーネル方式，その中間的なハイブリッド型構成の三つを説明する．それぞれ利点・欠点がある．今後構成方式には発展が期待されるがその開発や理解に本章は資すると考える．

次に物理的なCPUを論理化した仮想計算機について解説する．仮想計算機の歴史は古いがクラウドコンピュータの時代に入り新たな用途が評価されている．ここでは仮想計算機の基本的な考え方，仮想計算機が生まれた背景，動作原理，利点と欠点，応用例などについて説明する．

8-1　OSの構成方式

8-1-1　単一構成

OSの設計には外部仕様にある機能だけでなく非機能要件と呼ばれる性能と信頼性なども考慮する必要がある．OSの開発は広範囲の機能を同時に満たすことから膨大なソフトウェア開発が常でありバグ修正の作業が長くなる．このため設計・開発には柔軟なソフトウェアの構造設計が求められる．例えば機能拡張を容易に行えることは重要である．これらの観点からOSの機能を構築する方法をみていく．

OSの構成法で問題となるのは制御の区分けである．OSはコンピュータ資源のすべてを把握し複数のプロセスに分配する役割がある．このためCPUの特権状態（2章2-1-6）で実行しなければならない部分がある．代表的な例は入出力の実行やタイマの設定である．最も単純なOSの構成法は図**8·1**に示した方法でありOSの全機能を特権状態で実行させる．この方式を単一構成（モノリシック：monolithic）方式という．つまりOS機能全部が一枚岩のような単純な構造になっている．初期のOSはほとんどすべてがこのような方式で実現されていた．

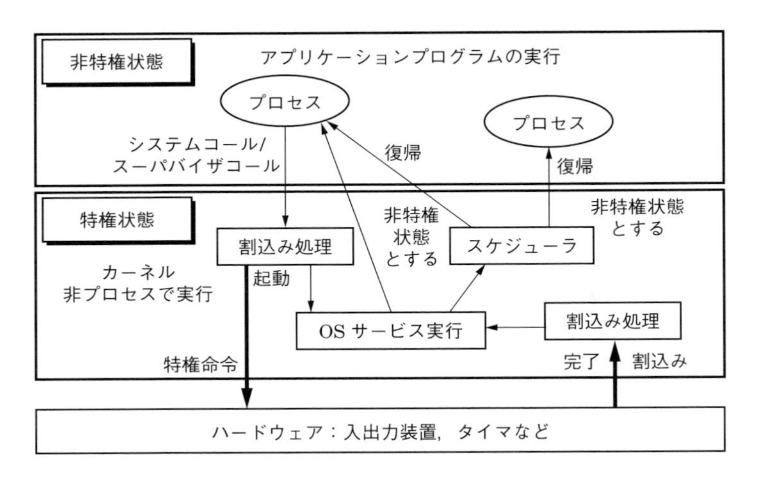

図8・1　単一構成のカーネル構成と制御の流れ

モノリシック構成のカーネルでは図8·1に示すように，ユーザプロセスがシステムコールを実行すると割込みによりカーネルに制御が渡りカーネルはすべての処理を特権状態で実行する．そこではOSのサービス（プロセス管理，ファイル管理など）を実行した後に，プロセススイッチを不要とするか否かによって直接ユーザプロセスに制御を戻すかスケジューラに制御を渡す．いずれにしてもユーザプロセスに制御が戻るときは非特権状態とする．このようにシステムコールの結果，OSはシステム全体にかかわるハードウェア資源を操作する必要があるため特権状態になる必要がある．特権命令により入出力やタイマなどはCPUと独立に動作し，その動作の完了を非同期な割込みとしてCPUに通知してくる．

OSが特権状態で動作すると全メモリ領域へのアクセスが可能となる．このためOSのバグにより不当なメモリアクセスがなされると，ユーザプログラムが正常に動作できなくなることやシステムダウンにつながりかねない．またOSが特権状態で割込み禁止として実行する場合には，ほかの割込み要因が発生しても受け付けないので応答性が悪くなるなどの欠点がある．

モノリシック方式の例として図**8·2**にUNIX系OSの構成例を示す．多くのUNIX系OSはこのような構成であり，カーネルの中にすべてのOSサービスプログラムが組み込まれ特権状態で実行される．

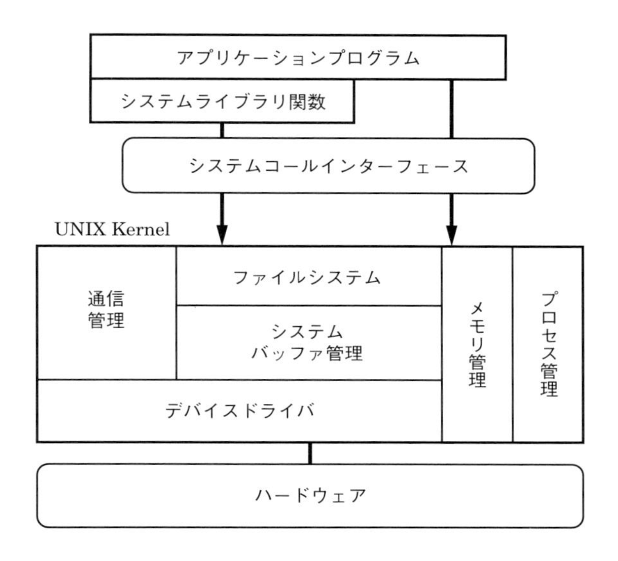

図8・2　UNIX系カーネル構成の例

8-1-2 ◎ マイクロカーネル

OSの構成については多くの研究が行われ各種の提案がなされている．コンピュータが社会のインフラストラクチャとなっているため，その中心的なOSは用途が広くなると同時に大規模化し，開発には多くの問題を抱えることになった．代表的な開発上の課題は以下のとおりである．

(1) 膨大な開発工数を削減したい
(2) ハードウェアの進歩に追従しなければならないので機能追加を容易にしたい
(3) 新装置のサポートを迅速に行う必要がある
(4) ハードウェア依存度の高い物理処理部分と論理的な処理部を分離したい
(5) OSのバグがシステムダウンとならないフォールトトレラントを実現したい
(6) 割込み禁止区間は最小限とし緊急度の高い割込みへの応答性能を高めたい
(7) OSのバグによる記憶保護の観点から非特権状態で実行できる部分を増やしたい
(8) 複数のOS機能を同時に1台のコンピュータ上に稼働し開発したい
(9) OSの機能を分担し極力並列処理が可能な構造としたい

このような課題を解決するために，なるべくハードウェア依存部を小さくしたカーネルとし，論理的なOS機能はプロセスのような実行体として実現する方式が提案されている．その一つがマイクロカーネル（microkernel）である．図**8·3**にマイクロカーネル（以降MKと省略）の考え方で構成するOSの例を示した．この代表的なカーネルは米国カーネギーメロン大学のMach，フランスINRIAのChorus，米国OSF（Open Software Foundation）のOSF/1などがある．またオランダ自由大学のタネンバウム（Andrew. S. Tanenbaum）の開発したMINIX3などがある．これらの中には商用化されたOSもいくつかある．

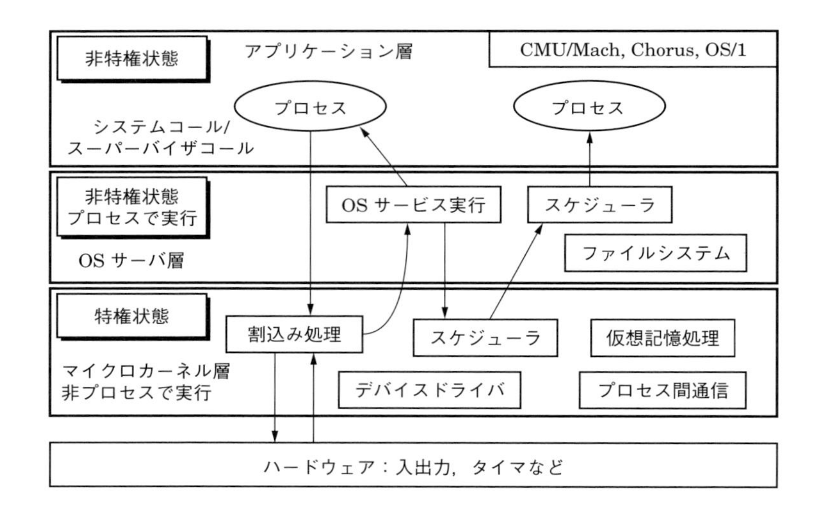

図8・3　マイクロカーネルによるカーネル構成法

MKは3層の構造をもっている．一番下はマイクロカーネル層でありハードウェアとの接点を担い，最も基本的な機能しか保有しない．この部分だけが特権状態で実行されハードウェアを抽象化して上位の層に情報を提供している．ここでは割込み処理，プロセススケジューラ，仮想記憶管理，一部のデバイスドライバなどの機能がある．中間層はOSサーバ層とでもいうべき役割をもった機能を配置する．この層にはモノリシックなカーネルのもつ各種機能を配置し最上位の層にあるアプリケーション層（以降App と略す）のプロセスに対してサービスを行う．例えばUNIX系OSのファイルシステムやプロセス間通信機能，ネットワークサービスなどである．

第2層の存在は機能マシンとして各OSが提供しているシステムコールやファイルシステムのインタフェースを実現している．したがってMKでは，この層をOSサーバ層として各種のOS機能を用意することができる．例えばUNIX系OSのサービス機能，Macintosh OSのサービス機能などである．このように1台のコンピュータに複数のOSを実現できるため，これをマルチパーソナリティ（multi-personality）と呼ぶことがある．つまりOSを一つの人格とし擬人化した表現で図**8・4**に示したように1台のマシン内に2人の性格の異なる人物がサービスをしているように見える．

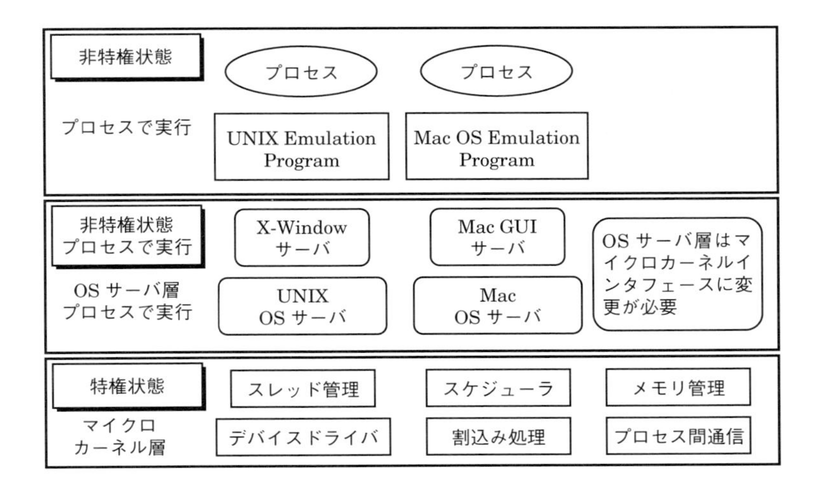

図8・4　マイクロカーネルによる複数OSの実現法

MKではOSサーバをプロセスとして実行させAppの実行との区別はない．プロセス間はメッセージ交換による通信が行われ機能の分担を行う．メッセージ交換はすべてMKが仲介の役割をする．それがシステムコールとなりMKに制御が渡る．

MKによるOSサーバを構成するときAppのプロセスはOSサーバに要求をメッセージによる通信で行い，またMKとOSサーバの通信も同様にプロセス間通信となる．このような論理的インタフェースにすれば，ネットワーク環境でプロセス間通信を実現できるため各プロセスが1台のコンピュータ上に存在する必要がなくなる．つまりOS機能を地理的に分散させる完全な分散OSが実現可能となる．

この構成法によりOS開発の課題がいくつか解決されたが機能の呼出しをプロセス間通信で行うためにMKのオーバヘッドが増大するという問題が生じた．信頼性の向上やOSのモジュール化による開発の容易化そしてマルチパーソナリティなど多くの利点が生まれたが新たな課題も生まれた．その後多くの工夫がなされ，ある程度の解決ができ実用化された．

8-1-3 ◎ ハイブリッド型構成法

モノリシックなOSとその対照的な構成法であるマイクロカーネルを見てきた．この両者の中間的なOS構成法がある．モノリシック構成法の欠点を補うために，非特権状態で実行できるOS機能を極力増やす方式が考えられた．UNIX系OSのファイルシステムはプログラマに提供しているファイルの論理的なインタフェースの部分と，物理的な記録媒体の操作を行うデバイスドライバ部分から構成されている．そこで多様なファイル操作のプログラミングインタフェースをもつ論理的な部分は非特権状態で実行するのが得策である．そこで図**8·5**に示すような方式が考えられる．図の中の数字はユーザプログラムからファイルに対する読込みなどの要求が出たときの処理の順番である．

ユーザプログラムからは読込み要求が出るが，これは分岐命令でデータ管理のプログラムに制御が移動する（①）．この部分はシステムコールのような割込みにはならない．データ管理は要求を分析した結果システムコールを実行せずに済む場合は，適切な処理を行ってユーザプログラムに制御を渡す（②）．例えば，読込みバッファ内に要求されたレコードが存在するならばデータをユーザプログラムにそのまま渡すことができるときなどである．

システムコールを実行すると（③）割込みとなり入出力ドライバに制御が渡る（④）．ここでは入出力装置を起動するが，完了すると入出力完了までの間当該プロセスは動作しないので制御をスケジューラに渡す（⑤）．スケジューラは入出力要求のプロセスか，その他のプロセスをスケジューリングアルゴリズムにしたがって選択しディスパッチする（⑥）．

入出力が完了すると，割込み処理に必要な情報を短い処理で取得し（⑦）割込みの処理をプロセスとして実行させるためにスレッドのような軽量プロセス（SSR：System Service Request）を生成する（⑧）．そして，プロセススケジューラに制御を渡す（⑨）．一般的に，割込み処理のようなスレッド（SSR）は処理優先度が高く，スケジュールされて入出力の後処理がなされる（⑩）．このようにして入出力処理が完了すると，入出力後処理では最初に入出力要求したプロセスに入出力完了事象を通知する．非同期入出力（本章3-4-5）を行っているため，当該プロセスが入出力待ち状態になっているならば待ち状態を解除し実行待ち状態にする．

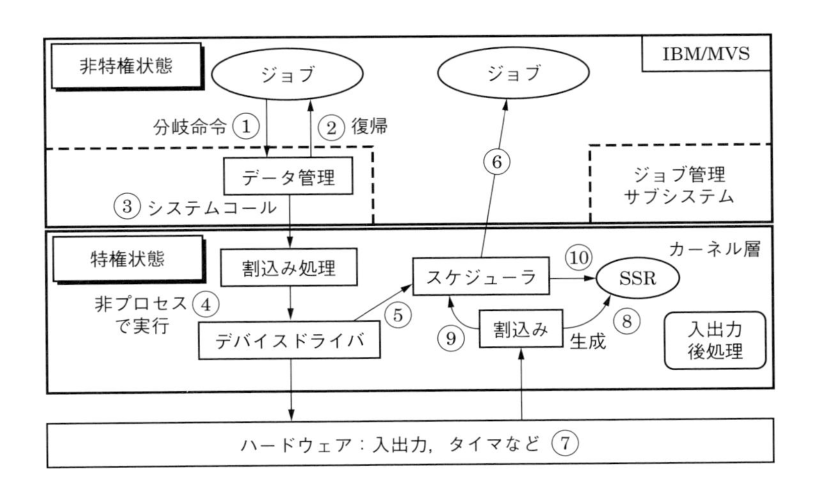

図8・5　IBM/MVSのカーネル構成法

この例では割込みの処理を二つのステージに分けている．最初のステージでは割込み時に行うべき必要最低限の処理をして軽量プロセスを生成する．このことで同種の割込み禁止時間帯を最小限にすることができ，割込みの応答性能を高められる．ステージ2では軽量プロセスが割込みのいわば後処理をする．CPUがマルチコアならば軽量プロセスは直ちにディスパッチされて処理が開始される．これによりカーネルの並列処理が有効に機能する．

8-2 仮想計算機

8-2-1 基本的な考え方

以下のような条件のときに1台のコンピュータを使って複数のOSを実行させアプリケーションプログラム（App）を動かさねばならない状況が生じる．

（1）古いOSから新OSに移行する経過措置がある場合
（2）既存システムを使用しながら新システム開発をしているとき
（3）OS依存のAppを複数動かさねばならないとき
（4）既存システムを使用しながら新しいOSを開発するとき
（5）異種のOS機能を試行してみたいが既存のコンピュータを停止できないとき

本来ならば複数台のコンピュータを導入することが望ましい．しかし導入コストや時間，設置場所や電源の都合などの制約から現実的でない場合がある．そこでコンピュータ資源を論理化して1台の実コンピュータ上に仮想的なコンピュータを複数台提供できる機構が望まれる．仮想計算機はこのような考えから生まれた．

8-2-2 動作原理

1台のコンピュータにソフトウェアによって論理的なコンピュータを作り各々にOSをローディングして実行させる方式を仮想計算機（VM：Virtual Machine）と呼ぶ．同一アーキテクチャを前提にしているならばどのようなOSであっても適合し，OSに一切の変更を必要としない．コンピュータを論理化（仮想化）するソフトウェア（VMCP：Virtual Machine Control Program）は特権状態で実行され全割込みの処理を行う．VMCPが作り出すVM上のプログラムはすべて非特権状態で実行される．つまりVMCP下のOSは非特権状態で実行される．

このためVMCPは複数のOSの上位に位置する制御プログラムであるためハイパーバイザと呼ぶことがある．したがってOSが担っている物理的な資源管理をVMCPが行いVM上のOSは仮想的な資源を取り扱う．分かりやすく例えるならば，VMCPが従来のOSに相当しOSがアプリケーションプログラムと同じプロセス実行に相当する．つまりVMCPはマルチプログラミングのようにマルチVMを実現していることになる．

VMの動作原理を図**8･6**に示す．この図ではあるVMCP制御下のOSにおけるあるAppから入出力要求が発生したときの制御の流れを示している．Appからはシステムコール（①）により入出力要求が実行される．割込みにより制御はVMCPに渡る．VMCPは該当するOSのシステムコール割込みアドレスを求め制御を渡す（②）．このとき，VMCPは論理化された計算機（VM）の状態がシステムコール割り込み中であると記録する．VMCPは各VMの状態を制御テーブル（VM_BLOCK）で管理し各OSをプロセスのように扱う．したがってVM_BLOCKはOSのプロセス制御テーブル（PCT：4章4-4-1）に相当する．

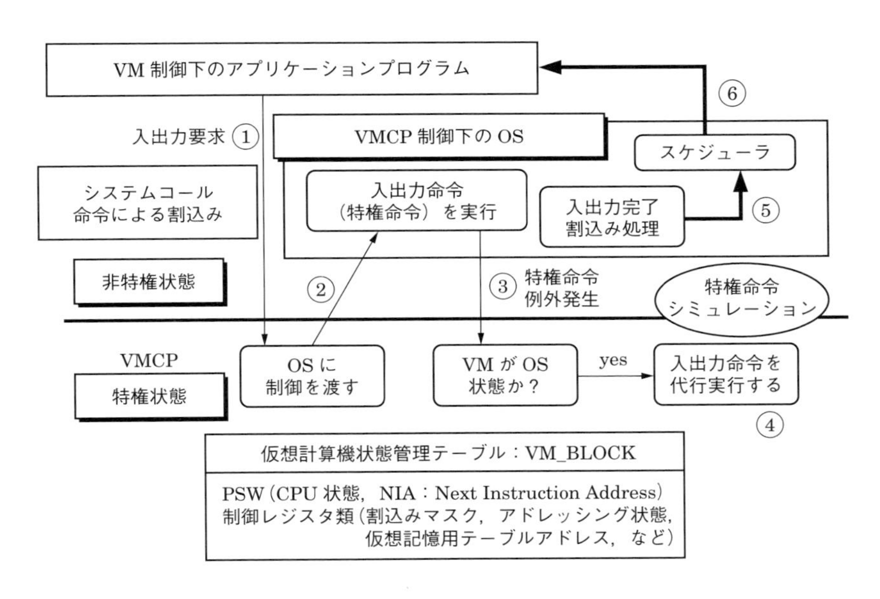

図 8・6　仮想計算機の動作原理

図8･6 にVM_BLOCK内の情報としてCPUの状態，次に実行する命令アドレス（NIA），各種CPUレジスタ類などが示されている．上記の入出力要求の例で

は該当するVMの割込み処理（VMのドライバ）に仮想的な特権状態で制御が渡る．VM制御下のOSは制御を受け取り，入出力命令を実行しAppの要求を満たそうとする．しかしVM制御下のOSは仮想的な特権状態であるが，実際には非特権状態で動作しているため，特権命令を実行すると特権命令例外の割込みが生じVMCPに制御が渡ってくる（③）．VMCPはこの特権命令例外がVMの仮想的な特権状態から実行されたことをVM_BLOCK内情報から判定できるため，OSの正当な特権命令実行と判断する．そこでVM上のOSに代行して入出力命令をVMCPが実行する（④）．

入出力を実行するとその完了割込みが生じVMCPに制御が渡るのでこの割込みがどのOSに対する割込みであるかを判別する．再び該当のVMCP下のOSからあたかも現実のハードウェア上で割込みが生じたかのようにVM_BLOCK内の関連レジスタ，VMのメモリに割込み情報などを書き込み，VMCP下のOSドライバに制御を渡す．ドライバは処理を終えるとスケジューラを経由し（⑤）入出力を要求したAppに制御が戻る（⑥）．このようにしてVMCP下のOSが入出力命令を，あたかも実行したかのような動作をVMCPがシミュレーションすることで入出力動作の仮想化を行う．

以上，入出力の動作をVMCPが仮想化する例を示したが，ほかの資源（仮想記憶と実記憶，CPUの状態，タイマなど）もVMCPがシミュレーションを行い矛盾のない動作を保証している．このように仮想計算機を実現するためにはVMCPが仮想的なコンピュータをシミュレートするため，VMCPのオーバヘッド，つまりCPU資源を管理コストとして使う必要がある．仮想計算機に利点はあるが多くの割込みを起こすシステムでは欠点を見逃すことはできず各種の工夫がなされている．

8-2-3 ◎ 仮想計算機の問題点と解決策

VMがディスパッチされると仮想計算機上のOS部やAppが実行する．このとき，OSは特権状態を前提に命令を実行する．例えば入出力操作やタイマの処理で特権命令を実行する．非特権状態で特権命令が実行されると，特権命令例外の割込みを発生し制御がVMCPに渡る．

先に述べたとおりVMCPは特権命令例外の割込みが生じるとVMのCPU状

態を確認する．もしVMが仮想的な特権状態であれば正当な命令実行と判断しVMCPが特権命令をソフトウェアによりシミュレーションする．逆にVMが非特権状態であるならば，特権命令例外の割込み処理をVM上のOSが行えるようにVM_BLOCK内に情報を格納しOSの特権命令例外処理に制御を渡す．その処理方法を図**8·7**に示した．

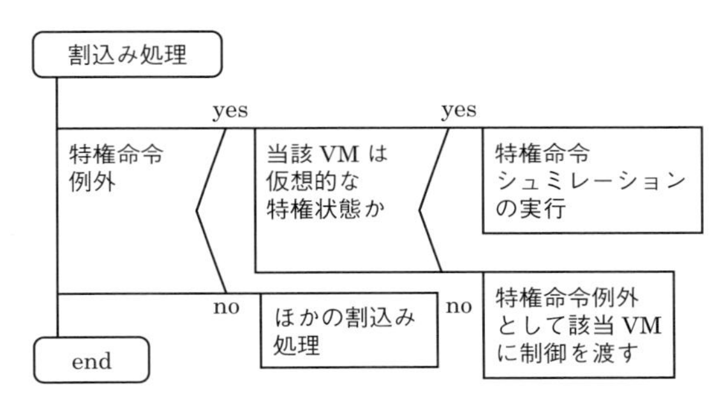

図8・7　VMが実行した特権命令例外のVMCPによる処理

ここで問題となるのはVMCPが行う特権命令シミュレーションのオーバヘッドである．本来ならばVM上のOSが実行する特権命令は正当であるので命令が直接実行されるべきであるが，VMCPの管理下にあるため割込みが生じVMCPによる処理が介在する．さらにVMCPによる特権命令シミュレーションをソフトウェアで行うためCPUを余分に消費してしまう．この問題を解決する工夫が図8·7に示した論理をマイクロプログラミングによって高速に実現するVMA（Virtual Machine Assist）であった．最近は初期のVMAよりも高速な仕掛けが各種考案され性能向上が図られている．

8-2-4 ◎ 仮想計算機の例

図**8·8**に仮想計算機の例を示した．同一あるいは同類のコンピュータアーキテクチャを共有するOSを，複数同時に1台のコンピュータ上で実行することが可能になる．MKのところで述べたマルチパーソナリティは仮想計算機により容易にかつOSに何の変更も必要とせず実現できる利点がある．このようなVMCPを作りやすいか否かはコンピュータアーキテクチャにも依存している．

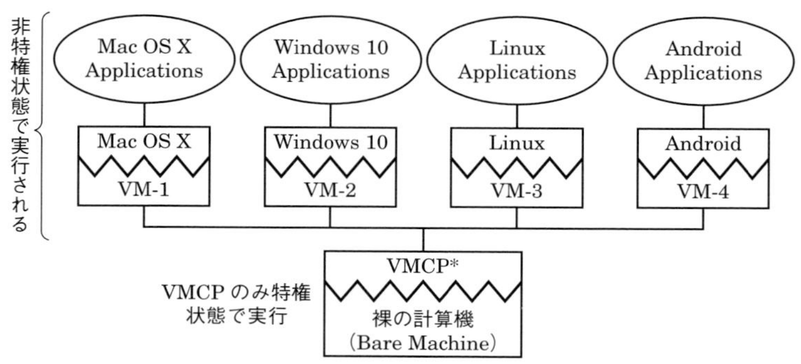

図8・8　仮想計算機による複数OS同時実行のイメージ

一方，MKでのマルチパーソナリティの実現は既存のOSをOSサーバというプロセスで実現するためにMKとのインタフェースに従った設計になる．したがって既存のOSをサーバとして動作させるには，このインタフェースとなる部分に修正を加える必要がある．各OSサーバはプロセスとして実行するのでファイルシステムやメモリ管理，スケジューラなどを複数のOSサーバとして再構成したときは，ほかのプロセスとの間をMKが提供するプロセス間通信のインタフェースに変更しなければならない．すなわち従来のようにモノリシックなカーネルならばブランチ命令で制御が渡っていたところをMK経由になるためにオーバヘッドが大きくなる欠点がある．しかしOS内の一部の機能にバグがあってもシステムクラッシュに至らない利点やバグの所在が明確になるなどの利点がある．なによりもマルチパーソナリティが実現できる利点がある．

8-2-5 ◎ VMマイグレーション

コンピュータのコストパフォーマンスが高くなり機能別にサーバを構築・運用できるようになった．機能別のサーバは各々が独立しているため開発や運用の簡素化が可能という利点がある．しかしサーバが増えるにしたがい，運用のコストである電源，運用要員，保守点検費用などが無視できない状況になってきた．複数のサーバを24時間運用しユーザに提供している場合には，昼夜のコンピュータの負荷が大きくばらつきコンピュータ資源が遊んでいる時間帯が生じる．また旧機能を利用しているユーザが減少しても新機能への移行の問題などから，継続的な運用が求められることもサーバ運用上の問題となる．そこでこれらの問題を仮想計算機利用により解決する試みがなされている．

上記の問題を解決する方法としてVMマイグレーション（migration）のイメージを図**8·9**に示した．この例ではサーバ1がサービスAとサービスBを，サーバ2がサービスCを提供している．しかしサービスCは夜間の利用が極度に少なくなるため独立したサーバの運用はコストの面で課題となっている．このような課題を解決するために，サービスCを提供しているサーバ2のゲストOSとサービスCをサーバ1にオンラインで移行する．この操作によりサーバ2を停止でき運用コストの削減が可能となる．そしてサーバ1へのトラフックが高くなる前にサーバ2の電源を投入し，サーバ1から2にサービスCを移行する．これらの操作を可能にする機能がVMマイグレーションである．

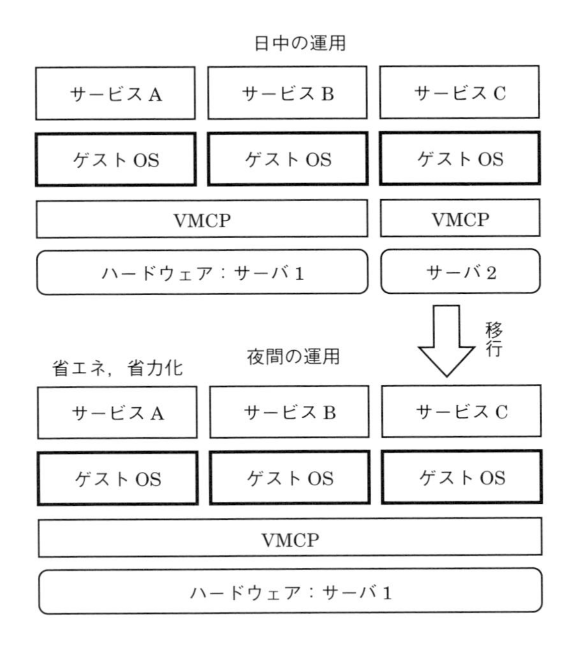

図8・9　VMマイグレーションの応用例

8-3 演習問題

(1) 個人利用のPCにおいて仮想計算機を利用する必要性はあるか.

(2) ファイルシステムはカーネルの動作モードと同じである必要があるか. カーネル化した場合の利点, 欠点などを考察せよ.

(3) クラウドコンピューティングが広く利用されているが, 仮想計算機の利用は有効か否か考えよ.

★ 演習問題の略解はオーム社Webページに掲載されているので参考にされたい.

9章　TCP/IPの通信処理

通信機能を備えた情報機器は広く普及し社会のインフラストラクチャとなっている．このためほとんどのOSは通信機能を備えている．特に事実上の標準となったTCP/IPのサポートはOSの機能要件になっている．コンピュータネットワークは有線・無線を問わず技術進歩により高速データ通信が可能となりPC以外に情報携帯端末などに広く応用されている．ここではOSが提供している通信処理機能について解説する．

OSの基本的な考え方は物理的な装置を論理化しプログラマに論理的インタフェースを提供することにある．通信装置もファイルの一つで例外ではない．通信のハードウェアは各種存在するがその物理的な操作はすべてOSが吸収する．またネットワークでは機器どうしの接続は相互に共通でなければならない．このため標準化が行われてきた．通信処理を理解するうえで標準化の知識は必須条件である．ここでは通信時に相互の規約であるプロトコルの概念，OSI参照モデルそしてTCP/IPについて要点を解説をする．

9-1　基本的な考え方

9-1-1　通信とコンピュータの融合

TSSは通信を利用した最も初期のコンピュータとの結合形態であり，プログラマは計算センターまで足を運ぶ必要がなくなり利便性が向上した．しかしこの形態の利用はあくまでも組織内の利便性追求で限定的であった．

1970年代になると米国は軍事目的からコンピュータどうしを結合し有機的な運用を可能とするARPA（Advanced Research Projects Agency）Networkの研究・開発を進めた．ARPAは伝達するメッセージを小さなパケットに分割送信する画期的な方式を実現した．パケットは送信元から最終の宛先に送られる．この両終端をホストとよぶ．図**9·1**には送信元のhost: A（PCなど）から受信先のhost: Bにパケットの送信をしている様子を示した．このような終端どうしの1対1通信をピアツゥピア（peer-to-peer）通信と呼ぶ．host: Aはnetwork:N1に接続されておりメッセージが複数のルータを通してnetwork:N4に接続されているhost:

B に送信されている．各パケットには連続番号が付けられているがhost: B にパケットが到着する順序は不定である．パケットはネットワークのどのルートを通ってもよく，部分的な障害がネットワーク上に生じても通信機能を失わない冗長度をもっている．このようにパケットを送信元から宛先まで転送する機器がルータでありネットワーク網の基幹装置である．

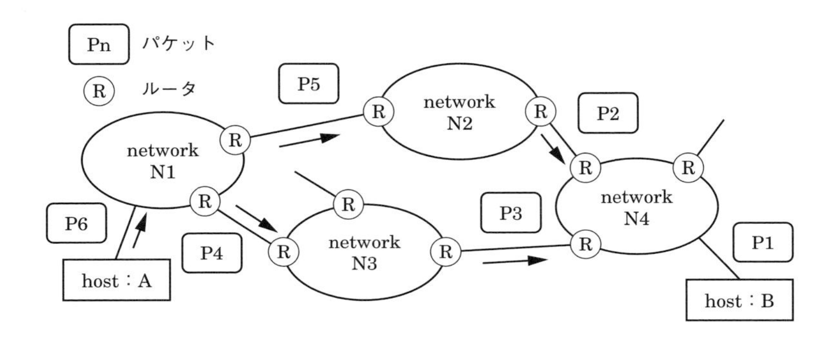

図9・1　パケット分割による情報送受信

9-1-2 ◎ パケット通信の発明

パケット通信が発明される以前は電話に代表される回線交換である．図**9·2** にその概念図を示す．図のホストは実際には電話機でありそれらは地域の交換局と繋がっている．この例では東京局から京都局へ2本の通信路があると仮定している．通信路は局間の同時接続数を制限している．図ではhost: A とhost: Y，そしてhost: B とhost: Zが接続されているので，host: C とhost: X は電話を利用できない．理由は明らかで回線交換方式では回線が独占的に使用されるためである．しかし利点はひとたび接続されれば回線を占有できるのでその間は通話が途切れることはない．

一方，パケット交換では図9·1 に示したようにメッセージをパケット分割して送信するため伝送路を占有しない．高速な伝送路ならば複数のホストからのパケットを図**9·3**に示すように一つの伝送路上に転送可能である．図ではA, B, Cのメッセージがパケットに分割されて転送されている様子を示している．このような資源の利用法を多重化というが，TSSの場合は資源がCPUであったがここでは回線が資源である（4章4-3-1の図4·16 参照）．またパケットはルータが利用できる伝送路を選ぶので，混み合ったルートを避けることが可能であり回線交換のような局間の回線数の制約から解放される．

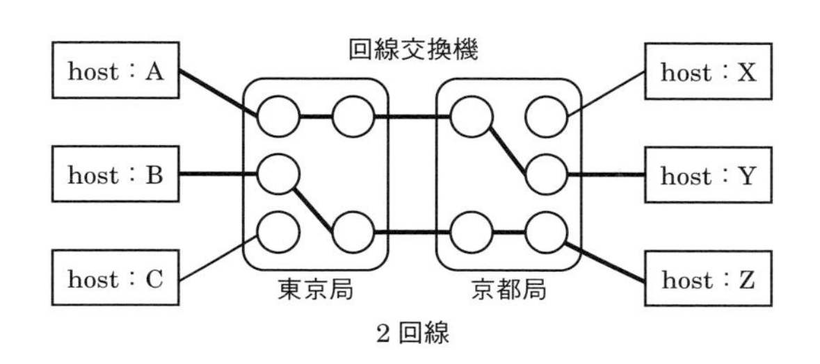

図９・２　回線交換による情報送受信

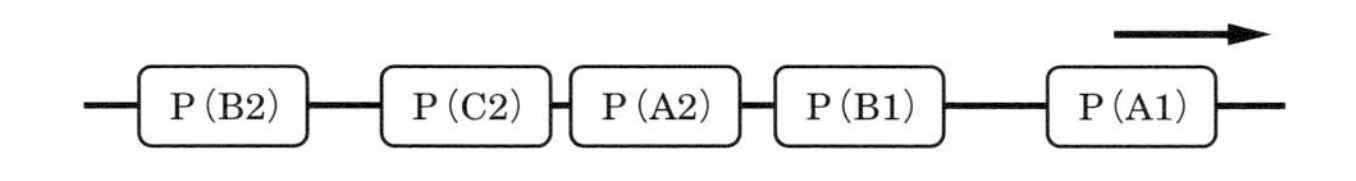

図９・３　同一データリンク上に流れるパケット

このようにパケット交換方式ではパケット送信に自由度があるため回線の使用効率を高めることができることならびに状況に応じてルート選択が可能であるため性能・信頼性を高めることが可能になる利点があり画期的な発明であった．

9-1-3 ◎ 蓄積交換方式

パケット通信で重要なのはパケットの蓄積交換（store and forward）である．ネットワーク間でパケットを交換する際にルータは受け取ったパケットをメモリに一度蓄積し，その後ルート選択をする．これにより一時的に回線が混み合っている場合への対応が可能となる．また通信速度の異なるネットワーク間であってもパケット送受信が可能となりネットワーク間の速度調整ができる．

9-2 ネットワークアーキテクチャ

9-2-1 ◎ OSI基本参照モデル

ネットワークを経由して送信元ホスト（source）と宛先ホスト（destination）が情報交換するためには相互に共通の約束が必要である．この約束を通信プロトコル（protocol：規約）と呼んでいる．体系化された通信プロトコルの集合をネットワークアーキテクチャという．各種のアーキテクチャが存在するが国際標準化機構（ISO）によって定義されたOSI基本参照モデル（OSIモデルと略す）がある．

図9･4に7層のOSIモデルを示した．この図は二つのホスト間の通信プロトコルは階層ごとに一致していなければならないことを示している．例えばネットワークの応用として代表的なWWW（World Wide Web）では，PCなどのホストとサーバの交信は相互に同一のハイパーテキスト記述言語であるHTML（Hyper Text Markup Language）で記述されたウェブページが使われている．

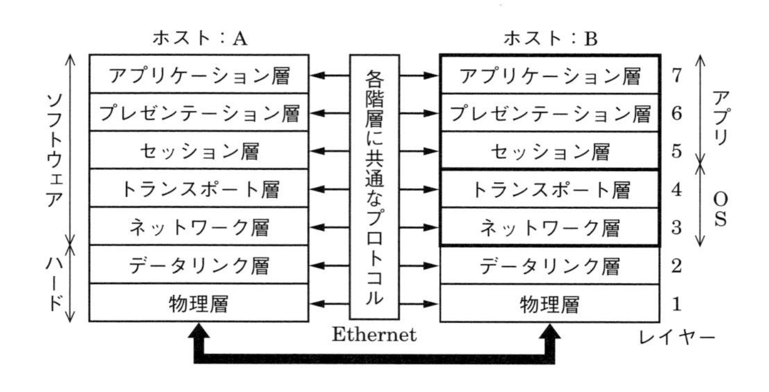

図9・4　階層化されたOSI基本参照モデル

7層モデルの下位の2レイヤーをハードウェアが担い上位5階層がソフトウェアによる処理とすることが多い．ソフトウェアの処理では，第3，4層をOSが，そして第5～7層をアプリケーションプログラムが担う場合が多い．各階層の役割は以下のとおりである．

(1) 物理層（第1レイヤー）

物理的な接続で有線のイーサネット（Ethernet）や無線LAN（Wireless LAN）が代表的でコンピュータからはネットワークアダプタを介して相互接続される．多くの接続メディア（金属，光ファイバー）が存在するためコネクタ形状，電気信号やその変換などの規定がある．

(2) データリンク層（data link）（第2レイヤー）

隣接するホスト間の信号授受の規定が定められている．信号送信開始と終了，また送受信誤りなどの取決めがある．LANカードなどのネットワーク機器には各ホストを識別するユニークなMAC（Media Access Control address）アドレスが割り当てられている．イーサネットの場合は48ビットのアドレスで，例えば :A8:20:66:1E:86:4Fのように16進数で表示することが多い．先頭の3オクテット（通信ではバイトではなく8ビットをこのように呼ぶ）は製造元を識別し下位の3オクテットは製造元が付けた番号である．MACアドレスはカード固有であるため送受信相手を特定することができる．イーサネットについてはIEEE802.3によるフレーム形式が定められている（図9·11参照）.

(3) ネットワーク層（第3レイヤー）

ハードウェアとの接点をもつソフトウェアでOSの一部である．TCP/IPではIPレイヤーに相当し，パケット処理を担う重要な処理部である．ルータはこのレイヤーに特化した装置である．

(4) トランスポート層（第4レイヤー）

ホスト間のメッセージ通信管理を行う．通信接続の信頼性，性能保障など高度な処理を担う．TCP/IPではTCP（Transmission Control Protocol）やUDP（User Datagram Protocol）などの通信プロトコルを実現している．この処理はOSにより処理されソケットインタフェースをもつ．

(5) セッション層（第5レイヤー）

これより上位のレイヤーはアプリケーションプログラムの役割である．ネットワークを通したホスト間の接続を管理する．通信はクライアントとサーバの対等な通信が基本で両ホストの通信はプロセス間通信である．つまりセッションとは両ホストがプロセス間通信を開始し，その後情報を相互に交換することで一連の作業を完了することである．UNIX系OSではログインからログアウトまでをセッションとするが同じ意味である．

(6) プレゼンテーション層（第6レイヤー）

情報の表現，形式などを管理するソフトウェアである．例えばウェブブラウザソフトでは表示する文字コードの選択，文字の大きさ，表示位置，文字色，などを扱う部分である．

(7) アプリケーション層（第7レイヤー）

通信を使ったアプリケーションプログラムのレイヤー．電子メール，ブラウザ，FTP（File Transport Protocol）など各種存在する．

9-2-2 ● ネットワークを介したプロセス間通信

セッション層に位置付けられるBSDソケットはBSD（Berkeley Software Distribution）系UNIXにおいて初めてC言語のライブラリとして開発された．この結果ネットワークを利用したプロセス間通信が論理的なインタフェースとなり多くのネットワークアプリケーションプログラムの開発が容易に行える．つまりホスト間をつなぐ物理的な媒体を意識することなく，また各種のプロトコルに関する煩雑な知識を必要としないプログラミングが可能になった．この理由でほかのOSにもBSDソケットライブラリが開発され広く利用されている．

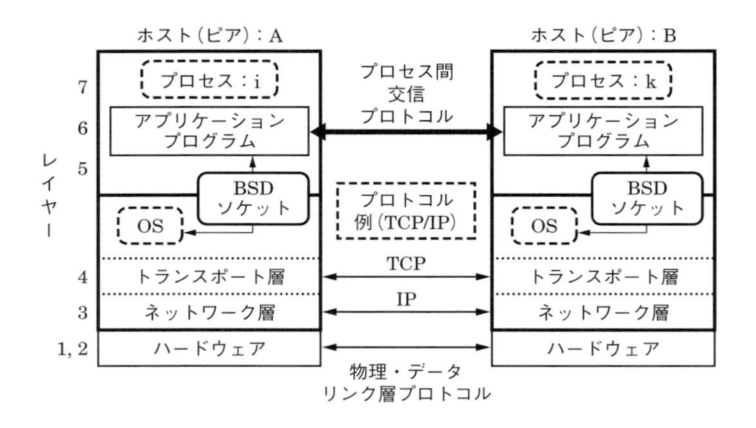

図9・5　ネットワークを媒体とするプロセス間通信の構成

図**9·5**にTCP/IPによるネットワークを介したプロセス間通信のソフトウェア構成を示した．ネットワーク層はIP（Internet Protocol），トランスポート層はTCPが使われている．アプリケーションプログラムはBSDソケットライブラリをインタフェースとしてOSの各種サービスを受けることができる．この例はホスト（ピア：peer）が対等の立場で通信をする1対1のケース，つまりピアツゥピア（peer-to-peer）の通信である．アプリケーションによっては1対nの通信がある．

図9·5に示したようにOSIモデルの7階層は，階層1と2はハードウェアであり一つの層とみなされる．また第5～7層もアプリケーションプログラムの範囲であり一つの階層とみなすことができるので現実的には4階層とみなすことができる．

例えばウェブブラウザソフトでは，PCなどのクライアント端末からURL（Uniform Resource Locator）をユーザが指定してサーバに接続を求め，一連の情報交換を完了させるまでのやりとりがプロセス間通信の良い例である．

9-2-3 ◎ プロトコルのカプセル化

ホスト間の各層は同一のプロトコルである必要があるが各階層はそれぞれ独立したプロトコルでもよい．図**9·6**に具体的な例をとしてTCP/IPを使用したFTPを示す．FTPはファイルのアップロードやダウンロードで使用されている．まず送信側（ここではサーバ側とする）が送信するデータを用意し受信側（クライアント）のプログラムと同一規約のFTPヘッダを先頭に付けTCP処理に送る．

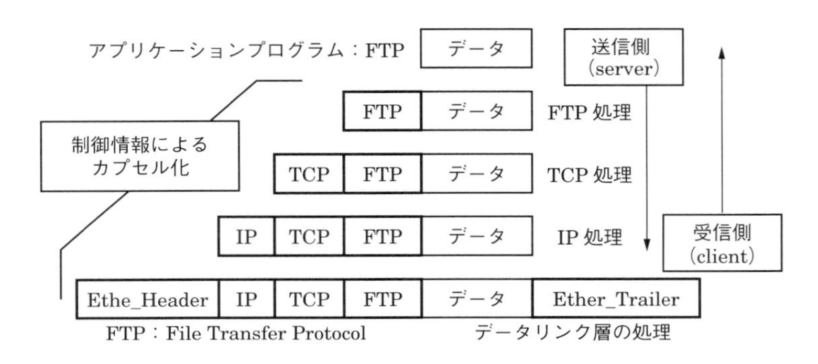

図9・6　送信・受信時のプロトコルカプセル化の例

TCPでは受け取った「FTPヘッダ＋データ」の内容を一切参照することなくTCPヘッダを付けてIP処理に転送する．IP処理もTCPから受け取った「TCPヘッダ＋FTPヘッダ＋データ」の情報に関与することなくIPヘッダを付け，データリンク層であるLANアダプタを起動する．この結果LANアダプタ（この例ではイーサネット）はIP処理から受け取った情報にEther_HeaderとEther_Trailerを付加して信号化し送信する．このように各階層の処理は対応する受信側の層と同一プロトコルヘッダを作成し下位の層に情報を渡し，情報を包み込む操作を行う．この動作をカプセル化と呼んでいる．各ヘッダの詳細については後に説明する．

受信側（クライアント）は送信側とは逆の処理をする．情報はカプセル化されているので先頭のヘッダを解釈し，処理先の上位層を決定しヘッダを取り除いて上位層に情報を送る．データリンク層ではEther_Header内の情報から上位層がIP処理であること判定する．IP処理部ではIPヘッダから上位層がTCP処理であることを判定し，IPヘッダを取り除いた情報をTCP処理に渡す．同様にTCP処理ではTCPヘッダ内の情報に基づき上位の処理がFTPであることを判定し，TCPヘッダを取り除いてFTPに処理を渡す．受信側のアプリケーションプログラムはこれにより送信側からのデータを受け取ることができる．このように受信側はデータを包んでいるヘッダを一つずつ剥ぎ取りながらプロトコル処理を進めていくので階層ごとの干渉はない．

9-3 IPの概要

TCP/IPは複数のプロトコル群の総称である．図**9·7**にはTCP/IPプロトコルスタック（プロトコルの積み上がった層）の一部をOSIモデルとの関係で示した．HTTPはWWWのプロトコル，IPアドレスを一時的に貸し出すDHCP（Dynamic Host Configuration Protocol），メール送信のSMTP（Simple Mail Transfer Protocol），メール受信のPOP3（Post Office Protocol），FTP，ドメイン名データベースを検索しIPアドレスを求めるDNS（Domain Name System）などが代表的なTCP/IP使用のアプリケーションである．

TCPとUDPはOSIモデル第4層に相当する．UDPはデータの信頼性を犠牲とし性能を追求するアプリケーションに向いている．例えばパケットを使ったIP電話VoIP（Voice over IP）が代表的な応用である．TCPは高信頼なデータ通信を必要とするプロトコルである．第3層に相当するIP層は複数のプロトコル群からなっている．

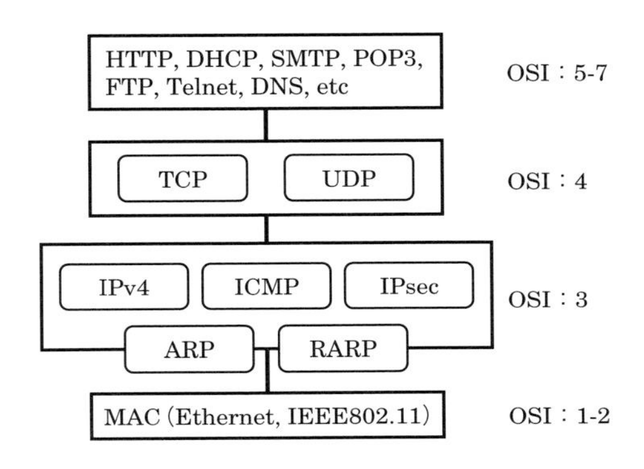

図9・7　TCP/IP プロトコルスタックと OSI の関係

9-3-1 ◉ IPアドレス

(1) IPアドレスのクラス

IPバージョン4をIPv4と書く．現在はバージョン6が普及し始めておりIPv6と区別している．ここではネットワークの詳細な説明というよりOSにおける通信管理を主としているため，断りのないかぎりIPv4をIPとする．ネットワーク通信では情報交換する者どうしをユニークに識別するためにIPアドレスを付ける．IPアドレスは32ビットで表現するが先頭の1～4ビットでクラス分けしている．この工夫が数あるネットワークアーキテクチャの中で最後まで生き残れた一要因であると考える．

図**9·8**にはIPアドレスのクラスとそのビット構成を示した．クラスDは例外としてA，B，Cは32ビットでネットワーク部とホスト部を表現している．例えばクラスBではネットワーク部が16ビットであるが先頭の2ビットがクラスを示すために実質的なネットワーク部は14ビットでありネットワークを 2^{14} 作ることができる．各ネットワークには2^{16}のホスト（最大65,536台のPC）を接続で

きる．クラスDは例外的でありホスト部がなくIPマルチキャスト用に用意されている．マルチキャストとは特定のグループにパケットを送信する通信である．

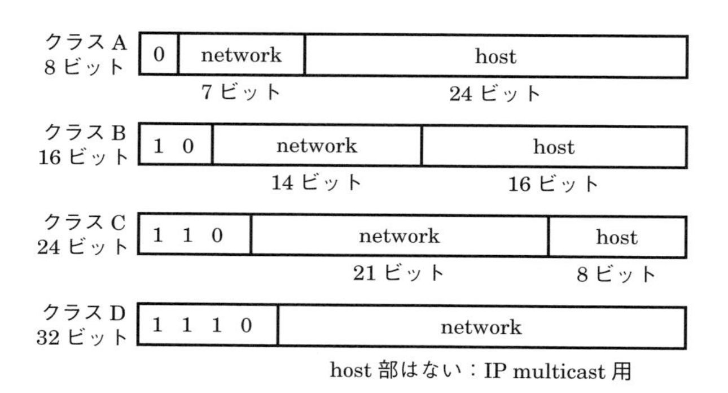

図9・8　IPアドレスのクラスとビット構成

IPアドレスの表記法は8ビット単位で区切った正数表現をする．例えば，165.93.16.8のような記法を使う．先頭の1バイトの値が165であるのでBクラスである．したがってネットワークアドレスは165.93，ホストアドレスが下位16ビットで16.8となる．

IPアドレスはICANN（Internet Corporation for Assigned Names and Numbers）が一元管理しており各国にIPアドレスの割り当て管理機関がある．日本はJPNIC（Japan Network Information Center）が管理しているためIPアドレスで地域を特定できる．

（2）特別なIPアドレス

各クラスのネットワーク表示部においてすべてのビットが0もしくは1のアドレスは特定の目的に使用するため割り付けてはならない．同様にホスト部の表示部においてもすべてのビットが0または1も特殊な目的で使うためホストマシンに割り付けることはできない．つまりネットワーク内の最大ホスト数は二つ少なくなる．例えばCクラスは8ビットのホスト部であるので254（$=2^8-2$）までとなる．ホスト部のビットがすべて1のアドレスはネットワーク内のすべてのホストにパケットを送信するために使う，ブロードキャストアドレスと呼ばれる特殊な使用目的がある．類似であるがクラスDのマルチキャストとは区別される．

(3) プライベートアドレス：RFC1597[*1]

IPアドレスは32ビットであるため世界中のネットワーク需要を満たせない．つまりIP枯渇問題が生じる．この問題を解決するためにプライベートアドレスが用意されている．

ネットワークによる通信は必ずしも外部のネットワークとの送受信を必要としない場合が多い．例えば同一ビル内，大学内，企業内，同一官公庁内の通信などではネットワーク内の送受信パケットに付けるIPアドレスは，このネットワーク内でユニークであればよく世界に一つのアドレスである必要はない．そこでネットワーク内だけにユニークなプライベートIPアドレスが定義されている．**表9·1** にその一覧を示す．表にあるCIDR（サイダー）については別途説明する．

表9・1　プライベートIPアドレス一覧

ホスト部	IPアドレスの範囲	アドレス数	*CIDR
24ビット	10.0.0.0～10.255.255.255	16,777,216	10/8
20ビット	172.16.0.0～172.31.255.255	1,048,576	172.16/12
16ビット	192.168.0.0～192.168.255.255	65,536	192.168/16

*CIDR：Classless Inter-Domain Routing

プライベートIPアドレスは電話に例えるとビル内だけで使用する内線番号に相当する．この場合，内線番号しかもたない電話機から外部接続するには交換台を通して外線接続する方法がとられる．交換手は内線番号と依頼のあった外線番号を結びつける役割を果たす．逆に外部からの電話に対して交換手はビル内の通話先を尋ね内線番号と結びつける．ネットワークもこれと同様に交換手の役割をする特定のホストがネットワーク内のプライベートIPアドレスしかもたないホストを外部のグローバルIPアドレスとを結びつけ，またその逆の働きもする．

---

*1　RFC（Request For Comment）：インターネット技術の標準を決める団体（IETF：Internet Engineering Task Force）がインターネットで使われているプロトコル，その他の技術仕様など一貫番号を付けて公開している．正確に知りたい場合はWebにて公開情報を読んで欲しい．本書では重要な部分のみRFC番号を表記した．

この特定のホストがルータ（ゲートウェイ[*1]と呼ぶこともある）であり重要なIPの処理を担っている（詳細は本章9-3-4）.

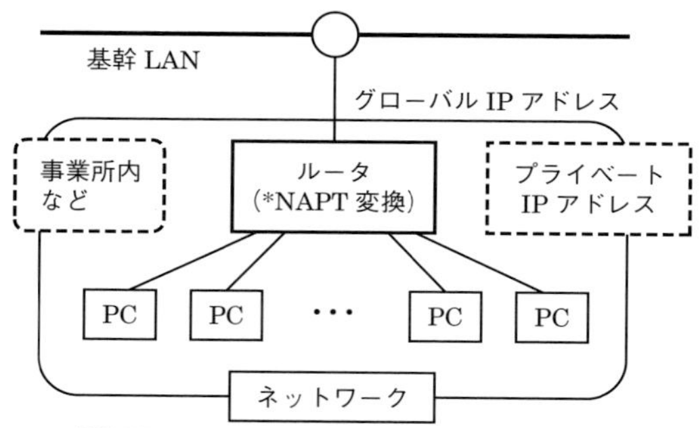

図9・9　ネットワーク内プライベートIPアドレス

図9·9にはネットワーク内プライベートIPアドレスとグローバルIPアドレスの関係を示した. ルータは自分の内線番号に相当するプライベートIPアドレスと外線接続可能な電話番号に相当するグローバルIPアドレスをもっている. つまり複数のデータリンクを保有した機器である. そしてネットワーク内のホストと外部のホスト間のパケット送受信を仲介する. この機能がNAT（Network Address Translator）もしくはポート番号（プロセスが作成した通信路番号：port）も含めたNAPT機能である. Linux系OSではIPマスカレード（masquerade）と呼んでいる（本章9-3-4）. 大学キャンパス内からノートPCで外部のWebサーバを利用できるはこの機能を使用しているためである.

(4) ネットマスク（net mask）

IPアドレスには各クラスにネットワーク部とホスト部がある（図9·8）. クラスBを例にするとホスト部は16ビットなので一つのネットワークを構築したと

*1　ゲートウェイは異なるプロトコルのネットワークを接続するノードの意味で使用する場合がある. その場合はOSI基本参照モデルの第3層から上位の全層をカバーするプロトコル変換サーバである. ここで云うゲートウェイ（gateway）はネットワークセグメントが外部と接している玄関のような役割のルータである. 図9·9のようなゲートウェイはセキュリティサーバの役割を担う場合もある.

き（例えば建家の1フロアなど）65,534ホストが接続可能となる（2ホストアドレスは使用しないので－2となる）．しかしこれほど多くのホスト数は現実的でない．つまりIPアドレスには使用しないIPアドレスが多くある一方でIPアドレス枯渇の問題を解決しなければならないという二つの問題がある．

このためネットワーク部とホスト部からなるアドレス法ではなく，各クラスのホスト部をサブネットワークアドレスとして使用することでより多くのネットワーク分割ができる方式が考案された．具体的には以下の二つの識別子を導入することでサブネットアドレスを生成する．

・IPアドレス　：32ビット

・ネットマスク：有効なネットワーク部分のビットをワードの先頭から連続して1とする

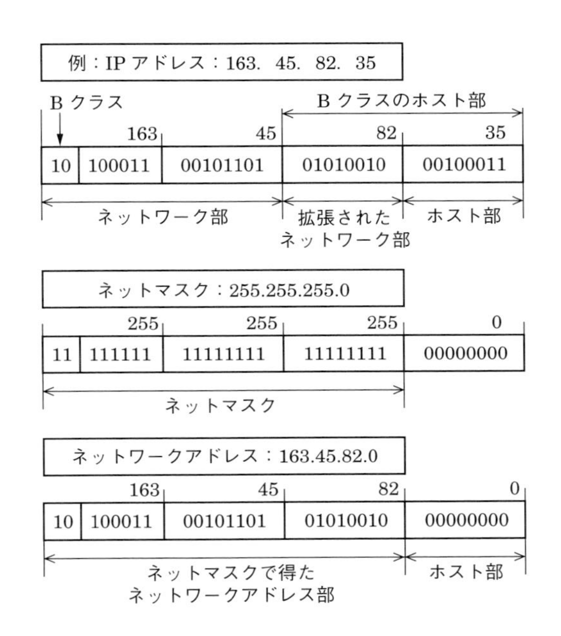

図9・10　IPアドレスに8ビットのネットマスクを定義し拡張されたネットワークアドレス

図9·10にBクラスのIPアドレスが163.45.82.35の32ビットの構成例を示した．ここではネットマスクが255.255.255.0でありBクラスのホスト部の上位8ビッ

トをネットワーク部として拡張している．つまりネットマスクによりネットワークアドレスが24ビットに拡張されたことを意味する． 拡張されたネットワークアドレスはIPアドレスとネットマスクをビットごとに論理積（AND）計算で得られる．この例ではネットマスクがIPアドレスの上位24ビットをネットワークアドレスとして選択し下位の8ビットがホストアドレスになることを意味している．

（5）CIDR（Classless Inter-Domain Routing）

IPアドレスとネットマスクのペアを導入することによりIPアドレスのクラスは無意味になる．このことでクラスによるIPアドレスの無駄を大幅に削減可能となった．上記のペアによるIPアドレス方式をCIDR（サイダー）という．

CIDRによるIPアドレス指定では“/24”のようにIPアドレス有効ビット数を付けた表現方法が考案された．図9·10の例では“163.45.82.0/24”もしくは“163.45.82/24”と最後の0を省略した表記となる．PCなど情報機器のネットワーク設定ではIPアドレスの設定の際に特定のアドレスを指定する場合（DHCP以外）はIPアドレスとネットマスク，ルータとDNSのIPアドレス，などを指定する必要がある．

9-3-2 ◎ ARPとRARP

（1）ARP（Address Resolution Protocol）：RFC826

パケットの送信はデータリンク層を通す必要がある．その際に宛先ホストのMACアドレスとIPアドレスが必要となる．しかし宛先のIPアドレスは分かっているがMACアドレスが不明な場合がある．典型的な例では，PCのLAN環境設定においてルータのIPアドレスを設定してもルータのMACアドレスは設定しないのが一般的である．この場合PCから初めてネットワーク利用をする際にOSはルータのMACアドレスが必要となるため，ARPによりルータのMACアドレスを得なければならない．

ARPを理解するためにイーサネットにおけるデータフレームの形式を知る必要がある．フレームの形式を図**9·11**に示す．OSはこのフレームを作成してデータリンク層であるイーサネットに送信する．このとき宛先MACアドレスの先頭

2ビットを“11”とすればブロードキャストのフレームとなる．したがってデータリンクに接続されている全ホストがこのフレームを受信しタイプに指定された処理をする．代表的なタイプを表**9・2**に示すがARPは0x0806である．FCS（Frame Check Sequence）はフレームの信頼性のために使用する．

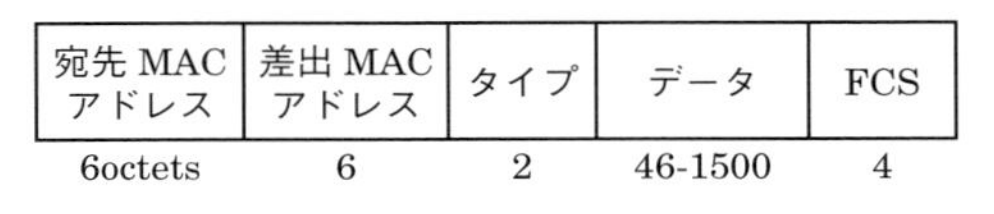

図9・11　イーサネットフレーム形式

表9・2　イーサネットフレーム内タイプの代表例

タイプ番号	プロトコル
0x0800	インターネット IP（IPv4）
0x0806	ARP：Address Resolution Protocol
0x8035	RARP：Reverse Address Resolution Protocol
0x86dd	インターネット IP version6（IPv6）

ARPの手順を図**9・12**に示した．ホストAは165.93.109.1のホストにパケットを送りたいがMACアドレスが不明である．そこでブロードキャストのフレームに自分のMACとIPアドレス，宛先のIPアドレスなどを入れたフレーム（RFC826）を作りデータリンクに流す（リクエストARPという）．ホストBは自分宛てであると判断し，BのMACアドレスを入れてホストAに送り返す（レスポンスARPという）．

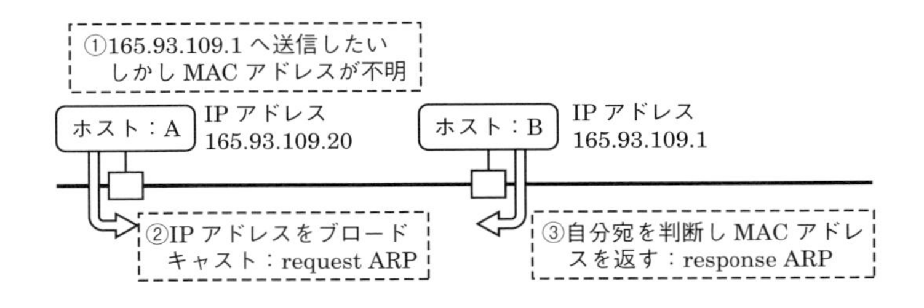

図9・12　ARP による IP アドレスの取得手順

この結果，ARPパケットを受け取ったホストBならびにARPの返信を受け取ったホストAは相互のMACアドレスとIPアドレスの対をARPテーブル（ARP table）にキャッシュとして記録するが，ネットワークカードの変更や移動体端末への対応するために一定時間経過するとMACアドレスを消去することになっている．ARPならびに次のRARPの処理はネットワークレイヤとデータリンク層の中間的な位置であるが，ここではIPプロトコルスタックの一環として説明している．

（2）RARP（Reverse Address Resolution Protocol）：RFC903

IPアドレスを得る方法として自動的にIPアドレスを得るDHCPがある．DHCPはネットワーク内にDHCPサーバがIPアドレスを貸し出す方式であり，特定のIPアドレスを設定するのが目的ではない．そこでARPと逆で自分のMACアドレスはわかるが自分にあらかじめ与えられているはずのIPアドレスが不明である場合，ネットワーク内でそれを知っているホストから教えてもらうのがRARPプロトコルである．

例えばネットワーク内の各種の機器はハードウェアの制約などからIPアドレスを記憶することができないが，全体を管理するホスト（RARPサーバ）が個々の機器に対するIPアドレスをあらかじめ保有しており，各々の機器の機能を定めて情報通信する場合などがこれに相当する．手順はARPと同じである．

9-3-3 ◎ IP処理の概要

IPの処理は以下のとおりである．

- 経路選択：ネットワーク内のパケットフォワーディング（forwarding）
- TCPなどトランスポート層とのデータグラム（datagram）交換とパケット送受信
- IP関連サービス：DHCP，NAT/NAPTなどのIPアドレスに関する処理

はじめにIP処理の前提となるIPヘッダを説明し上記の順に解説する．

（1）IPヘッダ：RFC791

IP処理を理解するには具体的なIPヘッダ内の情報を知る必要がある．図**9·13**にはIPv4ヘッダのフォーマットを示した．各フィールドの意味は以下のとおりである．

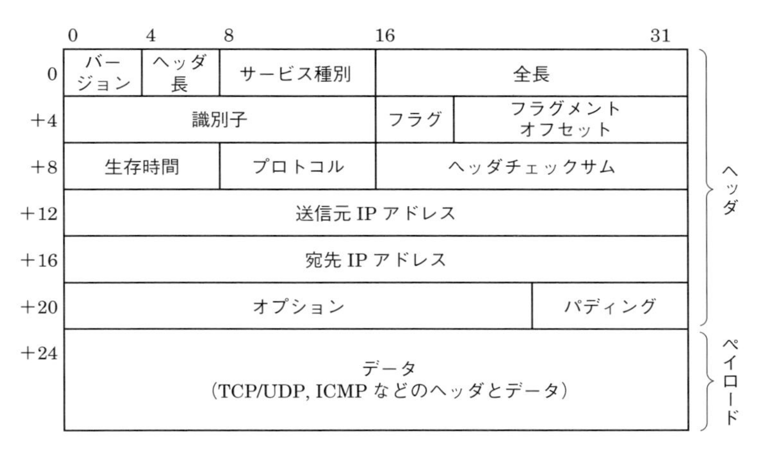

図 9・13　IPv4 ヘッダのフォーマット

- **バージョン 4ビット**　IPv4 の場合は4と指定する（参考までにIPv6 は6である）
- **ヘッダ長（IHL：Internet Header Length）4ビット**　IPヘッダ自身のサイズを4オクテット単位で指定する．オプション指定以降のないヘッダは5（＝4×5）である．
- **サービス種別（TOS：Type Of Service）8ビット**　IPのサービス品質表示．実現性の問題から利用度は低い．
- **全長（Total Length）2オクテット**　ヘッダ部とペイロード部の合計長で単位はオクテット．16ビットなので最大パケット長は65,535となるがこの長さのパケットを通すデータリンクは存在しない．データリンクごとに最大の転送長がMTU（Maximum Transmission Unit）として規定されている．具体的にはイーサネットでは1,500オクテット，FDDIでは4,352オクテットとなっている．MTUはIPヘッダ含めた最大長である．

データリンクごとに1パケット送信に要する最大時間としてMTUが決められている．この理由は，あるホストが長時間リンクを独占使用することを避けるだけでなく連続してパケット送信する場合でもリンクを使用しない一定の空白時間を設け，ほかのホストにパケット送信の機会を与えることになっている．これによって複数のホストで一つのリンクをタイムシェアできる．

・**識別子（ID：Identification）2オクテット**　送信するメッセージに付けられたID．長いメッセージは上記のMTUの規定により複数のパケットに分割されても同一のメッセージであることを示す番号．

・**フラグ4ビット**　特に意味のあるビットは第2番目のDF（Don't Fragment）と3番目のMF（More Fragment）である．パケットを次のホストに送信するときサイズがデータリンクのMTU以下でないときルータはパケット分割しなければならない．DF = '0'の場合は本パケットを分割するが，分割禁止された DF = '1' の場合は本パケットをルータは次のホストに送信できないため，ICMP（Internet Control Message Protocol）パケットを本パケットの送信元ホストに送る．**図9･14** にパケット分割するルータの処理の流れを示す．分割する場合はパケットを新たに作成するのでメモリ領域を確保する関数を呼び出し（getIP_Hdr）その後IPヘッダをコピーし，ヘッダチェックサムの計算，フラグメントオフセットの計算，データグラムのコピーなどを行い，さらにパケット分割が続くならMFを'1'にするが，最終分割パケットのMFは'0'とする．MF = '1'はまだ分割パケットが存在することを示し'0'は最後の分割パケットであることを意味する．

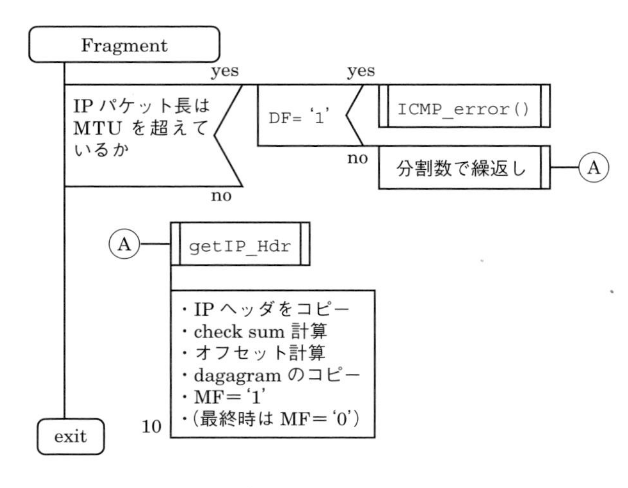

図9・14　パケットの分割処理

・**フラグメントオフセット（FO：Fragment Offset）12ビット**　データグラム内のオフセット値で単位は8オクテット．TCPからIPレイヤーが受取ったデータがMTU以上であるときIPレイヤーでは図9･14に示したパケット分割処理を行ないその後にデータリンクにフレーム（図9･11）を作成しデータリンクにフレームを流す．
・**生存時間（TTL：Time To Live）8ビット**　迷子となったパケットがネットワーク内に永久に残ることを防止するためにパケットがネットワーク内に滞在できる最長時間を設定する．本来は単位秒であるが実際にはパケットがノードを通過するごとに－1とし，結果が0になったときにパケットを破棄する．このとき送信元のホストにICMPパケットが送信される（Time Exceeded）．
・**プロトコル（Protocol）8ビット**　IP処理の上位プロトコル番号．代表的な番号はICMP＝0x01，TCP＝0x06，UDP＝0x11，IPv6＝0x29である．
・**ヘッダチェクサム 16ビット**　ヘッダ部分のチェックサムである．データリンク上の通信でヘッダ部が破壊されていないことを保証するため．
・**送信元IPアドレス 32ビット**　送信元のIPアドレス．
・**宛先IPアドレス 32ビット**　宛先のIPアドレス．
・**オプション 24ビット**　まれに利用．
・**パディング 8ビット**　オプション指定時にヘッダ長が32ビットの整数倍にならないときのfiller/padding（詰め物）として'0'を入れて32ビットの整数倍とする．
・**データ**　IPの上位層から受け取った（一般的に）カプセル化したデータを入れる．代表的なものはTCP，UDPなどから受け取ったデータである．

（2）経路選択（ルータ）

一つのネットワークセグメント（例えばオフィスのフロアなどで一つのネットワークを構成する単位）は外部のインターネットとパケット交換をするには図**9･15**に示したような内部と外部を接続するルータが必要となる．ルータはOSIモデルのネットワーク層（第3層）までを担う専用マシンであることが多い．一般的にネットワークセグメント内にはネットワークを利用するホスト，サーバが

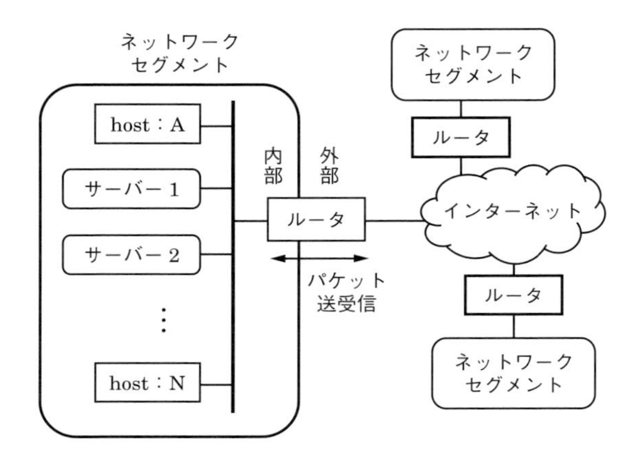

図9・15　パケット処理の中心：ルータ

存在しルータを通して外部との情報交換を行う.

ルータの主な処理は以下のとおりである.

(a) IPヘッダの宛先IPアドレスをルーティングテーブル内に求め次のルータのIPアドレス（ネクストホップ）を求める.

(b) ネクストホップに転送するためにIPアドレスに対応したMACをARPテーブル内から求める. もし不明ならばARPによりMACアドレスを得て, その後ARPテーブルに格納する. ARP応答のないときは送信元にICMPにより「ホスト到達不能：Host Unreachable」を送る. Linux系OSでARPテーブルを表示するコマンドは: arp -a である.

(c) 転送の前にデータリンクのMTUをチェックする. MTUを越えるパケットに対して図9·14に示したパケット分割をする.

(d) パケットを流すドライバに制御を渡す. フレームが作られデータリンクにフレームが流れる. これをフォワーディングという.

すべてのホストあるいはルータは上記(a)で参照するルーティングテーブル（経路制御表）をもち, 次の宛先アドレスを得る. 図**9·16**には簡単化したルーティングテーブルを示した. フォワーディングをするときは宛先IPアドレスをこの表から求める. 例えば宛先アドレスが165.93.12/24ならば165.93.26.1がフォワーディング先のIPアドレスである．もしフォワーディングするIPアドレスが表に存在しない場合，図の0.0.0.0/0のエントリから165.93.1.2に転送する．このエントリはデフォールトルートと呼び，表に登録されていない宛先の場合に使われる．表が巨大化するのを防ぐ目的がありネットワークセグメントのルータが指定されることが多い．このようなパケット転送をホップバイホップ（hop by hop）と呼び，ネットワーク層の根幹をなす機能である．IPアドレス127.0.0.1は例外的なアドレスである．このアドレスはループバック用に予約されたホスト自身と通信するために用意されている．使い道はいろいろあるがネットワークのアプリケーションを開発する際にプロセス間のやりとりを一台のマシンでテスト，デバッグするときなどに使える．このアドレスはlocalhostとしても利用される．PCなどにOSをインストールしたとき“ping localhost”と入力することでTCP/IPの動作確認ができる．

宛先 IP アドレス（destination）	次のルータ（gateway）
0.0.0.0/0	165.93.1.2
165.93.1/24	165.93.15.1
165.93.12/24	165.93.26.1

図9・16　ルーティングテーブルの例

任意のホストから任意のホストにパケットを転送する根幹はこのルーティングテーブルに依存しており，矛盾のない一貫した構成になっている必要がある．このためルーティングテーブルを固定的もしくは動的に自動構成する方法が考案されている．自動構成はルータどうしが相互に情報交換をすることでネットワークの構成が変化しても対応できるよう，極力最新の状態を維持することが可能である．なおLinux系OSではルーティングテーブルを表示するコマンドは:netstat -nrである（n：テーブルを数値表現，r：テーブル表示）．

(3) トランスポート層とのデータグラム交換ならびにパケット送受信

ホストマシンにおけるIP処理の重要な役割はトランスポート層とのデータグラムのやりとりにある．処理の概要を図**9･17**に示した．手順は以下のとおりである．

(a) 上位のトランスポート層（TCP/UDPなど）から受け取ったデータグラムのサイズがMTUを越えていればパケット分割する．分割により各IPヘッダのフラグメントオフセットを書き込む．フラグのDFは指定がなければ0とし最後のパケット以外はMF = '1' とする．

(b) その他必要な情報をIPヘッダに書込み分割したデータをペイロードとする．

(c) 宛先と送信元のMACなど書き込み，図9·11のデータリンク用フレームを完成させる．

(d) データリンクにフレームを送出する．

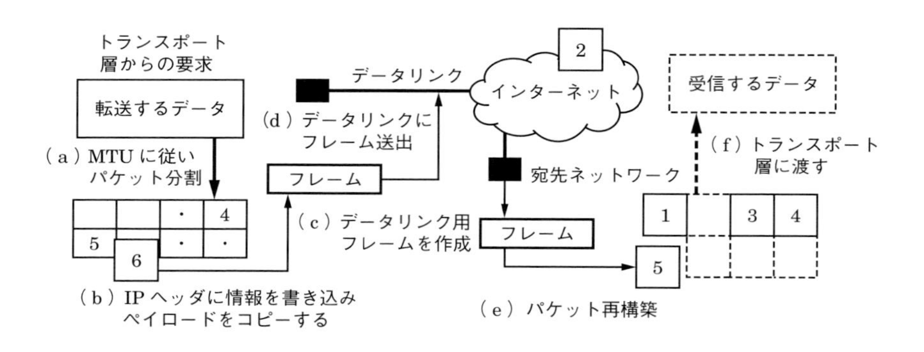

図 9・17　パケット分割と再構成する IP 処理

図9·17では分割された6番目のパケットがフレームとしてデータリンクに送出される様子を示している．インターネットを通してパケットは送られ，宛先ネットワークがパケットを受け取っているところを示している．現在5番目のパケットが到着した．宛先のルータだけがパケットの再構築（assemble）を行う．受信側のIP層の処理は以下のとおりである．

(e) 送信側と逆に分割されたパケットを再構築する．到着したパケットからIPヘッダを取り除きフラグメントオフセット値に従ってペイロード部を取り込み上位層に渡すデータグラムを作成する．パケットはネットワーク内を任意のルートを通過するため到着する順序の保証はない．図では2番目のパケットがネットワーク内に存在しまだ受信側に到着していない様子を示している．

(f) すべてのパケットが到着した時点でトランスポート層にデータグラムを渡す．仮に一部のパケットが到着しない場合は，最初のパケットを受け取ってから約30秒待つのが一般的であるが決まりはない．アセンブルできないと判断するとデータグラムは破棄され上位層に渡されることはない．ホストの上位層どうし（セッション層など）の信頼性に対する対策が必要でありIP層は責任をもたない．つまりIP層はコネクションレスの通信である．

9-3-4 ◎ IP関連サービス

(1) DHCPサーバ

ノートPC，タブレット端末や携帯情報機器など（クライアントと呼ぶ）で一時的にネットワークを利用するときIPアドレスやネットマスク，ルータやDNSのIPアドレスなどを設定するのは時間を要するだけでなく面倒である．そこで一時的にIPアドレスを時間貸しするとともに，これらの情報を自動設定し管理するのがDHCPサーバである．DHCPサーバをネットワーク内に立ち上げておけばこれらの情報端末の利便性が上がる．DHCPはTCP/IPを使ったアプリケーションである（RFC2131）．

DHCPの動作は以下のとおりである．

(i) クライアント側よりDHCP発見パケット（DHCP discovery packet）に自分のMACアドレスを入れブロードキャストする（宛先IPアドレスを255.255.255.255，自分のIPアドレスは不明を意味する0.0.0.0と指定）．なおクライアントはUDPを使用しDHCPサーバのポート番号を67，クライアントのポート番号は68と指定することで両プロセス間通信が成立する約束になっている（ポートについては本章9-4）．

(ii) DHCPサーバは未割当てのIPアドレス，デフォルトルータのIPアドレス，ネットマスクなどをクライアントに送信する（DHCP offer）．これらの情報は提案（オファー）であり決定ではない．この処理の前に，DHCPサーバはIPアドレスを選んだ時点でICMPエコー要求（Echo Request）を出す．もし返信がある場合にはこのIPアドレスは既にネットワーク内に配布されているので，次の未割当てIPアドレスを探し同様の確認をした後にオファーを行う．

(iii) ネットワーク内にDHCPの信頼度を高めるために複数のDHCPサーバを立ち上げている場合は，複数のオファーをクライアントが受け取る可能性がある．そこで同一のIPアドレスを使うことを避けるためオファーされたIPアドレスを基にクライアントはARPを実行する（DHCP request）．もしARPの返信があればそのオファーを破棄する．この場合は(i)に戻り，やり直しする．この手続きでオファーのあったIPアドレスがネットワーク内でユニークであることを確認する．

(iv) クライアントは上記の手順で確定したIPアドレスをDHCPサーバに使用承認願いを送る（DHCP ACK：Acknowledgement）．

(v) DHCPサーバは貸し出したIPアドレスを確定し，クライアント情報とともに貸出時刻，貸出時間などの管理を行う．

(2) ネットワークアドレス変換：NAT（RFC1631）

IPアドレス枯渇の問題に対処するため本章9-3-1(3) ではプライベートアドレスを説明した．このプライベートアドレスは図9·9のようなルータが内部のプライベートIPアドレスと外部のグローバルIPアドレスを結びつけている．電話の例で説明したとおりルータはネットワーク内のホストと外部のホストが通信をしている場合には，両者のIPアドレス関係を結びつけパケット通信の仲介役を果たす．この仲介役を果たすのがNATである．

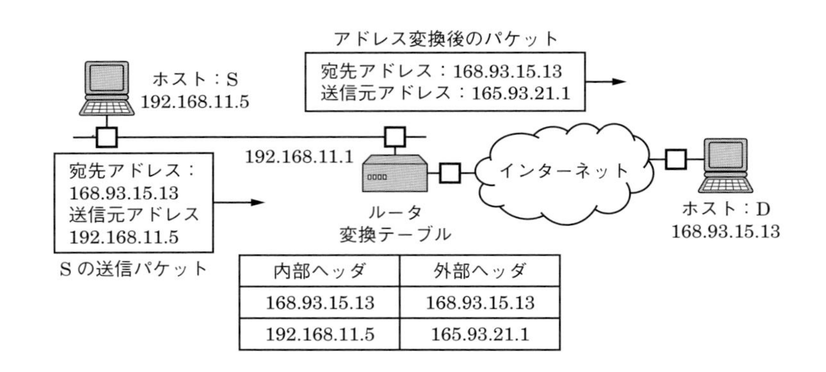

内部ヘッダ	外部ヘッダ
168.93.15.13	168.93.15.13
192.168.11.5	165.93.21.1

図9・18　NATの基本的な仕組み

NATの基本的な仕組みが図**9·18**に示されている.ホストS（プライベートIPアドレス：192.168.11.5）が外部のホストD（グローバルIPアドレス：168.93.15.13）にパケットを送信する場合を想定する．ホストSはネットワークセグメントのルータ（プライベートIPアドレス：192.168.11.1）にパケットを送信する．ルータは仲介役を果たすために受け取ったIPヘッダの送信元を自分（ルータ）のグローバルIPアドレス：165.93.21.1に書き換え，インターネット網にパケットを送信する．このとき変換テーブルに書き換えたヘッダの内容を記録する．このようにIPアドレスを変換し外部へパケットを送信する．

ホストDはパケットを受け取ると送信先に返信のパケットを送る．このアドレスはホストSのルータIPアドレスである．ルータはホストDからのパケットを受信すると変換テーブルを参照し，このパケットの宛先をSのIPアドレス：192.168.11.5に変更しホストSに送信する．このようにしてルータは内部と外部のIPパケットの受渡しを可能にする．

(3) ネットワークアドレスポート変換：NAPT（RFC2766）

図**9·19**の例のようにネットワーク内にホストT（192.168.11.20）とS（192.168.11.5）が同時に外部のホストDと通信している場合，ルータがDから受け取るパケットは宛先：165.93.21.1，送信元：168.93.15.13である．したがってNATの方法ではルータはDからのパケットをSとTのどちらに送ればよいのか判断できない．

このためネットワーク内から外部に送信するパケットのアドレス変換にはネットワーク内のホストを区別する情報が必要となる．上位層のTCP/UDPではポート番号が通信路（リンク）を区別する情報になっている（ポートについては本章9-4）．そこで図9·19に示すようにホストSのデータグラムにあるポート番号を送受信のIPアドレス以外に使用する．この例ではSのポート49552から外部のホストDのポート80に送信しようとしているので，ルータはNAT同様に送信IPアドレスを自分のグローバルIPアドレスに変換しパケットをDに送る．同様にホストTからホストDへのパケットもNATと同じIPアドレス変換をしてDに送られる．この両者は送信元のポート番号が異なるのでホストDは区別できる．ホストDの側からはルータに二つのポート（49552と50324）が存在することになる．

NAPTの変換テーブルにはそれぞれポート番号が付け加えられる．ホストSとTは同一ホストDのポート80と通信路を確立しているがホストSとTのポート番号が異なる．ルータはDからパケットを受取るとNAPT変換テーブルを参照してポート番号を基にホストSとTを区別してパケットを送信できる．各種のNAPT処理方式があるが基本的な動作は上記のとおりである．TCPのポート番号80はWorld Wide Web httpとして決められている．図9･19のPA, GAはルータのプライベート，グローバルIPアドレスである．

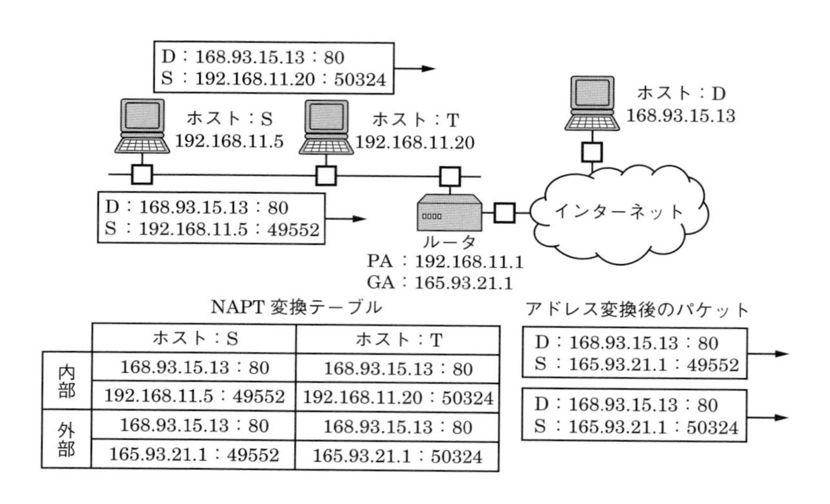

	ホスト：S	ホスト：T
内部	168.93.15.13：80	168.93.15.13：80
	192.168.11.5：49552	192.168.11.20：50324
外部	168.93.15.13：80	168.93.15.13：80
	165.93.21.1：49552	165.93.21.1：50324

図9・19　上位層の情報を識別子とするNAPTの基本的な仕組み

9-3-5 ◎ 通信制御メッセージ：ICMP

（1）ICMPの概要

IP層のパケット交換は従来の手紙と電話による通信手段に例えれば手紙に相当する．電話ならば聴き取れなかったら直ちに問い正せる．このため電話のような通信はコネクション方式と呼ばれ信頼性が高い．だがパケット通信は通信コストを抑えるために，メッセージをパケットに小分けして回線を共有し送受信する方式である．パケットは宛先ホストに到着する時間，順序，などは保証されず，また到着の確認もないコネクションレス型通信であるが信頼性を極力高める努力が必要である．そこでIP処理は100％の信頼性は保証できないが可能な限り

ICMPにより最大限の努力「ベストエフォート」をする．

IP処理を補完するICMPの一部機能を既に説明してきた．MTUによるIPパケット分割時のDF指定では「宛先に到着不可能：フラグメント時の矛盾」の通知，ルータによるホップごとのTTLは「パケットのネットワーク内滞在時間超過」，ルータが次のホップを見つけられずパケットを送信できないときの「宛先に到着不可能:ホストに到着不可能」，DHCPサーバによるICMPエコー要求（Echo Request/Reply）などである．

ICMPが想定している上記以外の主要な障害や報告は以下のとおりである．

・ルータが動作していない（電源がオフなど：Destination Unreachable）
・送信パケット数がルータの処理許容範囲を越える抑制依頼
（Source Quench）
・アドレスマスク通知要求/その応答（Address Mask Requests/Reply）
・最適ルートを送信元ホストに通知する（ICMPリダイレクト）
・ネットワーク内のルータを探す/その返信
（Router Selection/Advertisement）

ルータは上記に対しICMPパケットに情報を入れ，送信元ホストに送信する．これらのIP処理はOSカーネル内で実行されるが上位層であるTCP処理部と協調して信頼性の向上を図る努力をする．

（2）ICMPの利用

IP処理を補完するICMPであるが別の角度で有益な利用法が存在する．以下代表的な利用法について説明する．

(a) MTUパス検出法（PMTUD: Path MTU Discovery）：

送信元から宛先ホストまでの通信路（パス）を通過する際にパケット分割することなく到達できる最大のMTUを求める方法である．途中でパケット分割が生じるとルータに負担がかかるばかりでなくデータグラム送信時間が長くなる可能性がある．

代表的な使用法はTCPが長いデータグラムを分割禁止（IPにDF = '1'を指示）としてIP層に要求する．その結果ICMPより「宛先に到着不可能：フラグメント時の矛盾」の通知が届いたならば次に少し短くしたデータグラムを同様の条件でIP層に要求する．これを繰り返すことでパス上の最も小さなMTUを求められる．得られたMTU以下のデータグラムを送信すれば途中のルータでパケット分割されることがなくなると期待できる．

(b) 宛先ホストまでのホップ数を求める：

宛先ホストまでのルータ数を知る方法としてTTLを利用する．TTLの値はルータを通過するごとに－1され，ゼロになるとパケットは破棄されてICMPにより「ネットワーク内滞在時間超過」の報告が届く．これを利用して最初はTTL＝1を指定してパケットを宛先ホストに送信する．ICMPからの報告が来たならばICMPの送信ルータのIPアドレスを記録し，次に前回のTTLに＋1して再度宛先に送る．これを繰り返すことで宛先ホストまでのホップ数と途中のIPアドレスやパケット送受信に要した往復時間（RTT：Round Trip Time）などを知ることができる．ただしパケット通信の原理からこのルートは常に同一とは限らない．Linux系OSのtracerouteコマンドはこの機能を使っている．

(c) 宛先ホストにパケットが到達可能か否かを確認する：

DHCPサーバで説明したICMPエコー要求（Echo Request/Reply）を使うことで宛先ホストにパケットが到達可能か否かを確認できる．Linux系OSのpingコマンドはこの機能を使っている．pingには他の使用目的もあるが主としてこの目的に使われる．送信先ホストの電源が入っていないときまたは正常に動作していないなどの診断ができる．送信先のIPアドレスが不明の場合はホスト名を指定するが，その場合に応答があればホスト名をIPアドレスに変換するDNSも正常に動作していることを確認できる．しかしホストによってはping攻撃を防止するために受け付けない場合がある．

9-4 TCPの概要：RFC793

ISOモデルの第4層トランスポートに相当するTCP/UDPの機能を説明する．TCPとUDPの違いは本章9-3に述べたようにデータ転送の信頼性の保証と性能にある．TCPは信頼性を重視しUDPは性能を重視している．

9-4-1 ◎ 仮想回線の実現

IPパケット通信がコネクションレスであることは本章9-3-5で説明した．パケット通信はICMPを用いて信頼性向上に努めているが保証はしない．これはハガキに似ており相手に届いた確認をしない通信である．このようなパケット通信を基本とした通信で信頼性を保証するのがTCPである．TCPはコネクションレスのパケット通信を前提としてコネクションタイプの通信を実現する．コネクションタイプの通信は電話に相当するが，ハガキを使って電話と同じ機能を実現しようとするのがTCPである．このことからTCPはあたかも回線を独占的に使用しているように見せかけているので仮想回線（virtual circuit）を実現している．

このためTCPでは以下の手順を踏む．

- 宛先ホストと通信可能であることを確認し通信を開始する（three way handshake）
- 宛先ホストからパケットの肯定的応答（ACK：Positive Acknowledgement）を受け取る
- 送信側は宛先ホストからACKが返されないと同一パケットを無条件で再送する
- 一連のデータグラム送信の順序性を保証するシーケンス番号管理を行う（sequencing）
- データグラムのチェックサムを行い，ビット落ちやデータ破壊を防ぐ
- 宛先ホストとの交信完了時に接続解除（Four Way Disconnection）の手続きを踏む

以下，上記の各々を説明するが最初にTCPセグメントの具体的な説明から行う．

9-4-2 ◎ TCPセグメント形式

TCPの処理を知るにはTCPデータグラムの構造を見るのが早い．図**9･20**にはTCPセグメントの構造を示した．各項目の概要は以下のとおりである．

- 送信元ポート番号（Source Port）16ビット　送信プロセスの通信窓口番号
- 宛先ポート番号（Destination Port）16ビット　宛先プロセスの通信窓口番号
- シーケンス番号（Sequence Number）32ビット　コネクションが確立したときに乱数発生し初期値とする．その後，転送オクテット数が加算されていく．

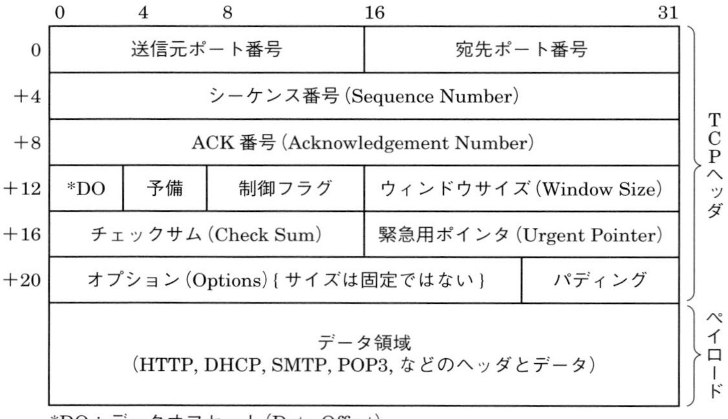

図9・20　TCPセグメントのデータ構造

・ACK番号（ACK Number）32ビット　次に受信するデータグラムのシーケンス番号を示す

・データオフセット（Data Offset）4ビット　TCPヘッダの長さを示す．単位は4オクテットなのでオプションのない場合は5である．

・予備（reserved）4ビット　将来の拡張に備えた空き

・制御フラグ（Control Flags）8ビット　フラグをオン(1)とし指示する
代表的な制御フラグは緊急を要するデータがある場合に使用するURG（Urgent Flag），ACK番号が有効である場合に使用するACKフラグがありコネクション確立時のSYNデータ以外はすべてACK＝1でなければならない．コネクション確立要求を示すSYN（Synchronize Flag）フラグ，逆にコネクションを終了させるFIN（Fin Flag）がある．そのほかコネクションを強制的に切断するRST（Reset Flag）などがある．

・ウィンドウサイズ（Window）16ビット　受信可能なペイロードサイズを指定する．これ以上のサイズを送信元は送ってはならないことを示す．単位はオクテット．

・チェックサム（Check Sum）16ビット　通信路でのビット落ちなどデータ

グラムが破壊されていないことを保証する値

・緊急用ポインタ（Urgent Pointer）16ビット　URG＝1の場合に有効で緊急用データのオクテットサイズを示している．緊急用データはデータ領域の先頭から始まる．

・オプション（Options）サイズは固定的でなくオプションごとに異なる．代表的な利用は最大データグラムサイズ（Maximum Segment Size）やウィンドウサイズのスケール変更（Window Scale Option）などTCPの通信性能向上ならびに高速通信路による矛盾の回避のための情報交換に利用される．

9-4-3 ◉ プロセス間通信路：ポート

BSDソケットについて本章9-2-2で図9·5を使い概略を説明した．ネットワークを使った応用はすべてOSのプロセス間通信（IPC）の1種であり，今まで説明してきた各種の約束があるに過ぎない．ここで説明するポートは両端のホストの情報交信路（コネクション）である．プロセスは複数のポートを設けることが可能であり各ポートにはユニークな番号が付けられ識別される．詳しくは10章で説明する．

TCPとUDPはそれぞれポート番号が必要になる．DHCP（本章9-3-4）ではUDPの67，68がそれぞれサーバ，クライアント用であることを説明した．またNAPTの説明ではホストDのTCPポート80がhttpのポートである（図9·19）ことも説明した．このようにあらかじめアプリケーションごとにポート番号が決められているとクライアントからは特定のサーバへのコネクションが容易となる．**図9·21**にはホストからWebブラウザに接続している様子を示している．Webサーバはポート80でありホストからの要求を受け取る準備がなされている．サーバ側のTCP層は受け取ったTCPヘッダからポート80宛てであると判断しWebサーバにペイロード部を渡すことができる．この結果Webサーバとホストのポート49552との間で通信が可能となる．

ここで注意しなくてはならない点は図9·21のWebサーバに対して複数のホストから接続要求が来る場合，ならびに同一ホストが複数のブラウザを立ち上げて同一のWebサーバに接続する場合である．このような接続をそれぞれ区別するために次の5個の情報からなる結合子（association）によって通信路のユニークな管理が可能となる．以下の表記ではプロトコルはTCPかUDP, {S}は送信元，{D}は宛先を示している．

（結合子）＝（プロトコル，{S} IPアドレス，ポート，{D} IPアドレス，ポート）

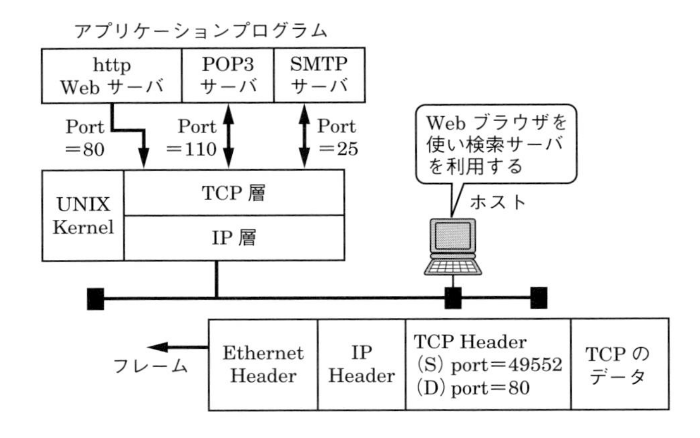

図9・21　サーバとTCPヘッダ内のポートの関係

図9·21ではWebサーバはポート番号80，電子メールの受信POP3サーバと送信SMTPサーバがそれぞれポート番号110，25である．これらの代表的なサーバはポート番号を固定的に決めておくことが望ましい．そこでTCP/UDPでは広く利用されているアプリケーションに対して固定的なポート番号を割り付けている．これをウェルノウンポート（Well Known Port Numbers）と国際的に定めている．そのほか，ポートには表**9·3**に示すような割付けがなされている．

表9・3　ポート番号の種類と範囲

ポートの種類	番号の範囲	備考
ウェルノウンポート	0-1023	世界的に定められている
登録ポート	1024-49151	上記に準じて定められている
動的，プライベートポート	49152-65535	一般のユーザが使える

登録ポート番号はしかるべき手続きにより登録可能なポートであるので，一般的なプログラムでは使用しないことが望ましくプライベートポートを使用すべきとされている．ソケット生成後に表9·3の考えのもとに必要に応じて bind システムコールによりポート番号を割り付けることができる．ユニークな結合子はコネクションの基本である（10章10-1-2 (2)参照）．

9-4-4 ◎ TCP通信の開始手続き

TCPによる通信の開始に当たり重要な3種の取決めを行う．

・ホスト間のコネクションの確立

・TCPセグメントサイズ（MSS）の決定

・受信側のバッファーサイズの通知（本章9-4-6）

（1）コネクションの確立：Three Way Handshake

TCPはコネクション方式の通信であり通信開始時に両ホスト間でコネクションを確立する．手順を図**9·22** に示す．ここではTCPの典型的な応用であるクライアント側のホストCがサーバSにコネクション確立の要求を行なう例を示す．最初に接続要求するホストをクライアントと呼び TCPヘッダだけを送信する（①）．このヘッダには制御フラグ：SYNをオンとし通信開始のメッセージ番号としてシーケンス番号 x（乱数）を入れる．

このTCPヘッダを受け取ったサーバは接続確立を受け入れるために返信のTCPヘッダを返す（②）．このときTCPヘッダにはサーバもクライアントと接続を求める意味でSYN要求をするだけでなく，クライアントの要求を確認したことを示すACKの制御フラグをオンとする．さらにサーバからも通信開始のメッセージ番号としてシーケンス番号 y（乱数）を設定する．SYNを受け付けたのでその確認を示すためにACK番号として x+1 をクライアントに知らせる．これによりクライアントが次に送るデータは x+1 となる．つまりSYNは1オクテットとみなされる．

サーバから接続確立要求のTCPヘッダをクライアントが受け取るとその応答確認を返信する（③）．その内容はサーバのSYNを受け取ったことを確認するACKを x+1 オクテット番目としてシーケンス番号を(x+1)とし，サーバの送信すべきデータは y+1 オクテット目からなのでACK番号を y+1 にする．

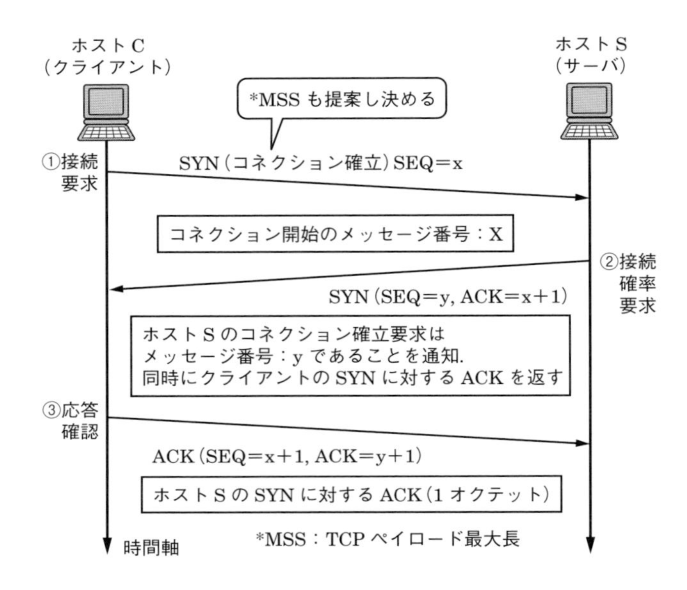

図9・22　TCPのコネクション確立手順（Three Way Handshake）

上記の3回のやりとりの結果，コネクションが成立するためこれをスリーウェイハンドシェイキングと呼ぶ．この例で見たようにクライアントサーバは対等の立場でコネクションを確立している．

（2）MSS（Maximum Segment Size）の取決め

コネクション確立時には最大のTCPセグメントサイズ（MSS）を両ホスト間で決めておく．クライアントは接続要求時（図9·22の①）にTCPヘッダのオプションとしてMSSのサイズを提案する．サーバはこの提案に対する自分のMSS案を接続確立要求として返す（同図②）．このやりとりの結果，MSSの小さな方の値をTCPペイロードの最大長（MSS）とする．したがって両ホストはアプリケーションからのデータをこのMSS値以下に区切って送受信する約束になっている．

9-4-5 ◎ 肯定的応答：ACK

(1) シーケンス制御

通信の信頼性を確保するために受信ホストは受け取ったデータの確認通知のためにACKを返信する．受信ホストからのACKを送信側は受け取ることで次のデータを送信できる．しかし一定の時間が経過してもACKを受け取れない場合はためらわずに再送する．これがシーケンス制御（sequencing control）である．受信側TCPはACKを送信したにもかかわらず同じデータを二重に受け取る可能性があるが，ヘッダ内のシーケンス番号で区別し矛盾が生じないようにアプリケーションプログラムにデータを渡す必要がある．図**9・23**にACKと再送によるTCPのシーケンス制御の様子を示した．

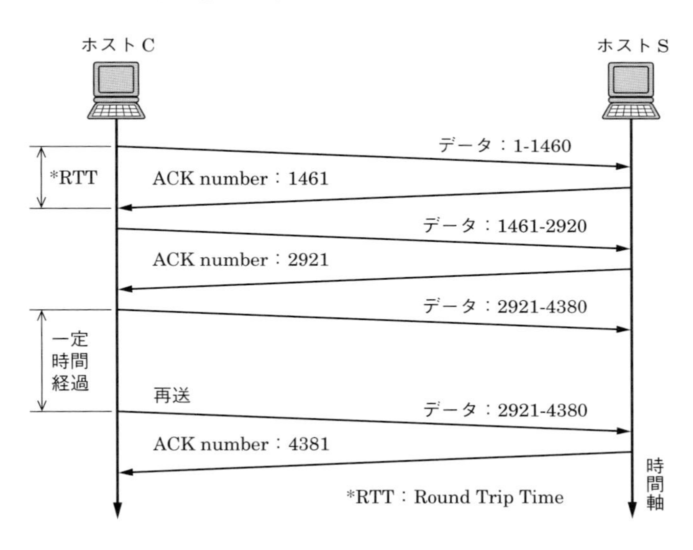

図9・23　ACKと再送によるTCPのシーケンス制御

(2) 効率のよいシーケンス制御

図9·23 のようにTCPセグメントごとにACKを返すと送信からACKが返るまでの往復時間（RTT：Round Trip Time）が長くなり非効率的である．そこでウィンドウ制御で説明するようなACKの送信を削減する工夫が各種なされている．

9-4-6 ◎ ウィンドウ制御による効率的送受信

TCPは1回の送受信量がMSSで制限されている．イーサネットのMTUは1500オクテットであり，IPとTCPヘッダが通常は各々20オクテットであるので MSSは図9·23に示した1460オクテットとなる．高速な通信路が利用可能な状況ではこのMSSは小さい．このため送信ではバッファメモリを用意し，まとめて送信するスライドウィンドウ方式が使われている．つまりMSSの数倍のバッファが用意される．図**9·24**にスライドウィンドウの例を示した．コネクション確立時にサーバ（受信側）はACKを返す際にウィンドウサイズを指定する．これによりクライアント（送信側）はウィンドウサイズより小さなTCPセグメントをたて続けに送信できる．図9·24ではウィンドウサイズが3セグメント分であるのでたて続けに3セグメントを送ることができる．

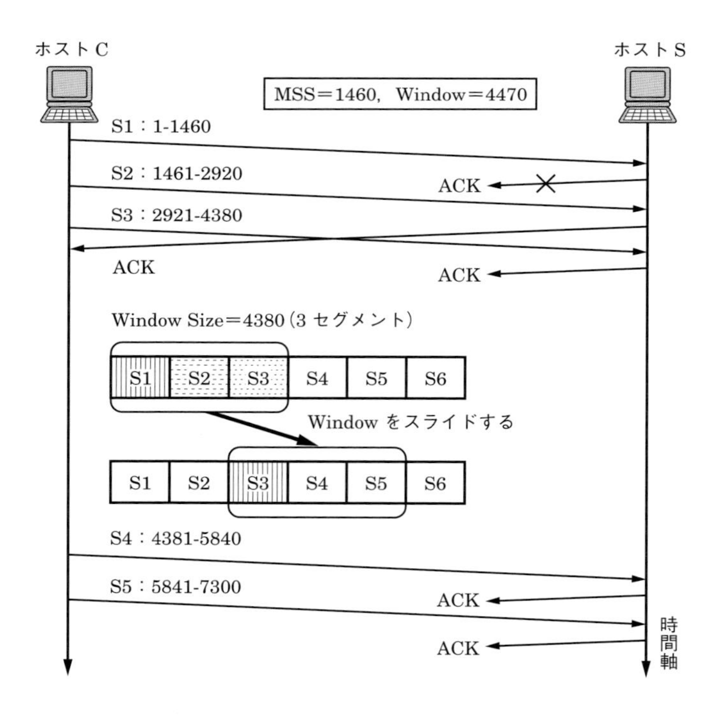

図9・24　TCPのスライドウィンドウによる高速化

クライアントはACKを受け取ると再送の必要がないセグメントを解放できる．ウィンドウサイズが大きい場合には途中のACKが抜けていてもTCPセグメントを送り続け，ウィンドウの最後まで送信した後に抜けたACKの再送を行うことで効率的な送信を可能にする．図9･24ではS2のACKが返った時点で2セグメント分のウィンドウをスライドさせS4, S5を送信する．実際のスライドウィンドウ方式はACK削減も含めて高速化を達成するためにより複雑な制御を行っている．

9-4-7 ◎ コネクションを切断

クライアントはサーバとのコネクションを切断するときFINフラグをオンとしたTCPセグメントを送信する．**図9･25**にこの手順を示す．サーバはFINを受け取るとACKを返すが，次に対等の通信であるのでサーバからもFINをクライアントに送る．クライアントはサーバのFINを確認するACKを返す．つまりコネクションの切断はフォーウェイハンドシェイク(Four Way Handshake)である．

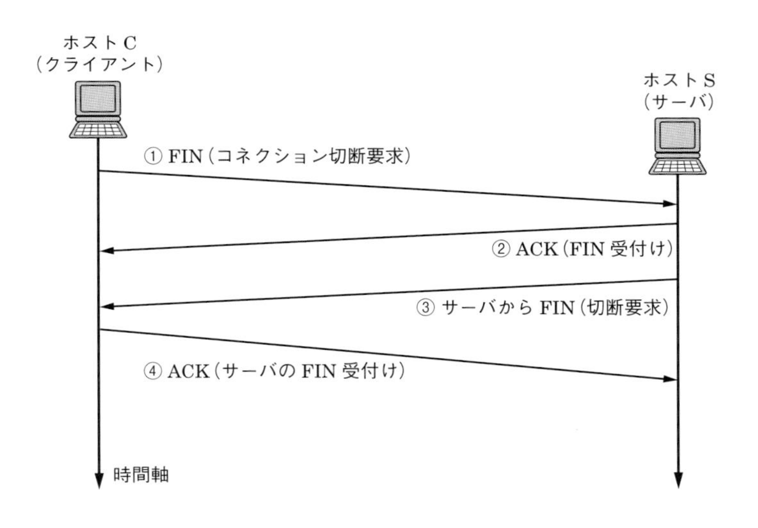

図9・25　TCPのコネクション切断手順（Four Way Handshake）

9-5 コネクションレス通信UDPの概要：RFC768

コネクションレスの通信のためデータグラムの到着順の正しさや到着の確認の保証はない．信頼性を犠牲にする，あるいは性能を重視するなどの応用に向いている．UDPのセグメント形式を図**9·26**に示す．ヘッダは8オクテットと短い．内容は以下のとおりである．

- 送信元ポート番号（Source Port）16ビット　送信プロセスの通信窓口番号
- 宛先ポート番号（Destination Port）16ビット　宛先プロセスの通信窓口番号
- パケット長（Length）16ビット　ヘッダとデータの合計長（単位オクテット）
- チェックサム（Checksum）16ビット　通信路でのビット落ちなどセグメントが破壊されていないことを保障する値である．送信元がチェックサムを行わない場合はゼロとする．この場合はさらに性能が向上する．
- データ（data）　送信するデータ

データの誤りやその検出などはアプリケーションの責任となる．データが多少脱落しても問題とならない音声や画像のストリーミング配信など，リアルタイム性をなるべく維持したいオンラインゲーム，ならびに短いデータ送信などに向いている．

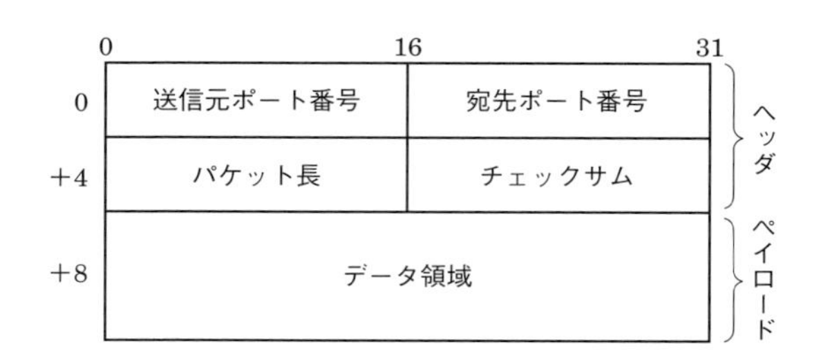

図9・26　UDPセグメントのデータ構造

9-6 演習問題

(1) イーサネットのMTUは1500オクテットである．このとき最長のペイロードはいくつか．

(2) DHCPサーバをネットワーク内に二つ以上を立ち上げたとき，クライアントに貸し出すIPアドレスの重複を避ける有効な方法を考えよ．

(3) IPv4ではIPアドレスが32ビットである．192.168/21の表記は192.168.0.0から先頭の21ビットのサブネットマスクによるアドレス空間を示しているがいくつのIPアドレス数が利用できるのか．また，各々のネットワークではいくつのホストまで接続可能か．

(4) OSI基本参照モデルでは7層のレイヤーを定めている．したがって第3層以上のソフトウェア実現においても階層化した実装が望ましいか否かを多角的に考察せよ．このとき，図9·5のような構成を参考にしてみるのも一つのヒントになると思われる．

(5) TCPとUDPでは用途が異なることを説明した．IP層のようにコネクションレスの信頼性が低いパケット通信により，電話を実現すると品質の低下が起こりそうに思えるが，それにもかかわらずなぜIP電話はVoIPとして実用化されているのか考察せよ．

(6) TCPヘッダ内のポート番号は16ビットである．表9·3に示されているようにクラアントに割り付けられるポート番号は動的，プライベートの範囲である．これらを前提に考えて，プライベートIP使用のネットワーク内のホストAとBが（図9·19のような）外部の同一Webサーバをアクセスしたとき全く問題は生じないのだろうか考察せよ．

(7) 各種の機器によりネットワークは構成されている．図9·4に示されるOSI基本参照モデルの物理層，データリンク層，ネットワーク層に各々特化した機器名と機能について調べよ．

★ 演習問題の略解はオーム社Webページに掲載されているので参考にされたい．

10章　ネットワークプログラミング

ネットワーク接続したコンピュータの利用形態は一般的にクライアント・サーバモデルと呼ばれている．OSの観点からはクライアントとサーバのプロセス間通信がネットワークを媒体としているに過ぎない．このためOSはプログラマに対し，ネットワークの物理的な側面をブラックボックス化するだけでなく，9章で説明した各種のプロトコルを隠ぺいし論理的なインタフェースをプログラマに提供している．

具体的にはソケットがプログラマに提供され，ソケットを通してプロセス間の通信ができる．遠隔地のホスト内プロセスとの通信では結合子の概念が最も重要である．結合子が整ったソケットはソケット記述子が与えられファイル記述子と全く同一のインタフェースにより相互の情報交換が可能となる．

本章ではソケットの概念，具体的なインタフェース，そしてソケットを利用したクライアント・サーバモデルのプログラミング方法などを解説し基本的なクライアント・サーバによるプログラミングができるようにする．

10-1　基本的な考え方

10-1-1　ソケットの概念

ネットワークでは共通の規則を作り相互に規則を守る必要がある．9章では事実上の標準となったTCP/IPに関する主要なプロトコルを説明した．しかしこれらのプロトコルの詳細に基づくプログラミングは生産性が上がらない．プログラミングに際してデバイスドライバの知識と処理まで要求されるのと同じことである．このためネットワークのハードウェアやプロトコルなどを隠ぺいし，論理的なインタフェースをプログラマに提供するのがソケットのAPIである．ソケットは米国カリフォルニアバークレイ校で開発されたBSDに1980年代初期に実装され，現在はほとんどのOSに普及している．

ソケットはネットワークを介したプロセス間通信を実現する．物理層やデータリンク層にとらわれることなく通信を論理的なインタフェースとし，プログラマはそれらの通信路を意識する必要はない．OSがすべてを吸収してくれる．図**10･1**にBSDソケットの概念を示す．両ホスト間にコネクションが確立するとソケットは情報コンセントの役割を果たしコンセントを通して情報が流れる．機械的な動作がなくUNIXのパイプに類似しておりコンピュータへの情報入出力のファイル操作と統一したインタフェースをプログラマに与える．

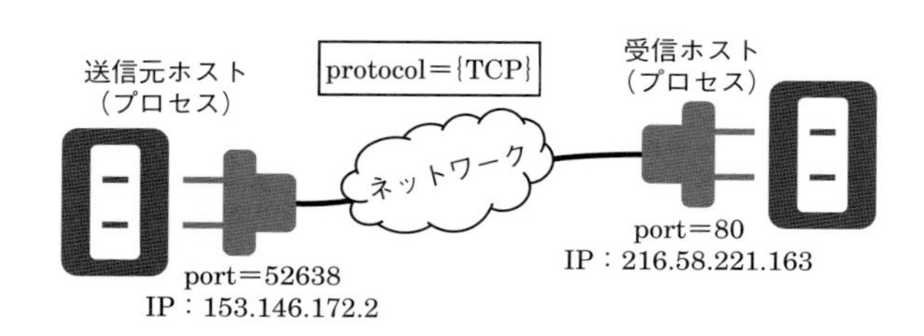

図 10・1　BSD ソケットの概念

ソケットの概念には図10･1 に示した五つの重要なパラメータがある．それは9章9-4-3に定義した結合子（association）である．この例の具体的な結合子は次のとおりである．

（結合子）＝（TCP, 153.146.172.2, 52638, 216.58.221.163, 80）

プロトコルはTCPを指定し送信元のIPアドレスは153.146.172.2，ポート番号は52638．受信側のIPアドレスは216.58.221.163，ポート番号は80である．この結合子によりユニークな通信路（コネクション）が確立する．先に述べたように結合子が整えばプロセス間の情報送受信はファイル入出力と同様のインタフェースが可能となる．

以下，通信を行う両ホストでのソケットの作成，IPアドレスとポート番号の設定，そして送受信を行うなど一連のAPIとなるシステムコールについて説明する．

10-1-2 ◎ ソケットのAPI

（1）socketシステムコール

通信を行う両ホストはともにsocketシステムコールを実行し，通信路の骨格であるプロトコルファミリー（PFもしくはアドレスファミリー：AF）をOSに通知する必要がある．プロトコルファミリーはプロトコル体系の指定でありTCP/IPならばPF_INET（あるいはAF_INET）を指定する．システムコールの仕様は図**10･2**のとおりである．TCP接続の場合にはtypeにSOCK_STREAMを指定しUDPならばSOCK_DGRAMを指定する．socket実行直後にはソケットに自分のIPアドレスや通信相手のリモートアドレスはまだ設定されていない．

```
#include <sys/types.h>
#include <sys/socket.h>
int socket(domain, type, protocol); // 通信路作成
int domain;         // TCP/UDP の場合 PF_INET を指定
int type;           // TCP：SOCK_STREAM, UDP:SOCK_DGRAM
int protocol;       // 通常 0 で自動設定
// 返り値：socket 記述子, 失敗時：−1
```

図 10・2　システムコール socket の仕様

```
#include <netinet/in.h>
#include <arpa/inet.h>  // for htons, ntohs
struct sockaddr_in {
        short sin_family; // domain
        u_short sin_port; // port number
        struct in_addr sin_addr; // IP addr.
        char sin_zero[8]; };      // filler
設定例：
 struct sockaddr_in srvaddr;           // 変数の宣言
 serveraddr.sin_family = PF_INET;     //internet を指定
 // ポート番号をネットワークバイトオーダーに変換し代入
 serveraddr.sin_port = htons(80);
 // ホスト内任意の IP アドレスを指定
 serveraddr.sin_addr.s_addr = INADDR_ANY;
```

図 10・3　sockaddr の構造体とその設定例

(2) bindシステムコール

生成したソケットに自分の名前を付ける．名前とはIPアドレスとポート番の意味である．この準備のためにsockaddr_inの構造体（図**10･3**）が必要となる．bindシステムコールはこの構造体を指定してソケットに名前を付ける．図10･3にはsockaddr_inに値を設定する例を示した．構造体の変数がservaddrである．sin_familyにはinternetを指定するためPF_INETを，sin_portにはポート番号

の値を入れる．この場合sin_portにはエンディアン[*1]による違いを防ぐために関数htonsによりネットワークバイトオーダーとする関数で変換をする（本章10-2-5 (2)に詳しい説明がある）．そしてsin_addrの構造体のs_addrにはホストのIPアドレスを設定する．INADDR_ANYとはbindを実行したホストに接続されているすべてのIPアドレスでパケットを受け付けることを意味するのでループバックのアドレス127.0.0.1も接続される．ポート番号1024未満はウェルノウンポート（表9･3）でありクライアントのようなルート権限のない場合には使えない．ホストのIPアドレスがドメイン名であるときはgethostbynameライブラリ関数を使い，DNSによる検索した結果を入れる（本章10-2-5 (1)）．このようにソケットの名前をつける準備を行った後に図**10･4**に示すbindを実行する．

サーバはポート番号とIPアドレスを設定しbindを実行しなくてはならない．ポートを指定するsin_portがゼロであるとOSは動的，プライベートポート番号を設定するのでサーバとして動作するプログラムはクライアントからのコネクション要求のためにもポート番号を明示的に指定しておく必要がある．一方，クライアントは通常，bindを実行する必要はない．

```
#include <sys/types.h>
#include <sys/socket.h>
int bind(int socket, const struct sockaddr *address,
            size_t address_len); // socketにアドレスを付ける
// socket:  socket記述子
// *address:  アドレスを示す構造体；PF_INET値，ポート番号，IPアドレス
// address_len:  sockaddrのサイズ
// 返り値：= 0  成功，= -1 失敗時
```

図10・4　システムコールbindの仕様

(3) listenシステムコール

サーバはbindによって名前を付けたソケットが整うとクライアントからの接続要求の受付け準備ができるのでlistenシステムコールを出しクライアントの要求を待つ．不特定多数のクライアントからの要求を受け付けるために受付け待ち行列の長さを指定する．listenの仕様は図**10･5**のとおりである．

---

*1　メモリ上にバイトを並べる方法がコンピュータによって異なる．代表的なのはIBMのメインフレームはビッグエンディアン，インテル社のIA32はリトルエンディアンである．

TCPではクライアント側からconnectシステムコールが出されサーバのソケットに繋がるとサーバのlistenの待ちが解除される．サーバはlistenの返り値がゼロであることを確認しクライアントの名前（IPアドレスとポート番号など）を受け取る領域を指定してacceptシステムコールを実行する．

```
#include <sys/socket.h>
int listen(int socket, int backlog);
 //socket:  ソケット記述子
 //backlog:  キューの長さを指定. 通常5
 // 返り値:  =0  成功,  =-1  失敗
```

図10・5　システムコールlistenの仕様

（4）acceptシステムコール

サーバはクライアントのconnect実行でlistenが解除された後にacceptを実行する．acceptはlistenの要求待ち行列の先頭を取り出し，返り値として新ソケット記述子を作る．第2，第3パラメータによりクライアントのIPアドレス，ポート番号などが入り結合子が整う．サーバのソケットはほかのクライアントからのconnect要求に応え続ける必要があるため，このように新ソケット記述子を作る．図**10·6**にacceptの仕様を示した．構造体のsockaddrは図10·3のsockaddr_inと同一でありコンパイルのためのキャスティングである．

```
#include <sys/socket.h>
int accept(int socket, struct sockaddr *address,
                 size_t *address_len);
// socket: socket記述子
// *address: クライアント側のアドレスポインタ.
//                IPアドレス, ポート番号などが設定されている
// address_len: アドレスの長さ
// 返り値: クライアントからの接続を受けると新規に接続済み
//            状態のソケットを作成し新ファイル記述子を返す
//       = −1  失敗  */
```

図10・6　システムコールacceptの仕様

サーバがlisten/acceptで使用するソケットは受付け窓口であり顧客（クライアント）が到着すると，顧客の要求を処理するために別のソケットを作り作業者に渡すという方法をとる．このことでサーバは外部に公表したソケットを使い

続け不特定多数のクライアントからの要求を継続的に受け付けることができる．listen/acceptを実行したサーバプロセスは処理能力の向上，ならびに信頼性向上のために子プロセスもしくはスレッドを生成し別のプロセス，あるいはスレッドとして並列実行させる．詳しくは本章10-2で説明する．

(5) connectシステムコール

クライアントがサーバ名（IPアドレスとポート番号）を指定し接続要求を行う．connectによってTCPコネクション動作が行われる（9章9-4-4）．この結果，結合子が完成しコネクションが確立する．connectの仕様は図**10･7**のとおりである．クライアントはソケットを作成した後にサーバ内のプロセスを定めるために図10･3に示したsockaddr_inのデータ構造にサーバのIPアドレス，ポート番号などを設定する．connectのsockaddrはコンパイルのためのキャスティングである．クライアントはconnectの返り値が0であることを確認し，ソケット記述子を使用してデータの送受信をサーバと行うことができる．

```
#include <sys/socket.h>
int connect(int socket, const struct sockaddr *address,
                                    size_t *address_len);
// socket: socket 記述子
// *address: サーバ側のアドレスポインタ.
                  IP アドレス, ポート番号などが設定されている
// address_len: アドレスの長さ
// 返り値：= 0 成功, = −1 失敗
```

図10・7　システムコールconnectの仕様

(6) send/recvシステムコール

コネクションが確立するとデータの送受信が可能となる．両システムコールの仕様を図**10･8**に示した．sockはsocket記述子，*bufは送受信データの格納アドレス, lenはその長さである．sendとrecvは通常の指定では（flags = 0）とする．ソケット記述子はファイル記述子と同じ意味をもっているので，ファイルに対する入出力のwriteとreadシステムコールと同等であるため（図3･29, 3･30），これらを実行してもよい．ssize_tはオクテット数である．なおrecvは例外もあるがメッセージが存在しなければ到着するまで待つ．

```
#include <sys/types.h>
#include <sys/socket.h>
ssize_t send(int sock, const void *buf,
                size_t len, int flags);
ssize_t recv(int sock, void *buf,
                size_t len, int flags);
// 返り値：=−1　失敗，それ以外は送受信オクテット数
```

図10・8　システムコールsend/recvの仕様

(7) sendto/recvfromシステムコール

UDPソケットに名前を付ければ両ホスト間でコネクションレスの通信が可能となる．送受信はsendto/recvfromであり，送受信では宛先ホストのIPアドレスとポート番号をパラメータとして与える．UDPの場合はホスト間の交信規約はアプリケーションプログラムのプロトコルで定める必要がある．仕様は図**10･9**のとおりである．

```
#include <sys/types.h>
#include <sys/socket.h>
ssize_t sendto(int sock, const void *buf, size_t len,
     int flags, const struct sockaddr *to, socklen_t tolen);
ssize_t recvfrom(int sock, void *buf, size_t len, int flags,
     struct sockaddr *from, socklen_t *fromlen);
// 返り値：=−1　失敗，それ以外は送受信オクテット数
```

図10・9　システムコールsendto/recvfromの仕様

システムコールを実行する前に相手先（*toと*from）を示す構造体sockaddr_inにIPアドレスとポート番号を設定しておく必要がある．返り値は−1でなければともに送受信されたオクテット数である．

表**10･1**にはソケットの主たるシステムコールの概略をまとめた．

10-2 ソケットプログラミングの実際

10-2-1 サーバの処理方式

ネットワークのアプリケーションの多くはクライアントとサーバどうしで通信を行うことが多い．このときサーバには2つの処理方法がある．図**10･10**に示し

表10・1　代表的BSDソケットシステムコール

関数名	機能	TCP	UDP
socket	通信の終端ソケットを新たに作成する	○	○
connect	コネクションの確立を試みる	Ⓒ	△Ⓒ
bind	ソケットにポートとIPアドレスを付ける	Ⓢ	Ⓢ
listen	コネクションの接続を待つ	Ⓢ	
accept	接続要求を取り出し新規に接続済み状態のソケットを作成し新ファイル記述子を返り値とする	Ⓢ	
send	writeシステムコールと同一機能でコネクション先にデータを送信する	○	△
recv	send同様にreadシステムコールとほぼ同じ	○	△
sendto	コネクションレスのデータ送信		○
recvfrom	コネクションレスのデータ受信		○

Ⓢ 主としてサーバが使用する　Ⓒ 主としてクライアントが使用する
△ 特定の目的で使用可能

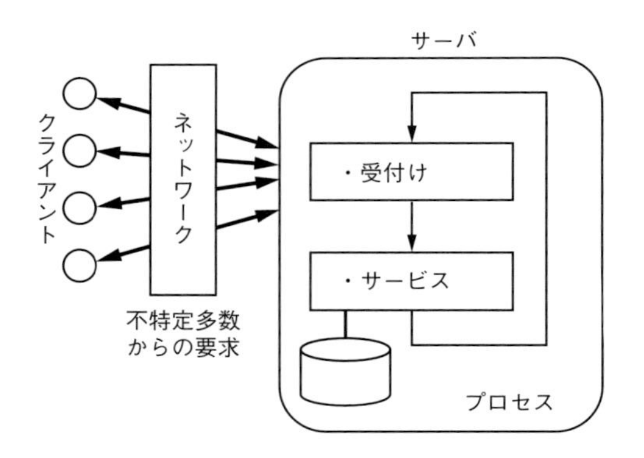

図10・10　単一プロセスの反復繰り返し型サーバ

た方法はサーバ内の一つのプロセスが不特定多数のクライアントからの要求を受け付け，要求を受け付けた後でサービスを提供し，完了したならば次の要求を受け付ける方法である．サーバは一つのプロセスで受付けとサービス係りをするため単一プロセス反復繰り返しサーバ（Iterative Server）という．

単一プロセスの反復繰り返し法はプログラミングが単純であるが処理効率が上がらない．図のようにサービスにディスクなどへの入出力があるとその間は他のクライアントからの要求に応えることができないだけでなく，バグなどでプロセスが停止するとシステムダウンと同じ状態になる．したがって性能ならびに信頼性向上のためにはサーバのプロセスを並列処理型とする方式（Concurrent Server）が望ましい．そこで図**10･11**のようにサーバは受付け専用のプロセスを用意し不特定多数のクライアントに対し同一の名前（IPアドレスとポート番号)を持ったソケットを外部に晒しておく．クライアントからの要求を受け付けると処理プロセスに実際のサービスを実行させる．つまり仕事を分担する並列処理型のサーバプロセス構成にする．

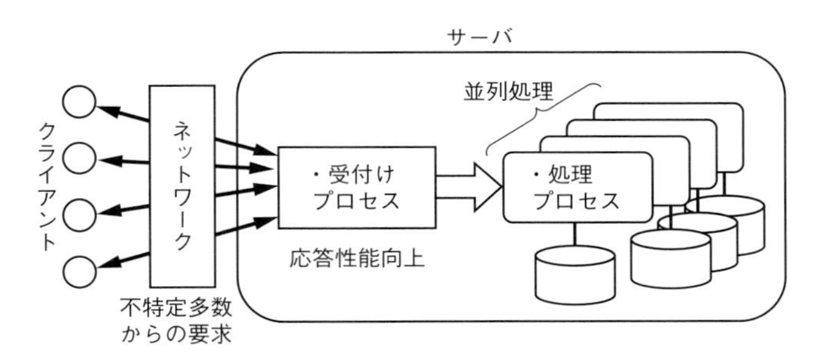

図10・11　多重プロセスの並列処理型サーバ

サーバの受付けプロセスはクライアントからの要求が発生するとlistenが解除されるのでacceptを実行する．この結果，新しいソケットが生成されるため，処理プロセスにこの新ソケットを渡すことで処理プロセスはクライアントと受付けプロセスとは独立に通信が可能になりサービスを実行できる．

多重プロセスによる並列処理方式では処理能力が向上するだけでなく，4章で述べたように信頼性も向上する．単一プロセスのサーバではサーバにバグが露呈したときにサービスが停止となり信頼性が低くなる．一方，並列処理型サーバは受付けの処理は単純化できる．また複数の処理プロセスを生成できるため処理プロセスにバグがあっても一部の処理を切り離すだけで済み，サーバ全体の停止を防ぐことができる．機能分担し単純化できればバグの発生を抑え，またバグが発生しても発生箇所を特定することも容易になるなどの利点が生まれる．

10-2-2 ◎ TCPによるクライアント・サーバ処理

コネクション型（Connection Oriented Socket）のクライアント・サーバモデルによるソケットプログラミングの大まかな手続き（スケルトンフロー）を図**10·12**に示した．

(1) サーバの標準的手続き：反復繰り返し法

socketを実行しソケットを生成する．その後bindによりこのソケットに名前を付ける．サーバは決まったポート番号（場合によってはウェルノウンポート）を付けることでクライアントからのコネクション要求に応じることができる．この準備の後にクライアントからのコネクション要求を待つlistenを実行し，プロセスはブロック（待ち）状態となる．クライアントからconnectが実行されてブロック状態が解かれコネクションを受け付けるacceptを実行する．この結果クライアントのアドレス（IPアドレスとポート番号）が取り込まれ結合子の要素が揃い，クライアントとサーバ間のコネクションが確立する．acceptの返り値はクライアントとの通信用の新しい記述子でありこれ以降の通信に使用する．

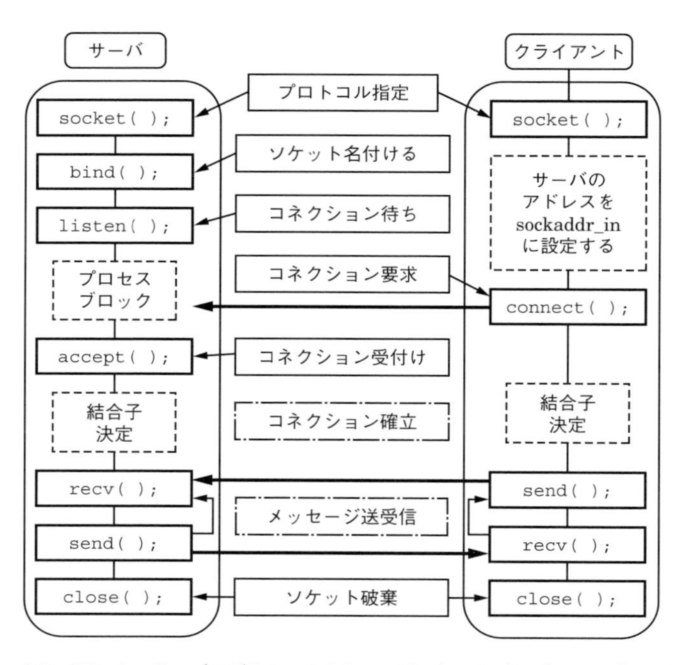

図10・12　クライアント・サーバモデルのコネクション型ソケットプログラミングのスケルトンフロー

クライアントとサーバの約束にもよるが，一般的にサーバはクライアントからのメッセージを受け付けるためにacceptの後にrecv（またはread）を実行する．この場合クライアントからの送信メッセージが到着するまで再びサーバ側のプロセスは待ち状態になる．クライアントがsend（またはwrite）を実行するとサーバの待ちが解除されメッセージが指定のバッファに入る．サーバはメッセージ内容をクライアントとの約束（プロトコルなどの規定）に従って解釈し，必要に応じてsend/writeによりサービスを提供する．やりとりの完了がクライアントから通知されるとacceptで生成されたソケットをサーバは破棄するためにcloseを実行する．この結果TCPコネクション切断（図9·25）が行われる．

accept以降にrecv/read, send/writeで使用するソケットはacceptの返り値で，サーバが最初に生成したソケット記述子でないことに注意すべきである．

(2) クライアントの標準的な手続き

サーバとの通信路ソケットを生成する．サーバにコネクション要求するためにサーバのアドレスをsockaddr_inに設定する．そしてconnect実行で誤りがなければコネクションが確立する．ソケット記述子を使いsend/recvあるいはread/writeによりサーバとのメッセージ交換が可能となる．サーバとのコネクション切断はソケット記述子をcloseすればよい．このような手続きによりセッション管理が行える．connectは返り値が－1の場合にエラーをerrnoに返すので必ずチェックする必要がある．代表的なエラーはICMPの報告（9章9-3-5）がある．connectに限らないがシステムコールの返り値は必ずチェックすべきである．

10-2-3 ◎ TCPによる多重プロセスの並列処理型サーバの実現

(1) サーバ（受信側）の手続き

一般的にサーバは不特定多数のクライアントからの要求を処理する．図10·11のように，クライアントの要求を受け付けるプロセスと実際のサービスを行うプロセスからなる並列処理型は優れた処理性能が期待できる．この処理方法を図**10·13**に示した．

サーバは初期設定でソケットを生成し自分のローカルなアドレスをソケットに付ける（socket とbindを実行）．その後listenによりクライアントからの

connect要求を待つ．クライアントからconnectが実行されて待ちが解除され，要求を受け付けるacceptを実行する．ここで子プロセスを生成するforkを実行しacceptによって作られた新しいソケット記述子を子プロセスに渡す．子プロセスはこの記述子を使い，クライアントとメッセージ交換が可能となりクライアントに対するサービスが可能となる．

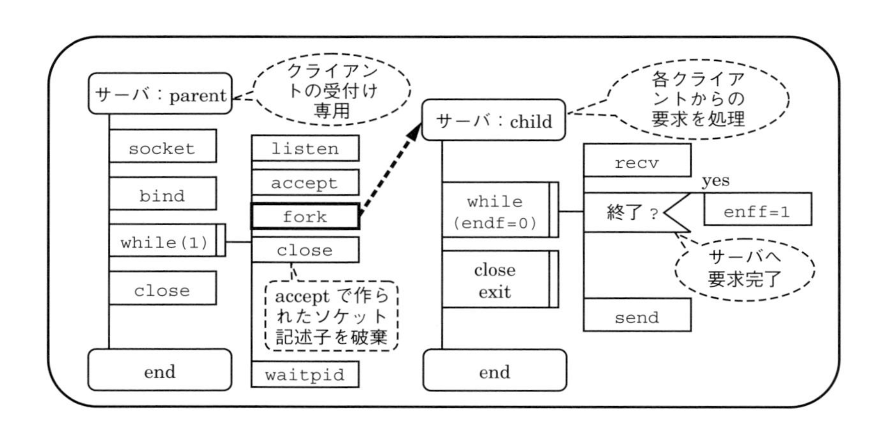

図 10・13　並列処理型サーバの各プロセスの役割

親プロセスはforkを実行するとacceptで作成された新記述子は無用となるのでcloseして破棄する．子プロセスをクライアントの要求に応じて生成するとシステム内にプロセスが滞留してしまう．正確にいうと子プロセスがサービスを完了し，exitすると親プロセスがwaitを実行しない限りゾンビ状態として残る（4章4-2-2）．このためwaitpidを実行しゾンビ状態の子プロセスを消滅させる．この具体的な方法は付録のプログラムを参考にしてほしい．waitpidを実行した後に再びほかのクライアントからの要求を待つためにlistenを実行する．

子プロセスはサービスをクライアントからの要求に応じて行い，クライアントから終了の要求時にコネクションをcloseして切断する．理解を深めるためにクライアント・サーバのプログラム例を付録に添付した（付録I, J）．

(2) クライアント（送信側）の手続き

ここではサーバ側のプロセスは既に立ち上がっておりクライアントからのメッセージをlisten ( )で待ち受けていることを前提に手続きを開始する．図**10・14**にその処理方法を示した．

最初に通信路となるソケットを作成する．次に接続先指定用の構造体であるsockaddr_inにサーバの名前（IPアドレスとポート番号）を設定することで接続の準備を整える．connect ( )を実行するとOSはクライアントの名前を付けてサーバに接続要求する．接続が成功したらサーバにsend ( )もしくはwrite ( )でメッセージを送り，返信をrecv ( )やread ( )で受け取る．これを繰り返し完了する際にソケットをcloseする．

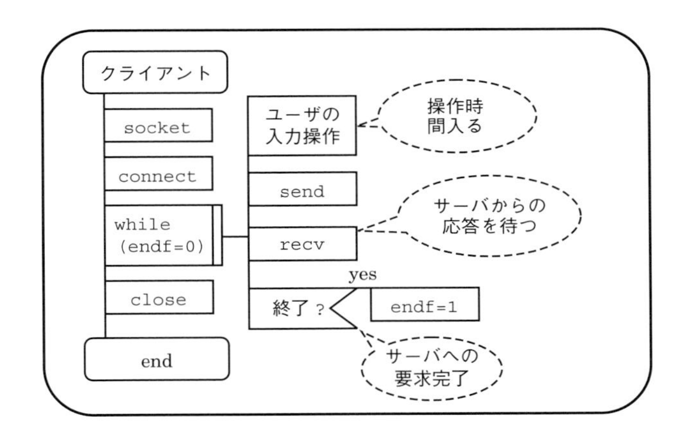

図10・14　クライアントの手順

10-2-4 ◎ UDPによるクライアント・サーバ処理

コネクションレスのソケットを用いた通信である．通信の信頼性はTCPに劣るがTCPでは不可能なブロードキャストやマルチキャストが可能であるので送信側の負荷が軽くなる．またTCPに較べて性能が良いので音声・画像などのストリーミング，VoIP（Voice over IPの略でIP電話）など大量のデータ送受信に向いている．

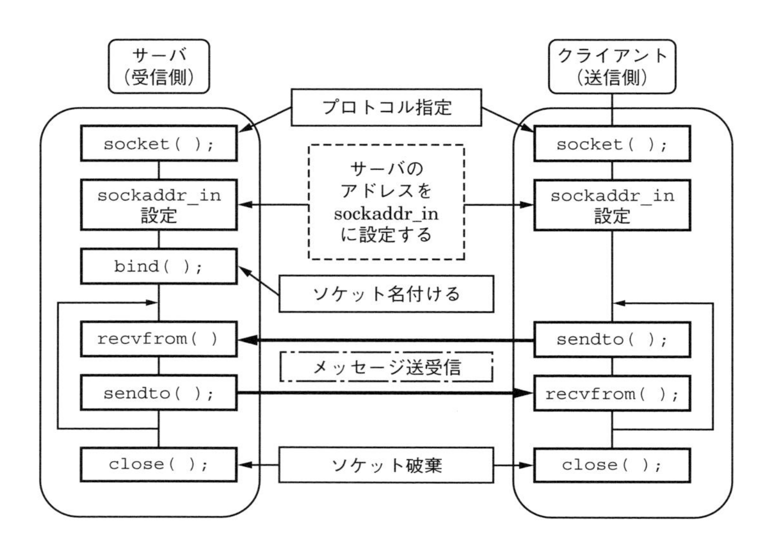

図 10・15　コネクションレス型ソケットプログラミングのスケルトン

図10・15にコネクションレス型ソケットプログラミングのスケルトンを示した．送信側と受信側という表現が相応しいが受信側をサーバとして説明する．

(1) サーバ（受信側）の手続き

以下の手続きを行う．

- socketを実行：domainにPF_INET，typeにSOCK_DGRAMを指定する．
- ソケットにサーバの名前を付けるために（図10·3）sockaddr_inのsin_family, sin_port, sin_addr.s_addrに値を設定する．方法はTCPと同じ．
- bindを実行しソケットに名前を付ける．
- 送信側のsockaddr領域を指定しクライアントからの受信をrecvfromで待つ．recvfrom/sendtoの仕様を図**10·16**に示した．
- クライアントからのデータを受け取り，その要求に応じてsendtoにより必要なデータをクライアントに送信する．
- クライアントからの要求を満たすまで繰り返しデータの送受信を行う．
- クライアントからの終了要求を受け取るとサービスを完了するためにソケットをcloseし破棄する．

```
#include <sys/types.h>
#include <sys/socket.h>
ssize_t sendto(int sock, const void *buf, size_t len, int flags,
                  struct sockaddr *src_addr, socklen_t *addrlen);
ssize_t recvfrom(int sock, void *buf, size_t len, int flags,
                  struct sockaddr *src_addr, socklen_t *addrlen);
// 返り値：=−1  失敗，それ以外は送受信オクテット数
// エラーは errno に表示される
```

図10・16　システムコール sendto/recvfrom の仕様

(2) クライアント（送信側）の手続き

・通信路ソケットを作成する（socket）.

・sockaddrにサーバのアドレスを指定する.

・サーバにsendtoを用いてデータを送信する.

・サーバからrecvfromでメッセージを受け取る.

・必要に応じて上記sendto/recvfromを続ける.

・サーバからのサービスが完了したらソケットを破棄する（close）.

※UDPのサーバ，クライアントのプログラムサンプルを付録に添付したので参考にしていただきたい（付録K, L）.

UDPではクライアントがconnectを実行してもよい．connectは宛先のアドレス名を定めるのが目的なのでUDPの場合はコネクションレスであるためにサーバにパケットは流れない．connectによりクライアントのソケットがサーバに特化するのでsendto/recvfromでなくsend/recvやwrite/readが使用できる．表10·1に△マークを付けたのはこの意味である.

10-2-5 ◎ ソケット関連の関数例

ネットワークプログラミングの基礎的なソケットシステムコールについてはほぼ説明した．本書ではそのすべてを説明することを目的としていないので，詳細は他の書に譲りたい．ここでは必要最低限となるソケット関数ならびに関連するライブラリ関数を説明する.

(1) ドメイン名とIPアドレス

ホストに付けられたIPアドレスを記憶するのは面倒であり主たるサーバに

はドメイン名（ホスト名）が付けられている．例えば著名な検索Webサイトの Google（www.google.co.jp）などである．ドメイン名からIPアドレスを得るには，データベースを検索する関数が利用できる．gethostbynameであり仕様は図**10·17**に示すとおりである．返り値はhostentの構造体である．エラーの場合はNULLとなりh_errnoに要因が入る．この使用法はサンプルプログラムとして付録Mに添付した．

```
// ホスト名，ドット IP アドレスから hostent 構造体を得る
#include <netdb.h>
#include <sys/socket.h>  // in case using AF_INET
extern int h_errno;
struct hostent *gethostbyname(const char *name);
// 返り値：hostent 構造体（以下に示す）
//         = NULL  エラーの場合，その番号は h_errno に入る

struct hostent {
        char *h_name; // official host name
        char **h_aliases;     // alias name list
        int h_addrtype;       // host address type
        int h_length;         // length of address
        char ** h_addr_list;  // list of addresses }
#define h_addr h_addr_list[0] // for compatibility
```

図10・17　ソケットライブラリ gethostbyname の仕様

(2) ネットワークバイトオーダー変換

本章10-1-2ではbindシステムコールを説明したがこの準備として図10·3に示したポート番号（16ビット）をsin_portに代入する際htonsの関数を使用した．これはコンピュータのエンディアンの問題を解決するためである．htonsはホスト（ポート番号）からネットワークバイトオーダーに変換する（host to network byte order short integer）．この逆はntohsである．仕様は図**10·18**に示す．

```
#include <sys/types.h>
#include <netinet/in.h>
#include <arpa/inet.h>
// host port# to network byte order(binary)
uint16_t htons(uint16_t hostshort);
// network byte order to host port#
uint16_t ntohs(uint16_t netshort);
```

図10・18　ネットワークバイトオーダーライブラリの仕様

(3) ソケットでIPパケットを使う

9章ではパケット交換の様々な機能を説明した．IPレイヤーでの機能は様々あるがこれらをソケットインタフェースにより使用する方法がある．図10·2のsocketではtypeにSOCK_STREAM, SOCK_DGRAMを説明したが，SOCK_RAWを指定し第3パラメータにIPPROT_RAWを指定するとIPヘッダを直接使ったプログラミングが可能になる．このようなソケットには様々なオプションをsetsockoptにより設定できる．

(4) ドット表示IPアドレスのネットワークバイトオーダー変換

ソケットに名前を付けるbindの準備で図10·3のようにIPアドレスをs_addrに設定しなければならない．この場合，ドット表示の文字列を使用せざるを場合にはinet_atonを使い，ネットワークバイトオーダーのバイナリ値に変換する．またこの逆で，ネットワークバイトオーダーのバイナリ値をドット表示のIPアドレスとして表示したい場面もある．このときは，inet_ntoaを使用する．仕様は図**10·19**のとおりである．

```
#include <sys/types.h>
#include <netinet/in.h>
#include <arpa/inet.h>
// dot iP-addr. to network byte order(binary)
inet_aton(const char *cp, struct in_addr *inp);
// network byte order IP to dot decimal IP-addr.
char *inet_ntoa(struct in_addr in);
// struct in_addr { unsigned long int s_addr; }
```

図10・19　inetライブラリの仕様抜粋

(5) TCPウィンドウサイズの設定

TCPではパケットの効率的な送受信のためにTCPのバッファメモリであるウィンドウサイズを適切に設定する機能がある（9章9-4-2, 9-4-6）．この設定はソケットを生成した後でsetsockoptにより可能となる．ウィンドウサイズは通信性能に関係するためシステムで利用可能なメモリ容量を勘案して適切に設定することが望まれる．

10-3 演習問題

(1) 付録Iを参考にTCPによるクライアント・サーバモデルのプログラムを理解する．

(a) 1台のコンピュータで基本的な動作の確認をする．このためコンパイルは（Ex. $cc -o server server.c）のようにしてコンパイル結果のファイル名をserverとする．

※（注意）サーバプログラムをコンパイルしバックグラウンドでサーバを動かすこともできるが，ここではプログラム内でstdout/stdinを使っているので使用しない．バックグラウンドでも使用できる応用に拡張するのもよい．Linux系ではバックグラウンドとして動作させるために，「&」をコマンドラインに入れる（Ex. $./server &）．

(b) 別のウィンドウを開き，クライアントのプログラムを動かす．これでサーバの画面に動きがあるか否か確認する．＜付録J＞

(c) 二つ以上のクライアントを動作させて正確に動作することを確認する．

(d) サーバプログラムを拡張する．拡張はサーバのポート番号を外部から指定して設定する．agrc, argv[ ]を使う．プログラムでは int main (int argc, char* argv[ ])とし，サーバ起動は，例えば（Ex. ./server 51200 &）のようにして動くようにする．ここで51200はポート番号である．

(e) 次にクライアントプログラムの拡張をする．クライアントはサーバのIPアドレスとポート番号を指定できるようにする．具体的には（Ex. $./client 127.0.0.1 51200）のように第1引数にサーバのIPアドレス，第2パラメータにサーバのポート番号を指定する．

(f) 上記の（d），（e）が動作することを確認する．

(g) 上記（f）が確認できたらサーバもしくはクライアントを別のコンピュータにインプリメントして2台以上のコンピュータで動作することを確認する．

(2) ドメイン名を外部からパラメータとして与えgethostbyname関数を使いhostent構造体を得て，その内容（オフィシャル名，ホストタイプ，アドレス長，エイリアス名一覧，IPアドレス一覧など）を端末に表示するプログラムを作れ．＜付録M＞

★ 演習問題の略解はオーム社Webページに掲載されているので参考にされたい．

付　　録

付録A　オペレーティングシステムの発展

ここではOSの発展経緯を短くながめることにする．定説があるわけではないがOSの発展を図**A･1**に示すように七つの世代に分けてみた．

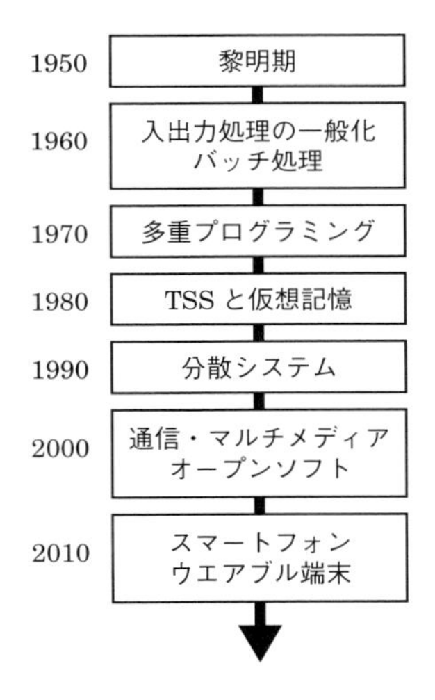

図A・1　OSの歴史的発展と背景

A-1 ◎ 黎明期

初期のころはソフトウェアというはっきりとしたものがなく機械語を効率よく書くアセンブラ（assembler）がその最初であった．フォン・ノイマン（Von Neuman）によるプログラム格納型コンピュータ（Stored Program Computer）が提案（1945年：EDVAC）されてからでも，プログラムはバイナリーコードで入力されていたようである．

問題解決のためにプログラムを書くのはそれほど苦にならないが，それ以外の部分に多くの時間をとられるのは苦痛である．その代表的なのは本書で述べたとおり入出力のプログラムである．データの読込みは紙テープやカード読取り機，計算結果の出力はラインプリンタやコンソールタイプライタを使っていたがそれらの入出力装置の動作誤りに対する処置をきちんとプログラムしなければならなかった．これらは必要悪として作る必要があり，場合によるとこれらの作業の方が長いこともあった．

そこで多くのプログラマが共通に利用するプログラムがファイル管理システムに発展することになる．

A-2 ◎ OS第1世代：入出力処理の一般化とバッチ処理

OSはその名のとおり操作（operation）を自動化する機能である．コンピュータ初期のころの操作は，現在のようにキーボードとディスプレイを用いるようなものではなかった．その当時は紙テープにアセンブラの出力結果をバイナリで穿孔（穴明け）し，これをまず紙テープ読取り機から読み込み，主記憶に格納する．その後に，カードに穿孔されたプログラムやデータをカードリーダから読み込み，アセンブラを動かし，でき上がったオブジェクトプログラムを紙テープに出力し，再度これを主記憶に読み込ませ，プログラムの先頭番地から命令を開始する操作を人手で行うといった手順を踏む必要があった．

このような操作ではコンピュータの生産性が向上しない．コンピュータの性能がいくら上がっても人手の部分が生産性のネックである．この問題を解決するためにまず考えられたのがバッチ処理（batch processing）である．バッチ処理では，カードに穿孔されたジョブ（カードデック）を連続して読み込みジョブを実行する．このためのOSは，カードリーダからジョブを読み込み，Fortranやアセンブラなどの言語処理系を主記憶に読み込むローダ（loader）を備え，オブジェクトプログラムに自動的に制御を渡し，そしてプリンタに出力がなされてジョブが完了する．その後，再び次のジョブを読み込むことを繰り返せる機能をもったものであった．

A-3 ◎ OS第2世代：多重プログラミング

1960年代の後半になるとコンピュータの性能が向上し主記憶や入出力装置の能力が高くなってきた．上記の連続バッチ処理ではジョブが一つずつ逐次的に実行されるために，入出力装置を多用するジョブではCPUが遊んでコンピュータの生産性は上がらない．

このような背景から，入出力とCPUの実行を独立に並行して行わせるハードウェアが出現した．CPUの演算と入出力処理が同時に実行できるようにするにはCPUが入出力の指令を行いデータチャネル（data channel）がその指令を受けて入出力装置を動かすという仕組みになる．図**A･2**にCPUとデータチャネルの並列処理の動きを示した．

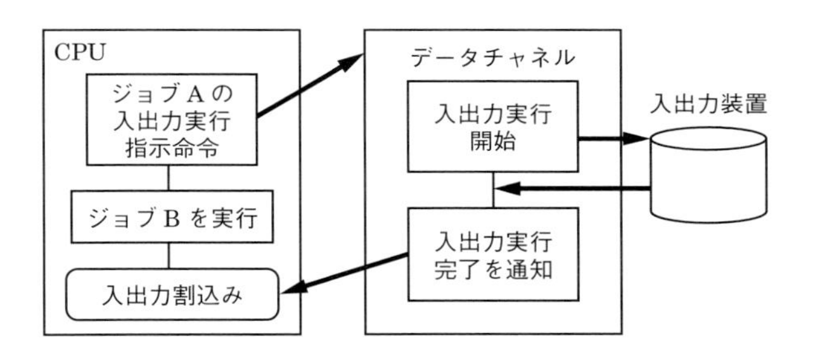

図A・2　CPUとデータチャネルの並列実行

ジョブAの要求を受けて入出力装置が動作している間，CPUはほかのジョブBを実行することができるのでジョブAとBを同時に実行できる．入出力装置はチャネルに接続されその制御を受ける．チャネルはコンピュータであり命令体系（コマンドと呼ぶ）をもち動作する．CPUとチャネルは独立に動くので相互に交信を行う必要がある．この交信手段がチャネルの入出力完了割込みである．同様の機能はUNIXサーバ，PCでDMA（Direct Memory Access）として実現されている．

このような割込み機能を使ってCPUとデータチャネルが同期を取り，複数のジョブを同時に処理する方法を多重プログラミング（multiprogramming）という．この技術は飛躍的にコンピュータの生産性を向上させることを示唆したのである．そこで，多重プログラミングでの関心はいかにして多重プログラミングの多重度（degree of multi- programming）を向上させるかということであり，メモリ管理技術に期待が寄せられた．つまり高価で限られた主記憶の中にいかに多くのジョブを詰め込むかという問題に直面し，これがメモリ管理技術の発展の源になった．

A-4 ◎ OS第3世代：TSSと仮想記憶の出現

多重プログラミングを実現するOSが出現し，コンピュータの処理能力が向上してくると，プログラマがジョブを依頼してその実行結果を得るまでの時間であるターンアラウンドタイム（turn around time）の短縮が求められた．つまり，ターンアラウンドタイムに占めるジョブ実行待ち時間の割合が大きくなったのである．そこで，ユーザはカードを計算センタまで運んで依頼するのではなく，自室から直接プログラムをコンピュータに入力し計算結果を直ちに得たいという要求をもつようになった．

上記の要求を満たすには1台のコンピュータに複数のユーザが同時にアクセスできる通信機能と端末の開発が必要となる．そのためOSに通信ならびに端末制御機能が加わり，さらにOSのプロセス管理に画期的な進展が起こる．

バッチ処理での性能基準は単位時間当たりのジョブ処理件数つまりスループット（throughput）が重要であった．しかし，プログラマが直接コンピュータにアクセスする環境では応答時間（response time）の短さが重要になり，新しい性能尺度が生まれた．当時コンピュータは高価であり対話型利用とバッチ処理が同一システムに共存する形態とならざるを得なかった．そこではバッチ処理にはスループットを保障し対話型処理には応答時間を保障するという課題が生まれた．そこでタイムスライス（time slice）という小さなCPU時間の単位をプロセスに割り当て，1回のCPU使用時間の上限とするスケジュール方式が考案され効果を上げた．

端末からのプログラムを作成は主にテキスト編集である．多くの場合テキスト編集では人間のタイピング時間に比べてコンピュータの処理時間は極端に短い．つまり上記のタイムスライスでCPU処理が完了してしまう．このため複数の端末で同時にテキスト編集を行っても各々の処理が快適に実行されるので，各ユーザはあたかも自分一人がコンピュータを占有して使っている気分になれるのであ

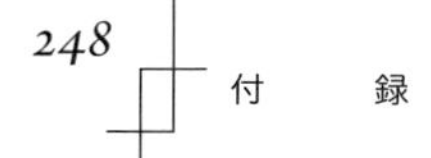

る．タイムシェアリングシステム（TSS：Time Sharing System）はこの原理を利用した対話型処理機能である．1960年代の後半には米国MITのMulticsの大規模プロジェクトが開始し，TSSを実現するOSの開発がなされた．Multicsは野心的な数々の設計を計画した．セグメンテーション・ページングによる多重仮想記憶（7章7-3-2），メモリ保護のリングプロテクション，プログラムのダイナミックリンクなど，コンピュータの歴史に残る業績を残した．類似の研究開発は日立のHITAC5020/ TSSである．これらの研究・開発からTSSが普及すると便利な機能は極限にまで性能が追求されるようになる．なお蛇足だがUNIXはMulticsプロジェクトにAT&T/Bell Labo.から参加したKen Thompsonによって開発され多数の（multi）でなく個人向け（uni）のTSSを目的とした．UNIXのネーミングや設計思想などからも背景が読み取れる．

1970年代に入るとより大きな主記憶に対するニーズが高まってきた．また，技術的にも仮想記憶が研究実験段階から実用化の段階に入った．つまりアーキテクチャが可能とするアドレスの全領域が利用可能となり多重プログラミングの多重度を飛躍的に高めることが可能になった．例えば，24ビットアドレッシングであったIBM社のSystem/360では実際の主記憶が2MB（メガバイト）であっても16MBまでの仮想記憶領域が理論的に可能となったのである．

TSS環境ではより多くの端末をサポートする要求が生まれた．これは多重プログラミングの多重度向上要求であり上記の仮想記憶により理論的に可能になったのである．しかし物理的に少ない主記憶に対する過剰なメモリ要求はスラッシングという現象（6章6-4-4参照）を引き起こし性能低下となる．この新しい課題が仮想記憶における多大な技術的な進歩をもたらした．仮想記憶に関する各種の研究は1970年代に数多く行われ成果をあげてきた．

A-5 ● OS第4世代：分散システムの時代

1980年代の後半になると半導体技術の進歩によりコンピュータはダウンサイジングの時代に入る．つまりIBMを中心にするメインフレーム（main frame）コンピュータ万能の時代ではなくなり，適材適所のコンピュータ利用が進む．

ダウンサイジングの原動力はRISC（Reduced Instruction Set Computer）の発想による高性能CMOSプロセッサの開発にある．また，UNIXがそのOSとして登場しベンチャー企業が次々とワークステーション（work station）の市場を形成した．

UNIXはアメリカの大学で飛躍的な発展を遂げる．特に，カリフォルニア大学バークレイ校（University of California, Berkeley）での開発はBSD（Berkeley Software Distribution）として普及した．ここでの成果は多くあるが，なかでも通信とコンピュータを結びつけた分散処理技術は画期的であった．分散処理のベースとなるパケット通信は1970年代のARPA（Advanced Research Projects Agency）ネットワーク（ARPANET）の成果であり，この発明も偉大な産物である．この技術が現在のTCP/IPとなりインターネットとして大発展を遂げる．また当時は高速であった10Mbps（bit per second）の性能をもつイーサネット（Ethernet）によるLAN（Local Area Network）が1970年台初期にXerox社PARC研究所などにより開発された．このような背景のもとに，ノベル社のNetwareのようなネットワークOSや各種の分散OSが企業や大学によって開発され，商用化，実用化される段階に入った．

A-6 ● OS第5世代：通信・マルチメディア，オープンソフトの時代

RISCプロセッサの進歩によりコンピュータは急速な普及を遂げる．1990年代に入ると，マイクロプロセッサの急速な進歩によりコンピュータの高性能化と低価格化がさらに進む．コンピュータがオフィス業務に利用されはじめる．遂にパソコン（Personal Computer）が職場に入り，オフィスワーカーの情報管理が自動化されOA（Office Automation）として定着する．

当初はスタンドアローン（stand alone）で利用されていたパソコンも，上記の分散処理技術などで蓄積された技術を基に電子メールなどにより個人の情報管理や人間どうしのコミュニケーションの道具として利用され始めた．イーサネット（Ethernet）によるLAN（Local Area Network）はパソコンどうしを結合してコンピュータネットワークを形成し，さらに，コンピュータネットワークどうしがWAN（Wide Area Network）により結合された．これがインターネット（internet）であり世界中のコンピュータが情報交換できるようになったのである．

インターネットは電子メール利用により社会活動を大きく変化させたが，さらにWWWはより多くの情報を容易に発信したり収集したりすることを可能にし

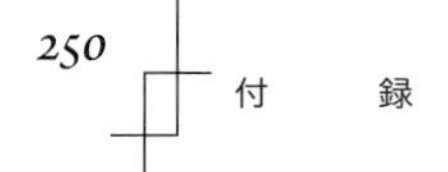

たのである．WWWでは音声，静止画，動画などを取り扱うことができマルチメディア通信を可能にした．2000年代になると一般生活に欠かせない道具として定着し始めた．

またネットワークを通して知識の交換が盛んに行われ，UNIX系のOSであるLinuxなど基本ソフトの自由な開発グループが形成され，ソフトウェアを相互に開示し切磋琢磨する環境が整いオープンソフトの時代に入った．

A-7 ◎ 第6世代：スマートフォン，ウェアラブル端末の時代

2010年代になると携帯端末，PCに代わるタブレットの時代に入る．また携帯電話はPCと同等の機能をもつようになり高速な無線通信が全世界で普及しスマートフォンの時代になる．携帯端末用のOSも多数出現し，アプリケーション開発環境も提供されるようになった．また，常時コンピュータを利用するウェアラブル端末も出現し，多くの分野での利用が期待されるようになった．

A-8 ◎ 代表的なオペレーティングシステムの発展

(1) OS/360とその発展

現代のOSの礎を築いたのはOS/360である．上記の分類に従えば第2世代に属す．OS/360は当初，IBM社のSystem/360シリーズ用に開発された一連のOSであり以下の機能を最初から備えていた．

(a) 多重プログラミングによる複数のジョブの同時実行機能

(b) SAM (Sequential Access Method)，DAM (Direct Access Method) などのファイルアクセス法 (Access Method) を提供し，統一したファイル管理を実現

図A･3にその発展した製品系列を示す．図A･3の中でマルチプログラミングを最初に実現したのはMFT (Multiprogramming with Fixed number of Tasks) である．またその発展形は当時の大型コンピュータに適用されたMVT (Multiprogramming Variable number of Tasks) である．これらについては第6章で説明する．

System/360は半導体の進歩などからアーキテクチャとしての発展を遂げ，1970年にはSystem/370と名称を改められた．また，同時にアーキテクチャの進

歩を支えるOSの機能を備えたOS/VS1, OS/VS2-Rel. 1が発表された．これらには以下の機能追加がなされている．

(c) 仮想記憶による実記憶以上のメモリ容量をユーザに提供

(d) 大規模なOLTP（On Line Transaction Processing）を実現

(e) VTAM（Virtual Telecommunication Access Method）

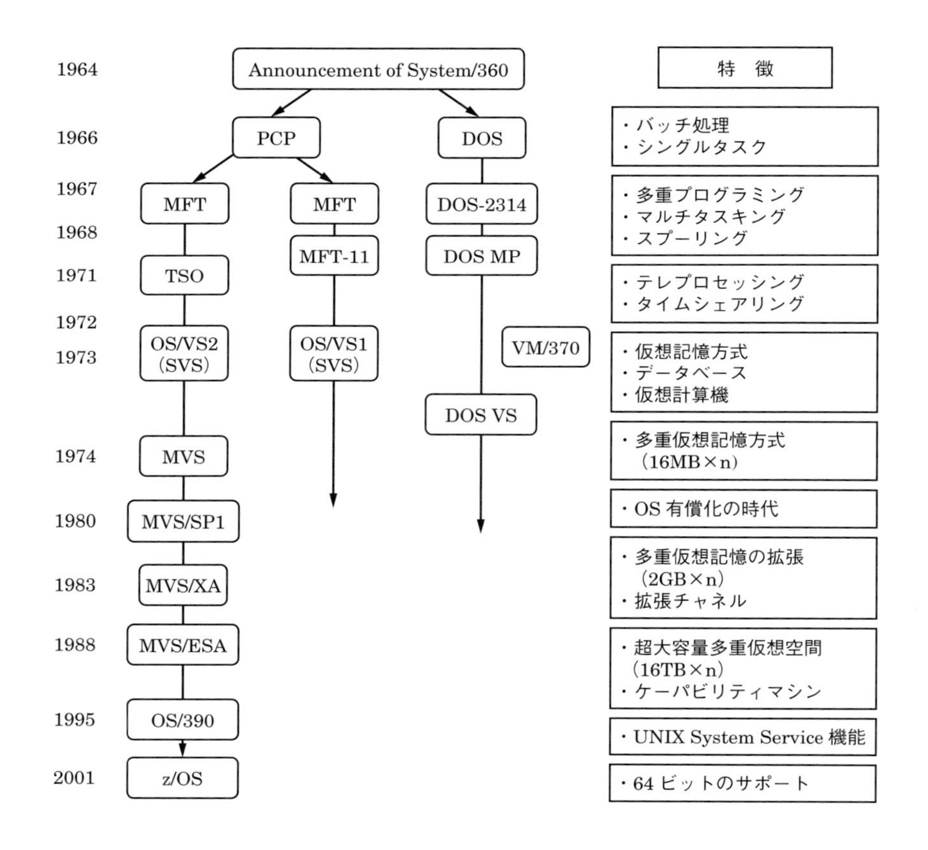

図 A・3　IBM 社 OS/360 の発展と OS の系譜

1974年に発表されたOS/VS2 Rel. 2.1はOS/360とは互換性を保持しているが，全く異なる設計思想に基づいていた．このOSはMVS（Multiple Virtual Storage）と名付けられている．そこでは，以下の機能がさらに追加され，先の分類では第3世代のOSになったのである．

（f）TSSの標準装備

（g）各ジョブに独立な16MBの仮想記憶空間（アーキテクチャの限界）を提供

（h）TCMP（Tightly Coupled Multi-Processor）ならびにLCMP（Loosely Coupled Multi-Processor）の2種類の異なる多重プロセッサ（Multi-Processing）をサポート

MVSはなおも発展を続けMVS/ESでは以下の拡張がなされている．

（i）31ビットアドレス空間のサポートによりユーザ空間を各々2GB（Giga Byte）に拡張，

（j）拡張サブチャネルにより入出力スループットの大幅な向上を図る，

などをし，またMVSは分散処理機能を備え次世代のOSに発展している．

（2）仮想計算機（Virtual Machine）

1970年代にIBMは仮想計算機を開発した．図A·3のVM/370は商用化された仮想計算機を実現する最初のOSである．VM/370は一台のコンピュータに複数のOSを同時に動作させOS開発効率を高める目的にも利用されていた．またCMSというTSSの機能を提供する目的もあり比較的大規模なTSSの実現が可能となっていた．

（3）UNIXの発展

もう一つの代表的なOSはUNIXである．1969年にAT&T（American Telephone and Telegraph）社のBell Laboratoryにおいて，Ken Thompsonらによって開発された．その設計目標は以下のとおりである．

（a）TSSを前提にした対話型システムとして設計されている

（b）木構造のファイルシステムを提供

（c）柔軟なコマンドインタプリタ（シェルと呼ぶこともある）を備えている

（d）プログラマ向きの機能豊富なテキスト編集

（e）プログラム言語Cによるシステム記述とソースコードの公開

UNIXは上記の特徴をもったOSとして当初は商用ベースでなく提供されていた．ベル研究所では1978年のVersion 7まで開発された．また，ソースコードが公開されていたために大学研究者などにより様々な拡張が行われることになった．その代表例は，BSD である．1977年にBSDはカリフォルニア大学バークレイ校にてKen Thompsonの指導のもとにPDP11にて開発されたのが始まりである．その後，Bill Joy（後にSun Microsystms社）などにより発展することになる．BSDは大学育ちのUNIXである．

UNIXはプログラマ向けのOSとして歓迎された．その主たる要因はコマンドインタープリタがカーネルとユーザとの中間的な位置にあり柔軟なコンピュータの利用法を提供したためである．例えば，任意の文字列を * で表すようなワイルドカード（wildcard）が利用できる．ファイル名などの指定を短縮して操作が容易に行え，端末への出力の代わりにリダイレクト（redirect）と称してファイルに端末出力情報を蓄えることができる機能，そしてコマンドプロセジャのようなユーザ専用のコマンドの定義をし，使用環境を定義できるなどの機能が備わっている．また，シェルはアプリケーションプログラムなのでユーザが自分好みのシェルを開発できる柔軟性も備えている．

BSDでは仮想記憶，新しいシェルとしてC-Shell，そして分散処理を大きく発展させるソケット（socket）などが大幅な拡張であり代表的機能となった．BSDは仕様が公開され多くの人々が利用可能であり，また開発に参加するようになったため，各種のコンパイラの開発，MIT（Massachusetts Institute of Technology）によるX-Windowの開発などにより，プログラミング環境の進歩と応用範囲も格段に広がったのである．

1980年代の後半になるとUNIXはRISCによるワークステーションのOSとして発展し，上記の第4世代の時代を形成する．なかでも分散処理はUNIXを核として発展しインターネットの草分けとなった．特に電子メールの普及に対する貢献は大きい．

UNIX系OSは高性能RISCプロセッサとともに発展したもので，プログラム開発やCAD（Computer Aided Design）などのためにワークステーションに広く使用された．このように分散環境得で広く利用されるようになると，複数のワークステーションを統括管理しプリンタや大容量ファイルのような資源を提供する各種のサーバが必要になる．また，電子メールのサービス，次に述べるWWWのサーバという新しいコンピュータビジネス分野が拓けたのである．

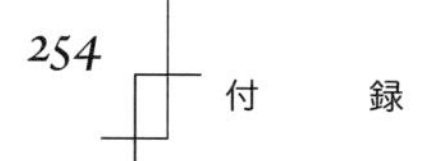

WWW（World Wide Web）のプロジェクトは1989年にスイスの欧州素粒子物理研究所（CERN）のTim Berners-Leeらにより開始されたもので，本来は研究者グループの情報共有を目的としていた．WWWはハイパーテキストを使ったインターネット上の広域情報システムである．1994年に米国イリノイ大学のNCSA（National Center for Supercomputing Applications）から提供されたMosaicはWWWの情報を容易に閲覧する機能（ブラウザ：browser）であった．WWWは世界中のホストマシン上に公開された様々な情報をブラウザにより収集することが可能であり，我々の情報活動，ビジネス活動，企業活動などを変化させている．

以上述べてきたようにUNIXはメインフレームとは異なった新しい価値をコンピュータにもたらし，メインフレーム万能の時代に終止符を打ったという意味で意義深いOSである．また，OSの機能を公開してオープンな環境を提供しておりOSに依存しないアプリケーションの開発を可能とし，シンプルなインタフェースとともに，プログラム言語Cとの組合せによりコンピュータの教育にも効果的であった．現在，UNIX系あるいはそのクローン（clone）がパソコンにほぼ無償でインストール可能であり，大学研究所，ならびに個人により広く利用されている．BSDならびにLinux系のOSなどは安定したソフトウェアであり，ネットワーク関係のサーバとしても広く利用されている状況にある．

(4) パソコン用OSの発展

パーソナルコンピュータ（パソコン）が本格的に世にでたのは，1977年にSteve Jobsらが設立したApple社のApple II といわれている．BASICが使えて15色カラーを家庭のテレビに映し出せ，たくさんのコンピュータゲームが動き，またビジネス用には表計算ソフトVisiCalcが使えた．その後，1981年にIBM社はIntelのマイクロプロセッサ8088を採用したパソコンを開発し世間を驚かせた．当時の主力OSはディジタルリサーチ社のCP/M-86である．その後マイクロソフト社のMS-DOSが普及することになる．IBM/PCにはLotus 1-2-3という表計算ソフトが開発され爆発的に普及する．Apple II, IBM/PCで始まる第1世代のパソコンがなしえたビジネス革命は表計算ソフト（spread sheet）だといわれている．

1984年にはApple社はMacintoshを発売開始する．このパソコンはモトローラ社のマイクロプロセッサ68000を使い，グラフィカルユーザインタフェースによる使いやすさを追求していた．このGUIを世界で初めて開発したのは，先に述べたXerox社のPARCであり，Altoを発展させたStarという世界初のワークステーションである（1981年）．そこでは，ビットマップディスプレイ，マウスが開発され，アイコン表示，プルダウンメニューなどもGUIとして開発された．またウィンドウがあり，アプリケーションはその中を表示領域とするなど現在のパソコン使用環境の原形を提案した．ディスプレイ画面をデスクトップ（机の上の仕事場）とみなす考えが生まれたのもこのときである．この流れを引き継いだAppleのMacintoshが第2世代を築いたパソコンといわれ，レーザプリンタと組み合わせたDTP（Desk Top Printing）をパソコンの新しいビジネス分野にしたのである．

IBMはPCの仕様を公開したので多くのクローン（互換機）が出現することになる．このため，非常に多くのIBM/PC互換のパソコンが出現して世界的に普及し，低価格化も進んだ．マイクロソフト社はGUIをもつWindows1.0を1985年に出荷したが，コンピュータのメモリ容量と性能の問題もあり，タイリングウィンドウという一つのウィンドウしか利用できないものであった．その後，Intel80486が開発され，性能向上ならびにメモリ容量の増大から複数のウィンドウが本格的に利用できるようになり，1992年にWindows 3.1が出荷される．ここで，Macintoshと同様のオーバラップウィンドウが本格的に利用可能となった．GUIはその後のパソコン用OSとして一般的になり，IBMとマイクロソフトのOS2，マイクロソフトのWindows95, 98, NT, 2000，など今日に引き継がれている．

パソコン用OSはUNIXとは異なり各種のサーバ構築とかプログラム開発用というよりもエンドユーザコンピューティング[*1]を当初は目指していた．そのため，OSの使命である性能，信頼性向上よりも，利便性に対する要求が強い．したがって，コンピュータの内容を知らなくても簡単に使用できるインタフェースが必要とされたのである．

---

*1　エンドユーザコンピューティング：コンピュータの専門家でない一般ユーザ向けのコンピュータ応用領域を指す．例えば，ワープロや表計算ソフト，お絵描きプログラム，メールソフトなどである．

現在，ビジネス，教育，研究など様々な分野にパソコンとインターネットの利用がなされ，社会のインフラストラクチャとなっている．パソコンは高性能化，低価格化しており職場や学校だけでなく家庭にも普及が著しい．また小型軽量化が進み外出時にも携帯できるようになってきた．携帯電話の普及により無線通信も容易に利用できる環境になり，パソコン通信を利用したモバイルコンピューティングを仕事に，そして日々の生活に生かしていく時代になっている．このように，コンピュータは人間どうしの究極のコミュニケーションツールならびに知識共有の道具になろうとしている．

付録B　3章 演習問題（5）ディレクトリを読みリストするプログラム

ホームディレクトリを読むプログラムにする．

(a) 図3·37のプログラムにおけるopendir ("/")をopendir (".")にする．

(b) mainの引数（argc, argv[ ]）を使いプログラム実行時に引数としてディレクトリ名を与える方法に拡張する．

```
#include <stdio.h>
#include <stdlib.h>
#include <errno.h>
#include <sys/types.h>
#include <dirent.h>
int main(int argc, char* argv[]) {
   DIR *dir;                // DIR ポインタ
   struct dirent *dp;       // ディレクトリポインタ
   if ( argc != 2) {        // 引数あるかチェック
   dir = opendir(".");}     // 指定がないのでカレントを表示
   else {
      dir = opendir(argv[1]); } // 指定のパス名をオープン
   if (dir == NULL) {    // エラーかチェックする
      perror("opendir error");  exit(4);}// リターン
   for(dp =readdir(dir); dp!=NULL; dp=readdir(dir)) {
      printf("i-node: %10llu  ", dp->d_ino);
      printf("type: %1hhu  ", dp->d_type);
      printf("name: %s\n", dp->d_name); }
   exit(0);
}
```

(c) stat/fstatなどを用いてファイル情報を極力詳しく出力する．

ここではstatを使用する例を示す．

```
#include <stdio.h>
#include <stdlib.h>
//#include <errno.h>
#include <sys/types.h>
#include <sys/stat.h>

int main(int argc, char* argv[]) {
     struct stat stent;  // file status info. ptr.
   if ( argc != 2) {    // ファイル名指定があるかチェック
     // 指定がないのでエラーとする
     printf(" ファイル名を指定し再度実行 \n");
     return 4; }
   if ( -1 == stat(argv[1], &stent) ) { // stat 実行
     perror("stat error");  // エラー終了
     return 8; }
   printf("\nFILE NAME: %s    ", argv[1]); // ファイル名プリント
   switch(stent.st_mode & S_IFMT) { // 下位9ビットをチェック
     case S_IFREG:  // ディレクトリか?
      printf("[ordinary file]  \n");
      break;
     case S_IFDIR:  // 通常ファイルか?
      printf("[directory file]\n");
      break;
     default:       // それ以外である
      printf("other type file\n");
      break;
     } // i-node 番号, リンク数, サイズをプリント
   printf("i-node: %llu; Links: %d; size: %llu Byte\n\n",
      stent.st_ino, stent.st_nlink, stent.st_size);
   return 0;
}
```

付録C 3章 演習問題（6）ファイルを作成するプログラム

```
// ファイル名をパラメータとして与え
// 端末から文字入力しファイル作成する
// ファイル作成の終了は空文を入れたとき
// ./makefile  mytext.txt のように入力する
#include <stdio.h>
#include <unistd.h>
#include <fcntl.h>
#include <stdlib.h>

 int main(int argc, char* argv[]) {
    int nfd;          // ファイル記述子
    char buf[80];     // 入力領域
    buf[0] ='a';      // initialize
    int rlen, wlen;
    if (argc != 2) { // ファイル名指定あるかチェック
```

```
      printf("Please assign file name and try again!\n");
      return 4; }    // ファイル名ないのでリトライ
   nfd = creat(argv[1], 0660); // ファイルを作成する
   if (nfd == -1) { // エラーチェックをする
      perror("creat error");
      exit(8); }     // エラーリターン
   else ;            // ファイルが作成された
   while( buf[0] != '\n') {  // 空文まで繰返す
      rlen = read(0, buf, 80);  // 本来はエラーチェックする
      wlen = write(nfd, buf, rlen);
   }
   close(nfd); // 空文入力でファイルクローズする
   return 0;
}
```

付録D 4章 演習問題（2）waitでの子プロセスからのリターンコードの表示

```
// fork(), getpid(), getppid を使用する例
#include <stdio.h>
#include <unistd.h>
#include <stdlib.h>
#define lowbyte(w) ((w) &0xff)
#define highbyte(w) lowbyte((w) >> 8)
int main(void) {
 int   childpid;
 int   status = 0;
 switch(childpid = fork()) { // forkの実行
    case 0: // 返り値：0  子プロセスの実行
      printf("child[%d]:  parent[%d]\n",
                     getpid(), getppid());
      exit(4);
    case -1: // fork 失敗
      perror("fork failure");
      exit(8);
    default: // 返り値：正の正数(子プロセスのPID)
      printf("parent(%d): child(%d)\n",
                     getpid(), childpid);
     childpid = wait(&status);
     if ( childpid == -1) {
        perror("wait error");
        exit(12); } // エラーリターン
     if (lowbyte(status) == 0) { // 子プロセスの終了コード出力
        printf("parent(%d): child finished(%d),ret-code: %d\n",
              getpid(), childpid, highbyte(status));
         break;
      }
      else {
         printf("parent(%d): child(%d) abnormal end\n",
              getpid(), childpid);
         break; }
```

```
    }
    return 0;   // リターン（プログラム終了）
}
```

付録E 4章 演習問題（4）日時・時間を表示するプログラム．日本時間で表示

```
#include <stdio.h>
#include <stdlib.h>
#include <sys/time.h> // gettimeofday
#include <time.h>      // for localtime
 int main( ) {   // 現在の日時をプリントする
   struct timeval tv;
   struct tm *tmp = NULL; // 初期化
   if ( gettimeofday(&tv, NULL) == -1) {
      perror("gettimeofday");
      exit(4); } // エラーリターン
   tmp = localtime(&tv.tv_sec); // JST に変換する
   printf("DATE&TIME: %04d/%02d/%02d %02d:%02d:%02d\n",
       tmp->tm_year + 1900, tmp->tm_mon + 1, tmp->tm_mday,
       tmp->tm_hour,tmp->tm_min, tmp->tm_sec);
   return 0;
 }
```

付録F 5章 演習問題（2）

ログイン後の最初の open ファイル記述子が 3 である確認

最初にファイル作成プログラム

```
#include <stdio.h>
#include <unistd.h>
#include <fcntl.h>
#include <stdlib.h>
// ファイル名を与え端末から文字入力しファイル作成する
// 終了は空文を入れる
 int main(int argc, char* argv[]) {
    int nfd;
    char buf[80];
    buf[0] ='a';  // initialize
    int rlen, wlen;
    if (argc != 2) { // ファイル名指定あるかチェック
       printf("Please assign file name and try again!\n");
       return 4; }   // ファイル名ないのでリトライ
    nfd = creat(argv[1], 0660); // ファイルを作成する
    if (nfd == -1) { // エラーチェックをする
       perror("creat error");
       exit(4);
```

```
    }
    else  // ファイルが作成された
    while( buf[0] != '\n') {      // 空文まで繰返す
       rlen = read(0, buf, 80);  // 本来はエラーチェックする
       wlen = write(nfd, buf, rlen);
    }
    close(nfd); // 空文入力でファイルクローズする
    return 0;
}
```

次に作成したファイルをオープンしてファイル記述子番号を確認する.

```
#include <stdio.h>
#include <unistd.h>
#include <stdlib.h>
#include <fcntl.h>
// ファイル名を与えファイルオープンする
 int main(int argc, char* argv[]) {
    int fd3;
    if (argc != 2) { // ファイル名指定あるかチェック
       printf("Please assign file name and try again!\n");
       return 4; }    // 指定のファイル名ないのでリトライ
    fd3 = open(argv[1], O_RDONLY); // ファイルをオープン
    if (fd3 == -1) { // エラーチェックをする
       perror("open error");
       exit(4);
    } // fileno で標準入出力のファイル記述子を同時に表示する
    printf("stdin:%d, stdout:%d, stderr:%d, new fd:%d\n",
      fileno(stdin), fileno(stdout), fileno(stderr), fd3);
    close(fd3); // ファイルをクローズする
    return 0;
 }
```

付録G 5章 演習問題（3）双方向パイプを使った親子プロセスの通信

```
// 双方向パイプの使用例
// 親プロセス：学生となり質問する
// 子プロセス：辞書となり翻訳して回答する
// 終了は親プロセスが文字を入れないでリターンキー押す
#include <stdio.h>
#include <unistd.h>
#include <stdlib.h>
#include <sys/wait.h>
#include <string.h>
#define lowbyte(w) ((w) &0xff)
#define highbyte(w) lowbyte((w) >> 8)
#define ENGMAX  80
#define JPNMAX  80
```

```
int main(void) {
 int   parentpid, childpid;
 int   status = 0;
 int   rpfd[2], wpfd[2]; // two pipes
 char  word[ENGMAX]; // character area
 char  jpnw[JPNMAX]; // character area
 char  *bufp; //
 int   prlen, pwlen, crlen, cwlen; //
 int   fin = 0; // flag
 char  cparent[7], cchild[7];  //
 char  mes1[] = " 辞書：受付け単語 -> "; //
 char  mes2[] = " 辞書；翻訳してください <- "; //
 char  mes3[] = " 学生：単語教えて -> "; //
 char  mes4[] = " 学生；翻訳結果 <- ";

    parentpid = getpid(); // parent PID get
    sprintf(cparent, "%d ", parentpid);
    if (pipe(rpfd) == -1) { // error チェック
       perror("pipe error");
       return 4; } // エラーリターン
    else ;  // pipe 成功
    if (pipe(wpfd) == -1) { // error チェック
       perror("pipe error");
       return 4; }
    else ;  // pipe 成功
    bufp = memset(word, 0, sizeof(word));

 switch(childpid = fork()) { // fork の実行
    case 0: // 返り値：0  子プロセスの実行
      // 未使用パイプを close
       close(rpfd[0]); close(wpfd[1]);
       sprintf(cchild, "%d ", getpid());
       while( fin == 0 ) { // 親から英単語受取り
         crlen = read(wpfd[0], word, sizeof(word));
         if ( crlen != 0 ) { // 文字数ゼロは終了
            word[crlen] = '\0'; // CrLf
            write(fileno(stdout), cchild,
                                  sizeof(cchild));
            write(fileno(stdout), mes1, sizeof(mes1));
            write(fileno(stdout), word, crlen); // 単語表示
            write(fileno(stdout), cchild,
                                  sizeof(cchild));
            write(fileno(stdout), mes2, sizeof(mes2));
           crlen = read(0, jpnw, sizeof(jpnw));
        // 親に翻訳結果をパイプ通して通知
           cwlen = write(rpfd[1], jpnw, crlen);
         }
         else { fin = 1; } // 終了を親から指示
       }
       close(wpfd[0]); close(rpfd[1]); // close
       return 0;  // 子プロセスの終了
    case -1: // fork 失敗
      perror("fork failure");
      exit(8);  // エラーリターン
    default: // 親プロセスの実行
     // 未使用パイプを close
```

```
      close(rpfd[1]); close(wpfd[0]);
      while ( fin == 0) { // 英単語の入力を促す
         write(fileno(stdout), cparent,
                                sizeof(cparent));
         write(fileno(stdout), mes3, sizeof(mes3));
         prlen = read(0, word, sizeof(word));
        if ( word[0] != '\n' ){ // ゼロ文字入力か?
          pwlen = write(wpfd[1], word, prlen);
          prlen = read(rpfd[0], word, sizeof(word));
          word[prlen] = '\0'; //
          write(fileno(stdout), cparent,
                                  sizeof(cparent));
          write(fileno(stdout), mes4, sizeof(mes4));
          write(fileno(stdout), word, prlen);
        }
        else  fin = 1; // ゼロ文字入力は終了とする
      }
      close(rpfd[0]); close(wpfd[1]);
      childpid = wait(&status);
      if ( childpid == -1) {
        perror("wait error");
        exit(8); } // エラーリターン
     else ;
 }
 printf("[%d]:session closed\n", parentpid);
 return 0;  // リターン（プログラム終了）
}
```

付録H 5章 演習問題（4）
パイプのプログラム（who | grep yasu）の実現

```
// who | grep yasu を実行するプログラム
// パラメータとして検索文字を指定する
// who | grep yasu ならば $./pipe yasu とする
#include <sys/types.h>
#include <sys/wait.h>
#include <sys/stat.h>
#include <fcntl.h>
#include <unistd.h>
#include <stdio.h>

 // 実行時には grep の探すキーワードを指定する
 int main(int argc, char* argv[]) {
   int whopid, greppid, child; //
   int pfd[2];  // パイプ
   int status;  // wait の引数

   if ( argc != 2) { // grep で探す key 指定チェック
      printf("enter search key. try again\n");
      return 20; }
```

```
  printf("\n");
  if ( -1 == pipe(pfd)) {  // パイプ生成
     perror("pipe error");
     return 4; }
  else ;
  whopid = fork();  // who プロセス生成
  switch(whopid) {  // fork の結果をチェック
     case 0: // who のプロセス実行部
       close(pfd[0]);  // 未使用パイプを close
       close(1);       // stdout の close
       dup(pfd[1]);    // pfd[1] を記述子 1 に
     // who の実行：パラメータなし
       execlp("who","",(char *)NULL);
     case -1: // fork エラー処理
       perror("who fork error");
       return 8;  // エラーリターン
     default: ; // 親プロセスの実行
  }
  greppid = fork(); // grep プロセスの生成
  switch(greppid) {
     case 0: // grep プロセスの実行部
       close(pfd[1]);  // 未使用パイプの close
       close(0);       // stdin の close
       dup(pfd[0]);    // pfd[0] を記述子 0 に
     // grep の実行：パラメータ console を与える
       execlp("grep","", argv[1], (char *)NULL);
     case -1: // fork エラー処理
       perror("grep fork error");
       return 12;  // エラーリターン
     default: ; // 親プロセスの実行
     }
     while( whopid != 0 || greppid != 0) {
       child = wait(&status); // 両プロセスの終了を待つ
       if ( -1 == child) { // エラーチェック
         perror("wait error");
          return 16; }
       else ; // wait 正常終了
       if ( child == greppid ) {
          close(pfd[0]); // close pfd[0]
          greppid = 0; }
        else  {
          close(pfd[1]); // close pfd[1]
          whopid = 0; }
       }
  printf("\nwho and grep both processes finished\n\n");
  return 0; // 処理が完了
}
```

付録I 10章 演習問題（1）（a）TCPサーバプログラム

```
// TCP サーバプログラム
 // 第1引数：ポート番号 引数無い場合は 51200 とする
 // クライアントの切断要求：文字数ゼロを受取ったとき
#include <stdio.h>
#include <sys/types.h>
#include <sys/socket.h>
#include <netinet/in.h>
#include <arpa/inet.h>
#include <stdlib.h>
#include <errno.h>
#include <unistd.h>   // fork, read, write
#include <sys/wait.h> // wait waitpid
#include <string.h>   // memset
#include <sys/time.h> // gettimeofday
#include <time.h>  //localtime
#define  DEFPORT  51200  // サーバデフォールトポート番号

 void tmstamp( ) {  // タイムスタンプ用関数
   struct timeval tv;
   struct tm *tmp = NULL;
   if ( gettimeofday(&tv, NULL) == -1) {
      perror("gettimeofday");
      exit(16); }
   tmp = localtime(&tv.tv_sec);
   printf("PID(%d):%04d/%02d/%02d %02d:%02d:%02d\n",
    getpid(), tmp->tm_year + 1900, tmp->tm_mon + 1,
    tmp->tm_mday, tmp->tm_hour,tmp->tm_min, tmp->tm_sec); }

 int main( int argc, char* argv[] ) {

 int sock0;
 int srvpid, child, cpid;  // process PID
 int retc, status;         // return code
 char recvbuf[64];         // recv buffer from client
 int recvlen;              // number chars from client
 struct sockaddr_in srvaddr, clientaddr;
 int srvlen = sizeof(srvaddr); // srvaddr and clientaddr
 socklen_t clientlen = sizeof(struct sockaddr_in);
 int sock;  // ソケット記述子
 int wlen;
 int endf = 0;
 char mes1[] = "翻訳せよ <- ";

 printf("SERVER INVOKED ");  tmstamp(); // ログに録ると良い
 srvpid = getpid(); // get my PID
 // ソケットを生成する
 sock0 = socket(AF_INET, SOCK_STREAM, 0);
 // bind 実行の準備 (ポート, IP-address の設定)
 srvaddr.sin_family = AF_INET; // TCP/IP
 if (argc ==2)  // ポート番号を入れる
```

```
        srvaddr.sin_port = htons(atoi(argv[1]));
    else  // デフォルトのポート番号を設定
        srvaddr.sin_port = htons(DEFPORT);
srvaddr.sin_addr.s_addr = INADDR_ANY; // 全IPアドレスを指定
printf("port is %d.\n", ntohs(srvaddr.sin_port));
// ソケットに名前を付ける
retc = bind(sock0, (struct sockaddr *)&srvaddr, sizeof(srvaddr));
if ( 0 != retc ) { // 返り値のチェックをする
        perror("srv: bind error");
        printf("%d\n", errno);  return 4; }
else ; // クライアントからの接続要求を受け付ける
        while(1) {
          retc = listen(sock0, 5);
          if (0 != retc) { // listenの返り値をチェック
          perror("srv: listen error");  // エラー表示&リターン
          printf("%d\n", errno); return 8; }
         else ;  // listen 成功
          sock = accept(sock0, (struct sockaddr *)&clientaddr,
                      &clientlen);
          if ( sock == -1) { // acceptの返り値をチェック
             perror("srv: accept error"); // accept失敗
             printf("%d\n", errno); return 12; }
         else ; // accept成功
       // クライアント情報(IP-address,port番号);ログに録ると良い
          printf("srv(%d): client IP: %s port: %d\n",
                  srvpid, inet_ntoa(clientaddr.sin_addr),
                  ntohs(clientaddr.sin_port));
        // 子プロセスを生成しサーバの仕事を任せる
          switch(child = fork()) {
             case 0: // 子プロセスの実行するプログラム部分
               child = getpid();  // 子プロセスIDを得る
               printf("CLIENT CONNECTED TIME ");
               tmstamp(); // コネクション開始時刻表示;ログを録ると良い
               while( endf == 0 ) {
                // バッファーをクリア
                 memset(recvbuf, 0, sizeof(recvbuf));
                 recvlen = recv(sock, recvbuf,sizeof(recvbuf),
                                0);
                if ( recvlen == -1 ) { // エラーチェック
                   perror("recv error"); return 16; }
                else ; // recv 成功
                 if ( recvlen == 0 ) {// 切断要求かチェック(文字数0)
                    endf = 1;  // 切断フラグオンとする
                    write(fileno(stdout),
                              "disconnection req.\n", 19);
                 }
                 else { // クライアントからのメッセージを表示
                    printf("ser-child(%d):質問事項-> %s:",
                                            child, recvbuf);
                   write(1, mes1, sizeof(mes1));
                   wlen = read(0, recvbuf, sizeof(recvbuf));
                  // サーバより返信する
                    wlen = send(sock, recvbuf, wlen, 0);
                   if ( wlen == -1 ) { // エラーチェック
                     perror("send error"); return 20; }
                   else ; // send成功
```

```
                }
              }
              close(sock); // 子プロセスの終了
              printf("CLIENT DISCONNECTION TIME ");
              tmstamp(); // コネクション切断時刻；ログを録ると良い
              exit(0);    // 正常完了を通内する (0)

            case -1: // 子プロセス生成失敗
              perror("fork");
              break;

            default: // 親プロセスの実行部分
              close(sock);  //accept で生成された新 socket を close
              // ゾンビ状態にある子プロセスを終了させる
              while((cpid = waitpid(-1, &status, WNOHANG)) > 0 );
              if ( cpid < 0 && errno != ECHILD ) {
                 perror("waitpid"); return 24; }
             else ; //
              break;
        }
     }
 // このプログラムではここに制御は来ない．ソケット切断
 close(sock0);
 printf("SERVER SERVICE CLOSED ");
 tmstamp();
 return 0;
}
```

付録J　10章 演習問題（1）（b）TCPクライアントプログラム

（注意）クライアントは**stdin**からの入力を行うようにしているのでバックグラウンドでは動かせません．

```
// TCP クライアントプログラム
 // 第1パラメータ：サーバの IP アドレス：省略時は 127.0.0.1
 // 第2パラメータ：サーバのポート番号：省略時は 51200
#include <stdio.h>
#include <sys/types.h>
#include <sys/socket.h>
#include <netinet/in.h>
#include <arpa/inet.h> // htons, htohs
#include <errno.h>
#include <unistd.h>    // read write
#include <string.h>    // memset
#include <stdlib.h>    // rand
#define  DEFIP   "127.0.0.1"// デフォールトサーバ IP-address
#define  DEFAULTPORT 51200  // デフォールトサーバポート番号
```

```
int main( int argc, char* argv[]) {
struct sockaddr_in srvaddr;
int sock;
char buf[64];
int n, nchars, mypid;
int retc;      // 返り値
int endf = 0; // 終了フラグ
mypid = getpid();  // PID値
char  mes1[] = "質問せよ -> ";
char  mes2[] = "回答です <- ";

// ソケットの作成
sock = socket(AF_INET, SOCK_STREAM, 0);
if ( -1 == sock ) {
  perror("cl:socket error");
  printf("cl(%d):%d\n", mypid, errno); // エラー情報表示
  return 4;
  }
// 接続先指定用構造体の準備
srvaddr.sin_family = AF_INET;
if ( argc < 2 )   // サーバIP-addressはデフォールト値
 srvaddr.sin_addr.s_addr = inet_addr(DEFIP);
else
 srvaddr.sin_addr.s_addr = inet_addr(argv[1]);
printf("cl(%d):server IP-address %s\n", mypid, inet_ntoa(srvaddr.sin_addr));
if ( argc != 3)  // サーバポート番号の設定
  srvaddr.sin_port = htons(DEFAULTPORT);// デフォールト値設定
else    // 指定されたポート番号を設定する
  srvaddr.sin_port = htons(atoi(argv[2]));
printf("cl(%d):server port is %d\n", mypid,
          ntohs(srvaddr.sin_port));

// サーバに接続
retc = connect(sock, (struct sockaddr *)&srvaddr, sizeof(srvaddr));
if ( -1 == retc ) {
  perror("cl:connect error");
  printf("cl(%d):%d\n", mypid, errno); // エラー情報表示
  return 4; }
  else ;  // クライアントからの通信開始
while( endf == 0 ) {
       memset(buf, 0, sizeof(buf)); // バッファークリア
       write(fileno(stdout), mes1, sizeof(mes1));
       nchars = read(fileno(stdin), buf, sizeof(buf));
       if ( buf[0] == '\n' ) {       // NULL文字入力は終了とする
          endf = 1; break;           // 切断フラグをonとする
         }
       // サーバにデータを送信
       n = write(sock, buf, nchars);          // sendでも可能
       memset(buf, 0, sizeof(buf));
       n = recv(sock, buf, sizeof(buf), 0); // readでも可能
       if ( n == -1 ) { // recvリターンコードのチェック
          perror("recv error"); return 8; }
       else ;  // recv成功
       write(fileno(stdout), mes2, sizeof(mes2));
       write(fileno(stdout), buf, n); // サーバからの回答出力
       }
```

```
  // socketの終了
  printf("cl(%d):disconnect\n", mypid);
  close(sock);
  printf("cl(%d):socket was closed. \n", mypid);
  return 0;
}
```

付録K 10章 UDPサーバのプログラム

（注意）サーバは**stdin**からの入力を行うようにしているのでバックグラウンドでは動かせません.

```
// UDPサーバ：入力パラメータはport番号(default:51200)
#include <stdio.h>
#include <stdlib.h>
#include <sys/types.h>
#include <sys/socket.h>
#include <netinet/in.h>
#include <arpa/inet.h>
#include <string.h>
#include <unistd.h>
#define  DEFPORT  51200  // default port number

int main( int argc, char* argv[] ) {
    int sockp;                    // ソケット
    struct sockaddr_in saddr;   // アドレスパラメータ
    struct sockaddr_in caddr;   // アドレスパラメータ
    int recvlen, sendlen, readlen;              //
    char buf[2048];             // 受審領域
    char sendbuf[80];  //
    int fin; // work
    char  mes1[] = "質問事項 <- ";
    char  mes2[] = "回答せよ -> ";           //
    socklen_t saddrlen = sizeof(struct sockaddr_in); //
    socklen_t caddrlen = sizeof(struct sockaddr_in); //

    if ( -1 == (sockp = socket(AF_INET, SOCK_DGRAM, 0))) {
        perror("socket error");  // ソケット作成失敗
        return 4; }              // エラーリターン
    else ;
    // 名前を付ける(family, IP-addr. and port number)
    saddr.sin_family = AF_INET;  // TCP/IPを指定
    if (argc == 2 )  // 引数のチェック 指定ポートを設定
        saddr.sin_port = htons(atoi(argv[1]));
    else  // デフォールトポート番号を設定
        saddr.sin_port = htons(DEFPORT);
    saddr.sin_addr.s_addr = INADDR_ANY;  // IP-addr. 設定
    // bindの実行：ソケットにアドレス(IP-addr & port)付ける
    if (-1 ==(bind(sockp,(struct sockaddr *)&saddr,sizeof(saddr)))){
        perror("bind error"); // bindのエラーリターン
```

```
    else ;
    // 名前を付ける (family, IP-addr. and port number)
    saddr.sin_family = AF_INET;  // TCP/IP を指定
    if (argc == 2 )  // 引数のチェック 指定ポートを設定
        saddr.sin_port = htons(atoi(argv[1]));
    else  // デフォールトポート番号を設定
        saddr.sin_port = htons(DEFPORT);
    saddr.sin_addr.s_addr = INADDR_ANY;  // IP-addr. 設定
    // bind の実行：ソケットにアドレス (IP-addr & port) 付ける
    if (-1 ==(bind(sockp,(struct sockaddr *)&saddr,sizeof(saddr)))){
        perror("bind error"); // bind のエラーリターン
        return 8;  }
    else ;  // bind 成功
    //
    printf("UDP Service Start\n"); // UDP サーバの開始
    fin = 0; // 終了サインを初期化
    while( fin == 0 ) { // bind したので recv で client から受審する
        recvlen = recvfrom(sockp, buf, sizeof(buf), 0,
                    (struct sockaddr *)&caddr, &caddrlen);
        if ( recvlen == -1 ) { // エラーチェック
            perror("recvfrom error"); return 8; }
        else ;
        printf("Client IP-addr: %s, Port #: %d \n",
             inet_ntoa(caddr.sin_addr), ntohs(caddr.sin_port));
        if ( recvlen == 0 ) break; // クライアントから終了要求
        else ; // 受審メッセージを表示する
        buf[recvlen] = '\0'; //
        write(fileno(stdout), mes1, sizeof(mes1));
        write(fileno(stdout), buf, recvlen);
        write(fileno(stdout), mes2, sizeof(mes2));
        readlen=read(fileno(stdin),sendbuf,sizeof(sendbuf));
        if ( readlen == 0) break;  //
        sendlen = sendto(sockp, sendbuf, readlen, 0,
                 (struct sockaddr *)&caddr, sizeof(caddr));
        if ( -1 == sendlen ) {
           perror("sendto error"); return 12; }
        else ;
    }
    printf("End of UDP Service\n"); // ゼロ文字入力なので完了
    close(sockp);  // ソケットを close して完了
    return 0;
}
```

付録L 10章 UDPクライアントプログラム

（注意）クライアントは**stdin**からの入力を行うようにしているのでバックグラウンドでは動かせません.

```
// UDP クライアント：入力パラメータの説明
 //  第1パラメータ：サーバ IP-address を指定する
 //  第2パラメータ；サーバポートを指定可能 ( しないと以下 )
 //  デフォールトの設定 : IP-addr = 127.0.0.1, port = 51200
#include <stdio.h>
#include <stdlib.h>
#include <unistd.h>
#include <sys/types.h>
#include <sys/socket.h>
#include <netinet/in.h>
#include <arpa/inet.h>
#define  DEFPORT  51200      // デフォールトのポート番号
#define  DEFIP  "127.0.0.1"  // localhost

 int main(int argc, char* argv[]) {
 int sockc;                  // ソケット記述子
 struct sockaddr_in saddr;  // アドレス
 int sendlen, recvlen, fin = 0;
 socklen_t  saddrlen = sizeof(struct sockaddr_in);
 char sendbuf[80];  //
 char recvbuf[80];  //
 char mes1[] = " 質問せよ -> ";
 char mes2[] = " 回答です <- ";

 sockc = socket(AF_INET, SOCK_DGRAM, 0); // issue socket
 if ( sockc == -1 ) { // エラーチェック
    perror("socket error");
    return(4);  } // エラーリターン
 else ;  // パラメータによるサーバ IP-addr と port の設定
 saddr.sin_family = AF_INET; // TCP/IP を設定
 if ( argc < 2 )  // デフォールトの IP-address 設定
    saddr.sin_addr.s_addr = inet_addr(DEFIP);
 else   // 指定された IP-address を指定
    saddr.sin_addr.s_addr = inet_addr(argv[1]);
 if ( argc < 3 )  // port 番号の設定あるかチェック
    saddr.sin_port = htons(DEFPORT);
 else  // 指定のポート番号をネットバイトオーダで設定
    saddr.sin_port = htons(atoi(argv[2]));

 printf("Start UDP Client\n"); // 開始メッセージ
 while( fin == 0 ) {
   write(fileno(stdout), mes1, sizeof(mes1));
   sendlen = read(fileno(stdin), sendbuf, sizeof(sendbuf));
   if ( sendbuf[0] == '\n' ) {   // 終了要求のチェック
        sendlen = 0;  fin = 1; }
   else ; // 入力内容を送信する
     sendlen = sendto(sockc, sendbuf,  sendlen, 0,
                  (struct sockaddr *)&saddr, saddrlen);
     if ( sendlen == -1 ) {
        perror("sendto error"); return(8); }
     else ; // sendto 成功
     if ( fin != 0 ) break;   // 終了通知完了かチェック
     else ; // 継続処理，サーバからの回答を待つ
     recvlen = recvfrom(sockc, recvbuf, sizeof(recvbuf), 0,
                  (struct sockaddr *)&saddr, &saddrlen);
     if ( -1 == recvlen ) {
```

```
        perror("recvfrom error"); return(12); }
      else ; //
      write(fileno(stdout), mes2, sizeof(mes2));
      write(fileno(stdout), recvbuf, recvlen);
    }
  printf("End of UDP Client\n");
  close(sockc);
  return 0;
}
```

付録M 10章演習問題（2）

ドメイン名を与えてgethostbynameを使い，hostent構造体を得て，その内容を表示するプログラム

```
// ドメイン名をパラメータとして与え IP アドレスなどを得る
// gethostbyname 関数を使い DNS のデータベースを検索させる
// 得られた情報は hostent 構造体であり内容を出力する
#include <stdio.h>
#include <netdb.h> // gethostbyname
#include <sys/socket.h>
#include <netinet/in.h>
#include <arpa/inet.h>
#include <string.h>

 int main(int argc, char* argv[]) {
        struct hostent *myent; //
        char ** adrp; //
        int i;
        struct in_addr sinad;
        if ( argc !=2) { // パラメータの指定をチェック
                printf("no domain name, try again!\n");
                return 4; }
        else ; // ドメイン名の指定ありと判断
        if ( (myent = gethostbyname( argv[1])) == NULL) {
                perror("gethostbyname"); return 8; }
       else ; // gethostbyname が成功した
        printf("official name (%s) \n", myent->h_name);
        printf("host address type; %d\n", myent->h_addrtype);
        printf("length of address: %d\n", myent->h_length);
        // エイリアス名リストを出力する
        for(i=0; myent->h_aliases[i]; i++) {
                printf("h_aliases[%d] = %s\n", i,
myent->h_aliases[i]); }
        // IP-address のリストを出力する
        for(i=0; myent->h_addr_list[i]; i++) {
                bcopy(myent->h_addr_list[i], &sinad,
myent->h_length);
                printf("h_addr_list[%d] = %s\n", i,
inet_ntoa(sinad)); }
        printf("IP address  listed\n");
        return 0;  // 処理正常終了
}
```

索　　引

タ　行

〈著者略歴〉
吉 澤 康 文（よしざわ　やすふみ）
1967 年　東京工業大学理工学部応用物理学科卒業
1967 年　株式会社日立製作所 入社（中央研究所）
1973 年　同社・システム開発研究所
1981 年　工学博士（東京工業大学）
1988 年　技術士（情報工学）
1995 年　東京農工大学工学部 教授
2010 年　同大学定年退職
オペレーティングシステムの研究開発，コンピュータ性能評価，リアルタイム OS とコンピュータネットワークの応用研究などに従事．
現在　吉澤技術士事務所 代表

著 書
「計算機システム性能解析の実際」（情報処理学会，1980）
「オペレーティングシステムの実際」（昭晃堂，1987）
「オペレーティングシステム -IT 革命時代の -」（昭晃堂，2000）
「計算機械入門」（いなほ書房，2003）
「モダンオペレーティングシステム原著第 2 版」
（翻訳：ピアソン・エデュケーション，2004）
「オペレーティングシステム第 3 版　設計と実装」
（翻訳：ピアソン・エデュケーション，2007）

オペレーティングシステムの基礎
―ネットワークと融合する現代 OS ―

平成 27 年 11 月 20 日　　第 1 版第 1 刷発行

編　　者　電子情報通信学会
著　　者　吉 澤 康 文
発 行 者　村 上 和 夫
発 行 所　株式会社 オーム社
郵便番号　101-8460
東京都千代田区神田錦町 3-1
電話　03(3233)0641(代表)
URL　http://www.ohmsha.co.jp/

印刷・製本　三美印刷
ISBN978-4-274-21833-0　Printed in Japan